CLAUDE LÉVI-STRAUSS ET SES CONTEMPORAINS

Pierre Guenancia & Jean-Pierre Sylvestre

列维-斯特劳斯和他的同代人

[法] 皮埃尔 · 葛南夏　让-皮埃尔 · 西维斯特　主编
张祖建　译

中国人民大学出版社
·北京·

序　言 1

皮埃尔·葛南夏　让－皮埃尔·西维斯特
（勃艮第大学和乔治－舍维烈研究所）

克洛德·列维－斯特劳斯的著述已经得到大量介绍，这本文集不准备历数这位结构主义人类学之父的主要思想取向，而是回顾他对当代哲学和社会科学的多位代表人物的影响，及其引发的讨论和争议。对于一些人们眼下所关注的重大问题，如精神分析、与自然界的关系、文化的多样性和艺术的意义，本书也提供了一个探讨列维－斯特劳斯的立场的机会。

在转入人类学之前，列维－斯特劳斯接受过哲学训练，对于哲学家关心的问题和论争，他一直没有停止严肃的评判[①]，其言辞之犀利，有时甚至有失公允，这反映出他对学院传统的学究式思辨的厌恶。他也厌恶他在《裸人》里所说的与之相反的“哲术”（philosop' art），因为它们“与其说深刻，还不如说搔首弄姿，哗众取宠”[②]。不
过，他并非想把意识、感受和行为一笔勾销，而是将之放还于一个更 2

---

① 这种态度在皮埃尔·布尔迪厄那里也可以看到。

② 列维－斯特劳斯不仅反对萨特的存在主义，也反对20世纪60—70年代流行的哲学家“自命的结构主义”，包括“当代文学界”和文学理论及文学分析所“引起的令人难以忍受的厌恶”，它们的“虚幻的结构主义里充斥着大而化之、令人消化不良的知识”，不过是“鱼目混珠的做法”的“不在场的证明”。参见：列维－斯特劳斯．裸人．巴黎：普隆书局，1971：572-572.

大的整体之内，恢复其地位；这个地位无关“恣意而为、无所不能的主体性”，而是理解整体的依据。经验现实无论被认为如何多样甚至芜杂，实际上都是一个井然有序的整体，我们可以借助一种区分范畴的非直觉的有限悟性（entendement fini）接近它。列维 – 斯特劳斯所说的“精神制约”（contraintes mentales）在无意识层次起作用，它有趋同性的特点，因而为应用于某一外在的经验事实的各种精神活动所彰显。因此，这方面的研究很接近康德主义[①]。感性（le sensible）与知性（l’intelligible）并非截然对立，而是从一开始就被赋予了一些形式或认知的模式，从而能够呈现出时时处处依从规律的悟性。

列维 – 斯特劳斯的名字经常被拿来跟人或主体已死的话题相提并论，这样做有利于结构的无意识决定论；结构这位冷冰冰的“无名上帝”，除了构成某一整体的要素之间的逻辑组合以外，对任何别的问题都不感兴趣。这大概是因为，很多着迷于主体的人有时过于草率地把主体跟情感、想象和纯粹偶然性相提并论；列维 – 斯特劳斯认为，凡事都有道理，理性能够也应当尽可能予以解释，至少理应如此。“结构”一词主要指那些看起来最无道理、最难预见的现象当中的核心意义。这些现象表明了人与人之间、社会的各种象征的生产活动之间的关系的特点。然而，假如不像社会学家和民族学家那样构建模型，用来严谨地描写和诠释某一特定现象的丰富多样的所有变体，从而确定一些可能具有普遍意义的不变量，怎么能够发现隐含的意义呢？对

① 我们还记得利科是如何评论列维 – 斯特劳斯的思想的：“一种没有先验主体的康德主义”。

于列维－斯特劳斯的理论的保留意见或诟病并非针对结构主义设想的 3
有启发意义的相关性，而是针对奢求解释力和一些作者所说的言必称
逻辑，以及称霸一方的野心。列维－斯特劳斯的学说还招致一些同样重要的疑问：无意识通过什么样的媒介变为有意识？如何影响意识本身？在分析社会生活和历史的时候，怎样看待行为者的自由和策略性取舍？一个是精神的普遍规律的制约，另一个是在社会实践中建立和运用规则时的相对不确定性，二者的关系如何诠解？在本体论意义上，人类在生命世界里卓尔不群，这种特殊性是否依赖于人类的意志和思考？列维－斯特劳斯指出，野性的或曰神秘的思维既不原始，也不违背逻辑，更不与分析理性（如萨特的辩证理性）截然对立。这个观点对于论证人类精神的统一性和整体性大有助益，尽管还留下了一个问题：人类社会在理解和接受**他者**时也许存在差异。无论如何，如果像列维－斯特劳斯那样，认为人类一直在思考选取对象之间的差异，就等于说，人类理性在文化多样性之下依然是普遍的，是关于多样甚至完全对立的形式和内容之间的等值关系的一条设定，但不是唯一的和硬性的标准。

这本论文集分成四个部分。第一部分的文章涉及与自然界、文化、历史和实践之间的关系。列维－斯特劳斯的结构主义和年鉴学派历史文献里的“近乎静止的长时段”，二者如何比较？费尔南·布罗代尔是这个学派最杰出的代表人物之一，按照他的看法，个体和群体
与其说是迁变过程（le devenir）的行为者，毋宁说是历史进程的玩偶， 4
只有借助社会科学才能认识这个超越他们的过程。在谁才是这种综合

性知识的创造者及其方向上，历史学家和人类学家发生了争论。弗朗索瓦·道斯问道：《裸人》的人类学从内部充实了历史学家的话语及其“总体史学”（histoiretotale）的计划，不正是一匹剥去了克丽奥的衣衫的特洛伊木马吗？

从《辩证理性批判》与《野性的思维》的著名篇章里的对立论点来看，让－保罗·萨特和列维－斯特劳斯之争的核心仍然是人类的“自由实践”的历史。皮埃尔·葛南夏的文章详述了这场争论的论题和重点。葛南夏认为，两位作者都关心从整体上把握人类现象。不过，萨特的人类学以一种主体性为基础，列维－斯特劳斯的人类学则是一种科学的客观化的结果。

从列维－斯特劳斯的一篇有关“疯牛病”恐慌的文章出发，费里德里克·凯克的文章重建了列维－斯特劳斯对同类相食现象的解读，即一种形式特殊的他者认同，其原始形态可以从自然界本身找到。正如列维－斯特劳斯所说，同类相食现象的延伸意味着从“矛盾的认同关系”的角度看待整个人类乃至整个生命世界，以期在“自我封闭与过度沟通之间，建立起‘适当的距离’”。

米歇尔·帕诺夫则回顾了文化相对主义的诉求，以及某些批评家跟在罗歇·盖洛瓦后面，认为列维－斯特劳斯在《种族和历史》和《种族和文化》里不公正地恣意否定西方文明。列维－斯特劳斯谴责欧洲人的种族主义殖民行为，由此是否必然归纳出结论，认为他无视欧洲在科学的进步、普遍人性和与之相关的“人权”等方面做出了“独特的和无可替代的贡献”呢？

第二部分的各篇文章涉及结构主义和解释学对于“社会的象征产 5
品”的构想，以及如何既注重理解主观动机的影响，也注重用精神的无意识结构来解释主观动机的决定作用。

让－菲利普·毕宏指出，保罗·利科的解释学偏重历史范式，强调主体的实际责任，因而对立于列维－斯特劳斯的结构主义所依据的语言学范式，尽管并未拒之门外。全面的诠释以建立一门“个体的哲学解释学”为目标，在这个过程中，甄别和解释各种脱离了意识和个体的掌控，而且影响其信仰、思想和行为的不同机制只是一个必要的时刻或者阶段。这个诠释的前景并非自恋式的满足，而是使人类有充足的理由能够有所欲求和期望。

让－雅克·乌南伯格则对吉尔拜·杜朗的《想象域（imaginaire）的人类学结构》一书阐发的神话研究方法做出了详细解释，指出杜朗关心如何通过有关象征性的解释学来调和**理性**和**形象**。这种解释学既是科学，也是一种新的智慧，它认为生物、心灵和社会之间有一种靠“想象的功能”保障的平衡。杜朗与列维－斯特劳斯的观点相反，他认为不能将神话比拟为代数式的结构组合，也不能因为神话对被昭显的象征物有利就否认“被象征物的超验性”。换言之，象征大于符号，它赋予后者一种本体意义上的意义和深度，而且难以单凭思智的和形式化的解说得到把握。

安德烈·格林首先提醒读者，列维－斯特劳斯承认自己受益于西格蒙德·弗洛伊德颇多。同卡尔·马克思一样，弗洛伊德教会他提
防，意识常常会制造错觉或“欺骗自己”。随后，格林强调了精神分 6

析的无意识与结构主义的无意识的所有分际，尽管雅克·拉康竭力调和二者，但实际上不得不“偷偷摸摸地重新引入主体”。跟列维－斯特劳斯的无意识相反，弗洛伊德的无意识是“一种意向方面的无意识，它服从内在的因果关系”，而且跟“一个拒绝意识的心灵系统”不可分割。更全面地说，应当注意到，为了破解无意识的运行情况，列维－斯特劳斯寄希望于有关“大脑组织”的知识的深入，可是他看起来对多种多样的研究路数和学术理解缺乏了解。与之相反，弗洛伊德和精神分析学通常最感兴趣的是“心理生活及其一切表现，包括最禁忌的和最具创伤性的表现方式”。

本书的第三部分涉及列维－斯特劳斯如何对待和诠释社会组织中的交换关系和结盟关系，及其诠释模型引起的讨论。

马塞尔·埃纳夫阐述了与相异性（altérité）密不可分的交换关系何以成为列维－斯特劳斯的亲属关系研究中的中心问题。1950—1960年，列维－斯特劳斯曾经很想利用可将财物和讯息的沟通归结为某种沟通结构的信息论模型来解释联姻关系。《神话学》却避开了这一简省化的诱惑，反而依照马塞尔·毛斯、查尔斯·皮尔斯和路德维希·维特根斯坦的若干分析的路向，重申了交换关系的一些要求的强制性特点。

菲利普·戴考拉认为，转换（transformation）的概念是列维－斯特劳斯的结构分析的基石，但是意思并不单纯。在《亲属关系的基本结构》里，转换是“从某个原初的方案发展出不同的形式，这个原初的方案是通过对比同属一组的经验对象而建立的”。待到《神话学》

里，转换是“既有形式通过在坐标空间里的连续异变而发生的畸变”。 7
在《自然与文化之外》[①]一书里，戴考拉在论述“结构主义本体论”时采用的是转换的第一个含义，目的是“从内在性和物理性之间的初始关系出发，着手组织人类与非人类之间的形式各异的连续性和非连续性”。不过，他没有像《亲属关系的基本结构》那样，按照日趋复杂的展开过程中的逻辑条件去把握转换，而是在初始关系造成的四种组合关系的“本体论类型”上从事建模活动。

让－皮埃尔·西维斯特的文章专门谈论皮埃尔·布尔迪厄对列维－斯特劳斯的结构主义的批评。他首先介绍了这些批评的论据。依托对阿拉伯－柏柏尔人的婚姻的分析，布尔迪厄批评列维－斯特劳斯混淆了亲属关系的理论规则——体现在交换关系的无意识原则上——及其实际运用；这种运用通过联姻策略，追求既是经济的，也是社会的和象征性的资产增值和获利。议题展开后，布尔迪厄阐明了他的社会学理论如何立足于一门哲学人类学，它假定存在一些支配着“实践中的经济性”的不变量。不过，这种支配机制不是列维－斯特劳斯所说的交换，它一方面是权力关系的机制，另一方面是力求功利普遍最大化的机制。照此，行为者的行为“动机”及其最终对策被定位在一种社会无意识当中；与《野性的思维》的作者揭示的精神结构相比，这种社会无意识同样具有决定性，因为个体和群体的策略毕竟都归结于“必要之选”。

① 菲利普·戴考拉的这部法文著作名为《自然与文化之外》（巴黎：伽利玛出版社，2005；袖珍本重版．巴黎：弗利奥出版社，2016）。

通过参照路易·杜蒙的印度学研究，罗伯尔·德列日阐述了列维－斯特劳斯对于人类学家在研究种姓制度时的路向和行为的重要
8 性。杜蒙无疑比列维－斯特劳斯更重视对社会生活的实际观察，但是他对书本知识和建立宏大的理论模型也有兴趣，这一点跟列维－斯特劳斯相同。令人惋惜的是，二人各自的结构主义范式并不总是符合历史现实，尤其是不适应在现代经济关系和国家政策的压力下，传统社会组织做出的改变。我们对这两位人类学家建立的宏大的思辨图景不无保留，不过，这丝毫无损于他们的基本直觉和灵感的启发意义。

佛罗朗·舍本斯感兴趣的则是，莫里斯·高德烈何以为了理解社会的人类学基础，而跟列维－斯特劳斯的学术遗产保持距离。高德烈认为，亲属关系固然重要，却不是人类的源头。社会并非产生于交换妇女，而是产生于超人类的超验实体。人类发明了神祇，作为群体生产与繁衍的楷模和保障。因此，外婚制不是交换的条件，内婚制也不是绝对的禁忌。至于性行为，虽然任何社会都存在性滥用，可是其最终解释不是联姻游戏，而是与神祇的关系和对神性的依赖，一切法律都产生于神性。

这个部分的最后一篇文章由凯斯·哈特和索菲·舍瓦利埃合撰，是一份对于列维－斯特劳斯的著述如何影响英国社会人类学的评估。二人首先回顾了英国社会人类学的几个重要的历史节点，然后强调《亲属关系的基本结构》一书对于英吉利海峡对岸的研究婚姻制度的方法的影响，尤其是对罗德尼·尼德汉姆的影响。20 世纪 70 年代，

法国的“马克思主义的结构主义”在英国一度备受推崇。然而，英国人类学发生了“文化转向”，最终成为“美国符号人类学的一个分支”。就促成这个新的方向而言，列维－斯特劳斯的思想扮演了主要角色，虽说杰克·古迪对之做出过历史的和唯物主义的批评。这个新 9
方向使得英国的研究人员疏远了深受布罗尼斯拉夫·马林诺夫斯基影响的正统的功能主义学派。

本书第四部分即最后一部分立足于先于观念的感官经验，从它的意义出发，讨论感性和知性的关系。在这一点上，列维－斯特劳斯和莫里斯·梅罗－庞蒂尽管工作方式不同，但同样有他们的思考。列维－斯特劳斯说过，感性经验“已经是精神的无意识活动的一项功能”[①]，我们因而能够理解，在发掘感受、认知、想象力和理性之间的联系方面，为什么艺术探索是一条得天独厚的途径。

伊夫·梯叶利解释道，列维－斯特劳斯的人类学和梅罗－庞蒂的现象学“包含同一个问题：在处于自然和历史当中的实际处境给出意义之前，我们并没有为自己预设什么意义，那么意义是如何产生的呢？看来二人有一个原则上一致的答案：结构体现着感性经验让我们认识到的事物的特征，意义产生于结构的现象”。不过，对于“感性经验如何产生意义”这一问题，他们有不同的解答。在我们与世界的预思考（préréflexif）的关系方面，梅罗－庞蒂不否认科学探索的功用，但是坚持认为，用现象学方法处理“感知体验”有其独创性和适切性。的确，被感知物（senti）不会只产生于生理的和体质的心

① 列维－斯特劳斯．生食和熟食．巴黎：普隆书局，1964：28.

智运作，它由“出现方式”构成，“即身体内部的被感知物和感知体（sentant）的二元性、对于远程的和视野里的事物的视觉，以及这些事物同其他标示物之间可能存在的关系”。在任何知性活动之前，无论何种感性现实皆可被其他身体感知，后者也是其他不同的感性现实的
10 感知主体，“因为世界永远是层出不穷的观点、物体或被感知对象的场域的视野”。

雅克·布瓦利埃指出，列维－斯特劳斯与安德烈·布列东的对话同样涉及感性和知性的关系。一个是毫不妥协的大学者，一个是超现实主义之父，他们在艰苦的第二次世界大战和流寓美国期间建立起私交和精神友谊——但并非从无龃龉和误解。友谊的纽带因研究对象和对“风格”的兴趣投契而更加牢固，风格当然是指作品，但也包括天造地设的自然界和宇宙的风格。有关“审美的美感与绝对的原创性的关系”的书信往来开启了一场对于艺术创造之奥秘的叩问。艺术创造既是享乐之源，也是求知利器。两位作家都认为，在某些条件下，某些个体的自发的、非理性的思维会“产生自我意识”。这种“非理性的意识”在某种意义上促成“对原始素材进行加工”，对象或资料因而才会成为艺术作品。

本书的这个部分以罗兰·基里奥的文章作结。他分析了列维－斯特劳斯对一些现当代艺术潮流的严厉批评，并对这位《神话学》作者的评论进行了一番概括。基里奥介绍了列维－斯特劳斯所依据的艺术观，随后对其适切性提出了质疑。列维－斯特劳斯阐发的论据固然有趣和很有光彩，然而，归根结底，这些不正是对个人趣味和取舍，以

及受结构主义人类学启发的美学理论的反映吗？无论如何，对于古典主义风格的把握和审美、雄健有力的修辞风格、鲜活而知性的想象力，都足以证明，列维－斯特劳斯不仅是大学者，也是一位名副其实的艺术家。①

① 罗兹妮·弗莱和加艾尔·夸特为本书的策划提供了技术支持，在此鸣谢。

目　录

第一部分　自然界，文化和历史，结构和实践

第二部分　结构主义与解释学：象征系统、无意识和主体性

第三部分　交换和结盟：模型、规则和实践

列维－斯特劳斯和他的同代人

第四部分　感性与知性

第一部分 11

自然界，文化和历史，结构和实践

列维－斯特劳斯与布罗代尔：结构主义和近乎静止的长时段[①]

弗朗索瓦·道斯

（巴黎第十二大学和巴黎政治学院）

① 本文最初以“布罗代尔总统的新衣”为题发表于《时空》[1986，34（1）：83-93]。——译者注

列维－斯特劳斯和他的同代人

社会科学与历史学的冲突是一个频繁出现的主题，它改变了人学的领域，多次导致学科分野的变动。历史学遇到过两次大的挑战。第一次是在 1903 年，涂尔干社会学派的弗朗索瓦·西米昂在《史学综刊》上发表了一篇措辞激烈的檄文，题为“历史学的方法与社会科学”。经过最初一段时间的集体沉默，1929 年，吕西安·费弗尔和马克·布洛克在斯特拉斯堡挺身迎战。这两位历史学家依托《经济和社会史年鉴》杂志，革新了历史的书写方式。可是分野之争并未结束，二战以后遇上了思考法国人类学的大师克洛德·列维－斯特劳斯，与历史学家的战端由此重启。列维－斯特劳斯的介入紧随西米昂发出的质疑，试图动摇历史学的地位。不同的是，这一次是从人类学立场出发，见于他 1949 年发表的一篇重要论文《历史学与民族学》。文中
14 说：“豪泽和西米昂阐述和比较过他们眼中的把历史学区别于社会学的原理和方法。迄今已逾半个世纪。”①他认为，尽管相邻学科呼唤革

① 列维－斯特劳斯．历史学与民族学．形而上学和道德论，1949（3-4）：369-391．后收入《结构人类学》（巴黎：普隆书局，1958：3）。

新，历史学却一味枯守谨小慎微的计划。费尔南·布罗代尔在一篇题为“历史学和社会科学：长时段”的文章里警告说，1929 年的分裂被完全遗忘了。这篇宣言式的文章于 1958 年，即《结构人类学》出版的当年，在《年鉴》上刊出。1960 年，为了表明年鉴学派已经汲取了教训，《年鉴》杂志重新刊登了西米昂的文章。

列维－斯特劳斯的挑战

早在二战之前，布罗代尔就在巴西圣保罗人文学院跟人类学家列维－斯特劳斯共事。他对科系之间如何较劲、在理论和建制方面如何竞争都有切身体会。他奚落民族学家自命科学，以漂亮的数学建构自诩，却连最普通的代数式也解不出[①]。在圣保罗的这所学院里，人人都强调自己的学科优越，却彼此窥伺成功之道。1949 年，列维－斯特劳斯规定了社会人类学的性质，认为这门学科在社会科学当中不仅独占鳌头，而且超出了这个范围。它的领域理应延伸到自然科学，乃至自然与文化的交织部分。这门年轻的学科有一个建制权限的问题。它的胃口极大，欲将旧有的人文学科赶出名正言顺的学术安乐窝。为了 15
达成更有利的学科划分，人类学必得显示有能力整合一切有关人类社会的研究方法，尽可能收纳研究人员的工作，然后尊之为可敬可佩的前辈。列维－斯特劳斯认为，人类学的高明之处是超越人为划定的人学和自然科学的分野，汲取自然科学的严谨性，为人学的诠释活动服

① 参见：莫居．倒牙．巴黎：布歇－沙斯戴尔书局，1982：118.

务，从而使之呈现为一门名副其实的科学。人类学“临到末日审判之时，自信能够在自然科学当中保持清醒”[①]。为了创建一门向相邻学科的既有权势发起果断攻击的科学，列维－斯特劳斯把延迟启动和缺少立足点化为赢得成功的手段。这门科学应该尽量维持模糊的轮廓，以便通过吸纳其他成为辅助的学科而发展壮大。一个同类相食的成功局面由此形成：“对于人类学来说，脱离精密科学、自然科学和人学都是万万不可接受的。”[②]除了更具原创性、更新颖、综合性更强的研究方法以外，人类学没有别的特殊领域。在研究和教学的体制下，这种方法使之成为一部高效的战争机器。所有学科于是都被召来为人类学家的调研服务。亲属关系的研究正是这样孕育了一整套关于亲属关系的分析及其逻辑数学的处理方法。

学科重组

在当年的高等院校，人类学与历史学既是姐妹学科，也是竞争学
16 科。如果说，咄咄逼人的年轻的人类学未能吞并历史学家，使之成为一般辅助人员，最重要的原因之一是年鉴学派当时在建制方面已经站稳脚跟，而且擅长反击和利用人类学的成果。列维－斯特劳斯认为，相比不受时空限制的民族学家，历史学家的领域比较狭小。他说：“至少在理论上，但凡人类社会都能建立种族志，但是，大多数社会

① 列维－斯特劳斯．法兰西公学就职演讲．1960// 结构人类学Ⅱ．巴黎：普隆书局，1973：29.

② 列维－斯特劳斯．结构人类学Ⅱ．巴黎：普隆书局，1973：394.

由于缺乏文字资料，并不都能够建立历史学。”[①]因此，相比历史学，人类学的优越之处不仅在于方法，也在于研究领域更为宽广。人类学既是自然科学，也是社会科学，而且得到了语言学、数学、地理学和心理学的成果的有力支持。据此，列维－斯特劳斯认为，人类学完全可以在一番学科重组中取得中心地位。生物学此前已经吸纳了动物学和植物学，列维－斯特劳斯打算照此引发新的一场有利于人类学的学科划分。他拒绝了针对他的有关历史学的指控，斥之为虚妄，认为历史学既绕不开，也无法省去。那么，他怎么看待历史学的地位呢？历史学和人类学能否彼此兼容？列维－斯特劳斯所说的历史学显然关注于个别的小事件，他认为历史学理应固守经验世界的具体领域，而任由结构人类学在必然性的领域里大显身手。

于是，历史学沦为仅为人类学提供基础素材，充其量只能再现社会的演变，或者再现社会过渡当中的那些随机的、充满风险的特点。因此，列维－斯特劳斯认为，所谓**希腊奇迹**，即古希腊神话思想向哲学的过渡，是一个只反映偶然性的历史现象，这个转变发生在希腊的可能性比发生在别的地方既不多也不少。照此理解，历史学的地位属于闲闻逸事；与结构的冷峻规律相比，事件本身的来龙去脉没有多大意思，因为“专注于寻找结构始于遵从事件的力度和虚泛性”[②]。在他看 17
来，任何把叙事以外的功能赋予历史的构想，任何历史哲学，都是神话。他曾经在这个问题上责怪让－保罗·萨特：“历史在萨特的体系

① 列维－斯特劳斯．结构人类学Ⅱ．巴黎：普隆书局，1973：348.

② 列维－斯特劳斯．从蜂蜜到烟灰．巴黎：普隆书局，1966：408.

里所起的作用恰恰跟神话一样。”①经验、事件、历史资料，统统属于神话。从这个想法出发，列维－斯特劳斯无法理解，哲学家何苦要像萨特那样，硬把某种优越地位赋予历史学。民族学是在空间非连续性中展开的，历史学与之恰好相反，其诱惑产生于能够重建某种集体的时间连续性，而这正好符合我们对于自己的过去的既有理解。然而，列维－斯特劳斯认为这种连续性乃属虚幻，因为只要打算达到一定程度的意义，历史学家就不得不在时代、群体和区域当中做出取舍。他们能够做的只是构建故事，然而永远达不到意义的完整性：“一部总体的历史将会自我抵消，其产品等于乌有。”②因此，历史只有多重性，没有整体性，它与某一中心主体无关，与人无关。历史学不能不有所偏重，而且永远是“局部的”③。

因此，在列维－斯特劳斯看来，历史是一种超验的人文主义的最后的避风港。他请历史学家抛开以人为中心的立场，而且用以下宣告结束了对历史学的猛烈抨击：“历史无路不通，只要它能够跳出窠臼。”④所以，尽管他屡次否认，但显然这是一通激烈的质疑，比 20 世纪之初的西米昂和实证学派有过之而无不及。

18 从有意识到无意识

列维－斯特劳斯提出了历史学家和民族学家的另一条本质的区

① 列维－斯特劳斯．野性的思维．巴黎：普隆书局，1962：336.
② 同① 340.
③ 同① 342.
④ 同① 347.

别，它跟研究方法的深度有关。民族学家能够接近一个社会的无意识层面，揭示社会的基础；历史学家则必定满足于日常生活的细枝末节，即可以观察到的具体事物。因此，作为名符其实的洞穴踏勘者，民族学家能够达到历史学家力有不逮的深度：“民族学家向前迈进，总是试图接近［……］前方更多的无意识现象；历史学家则可说是倒退着前行，双眼紧盯着具体的和个别的活动。”由于只能接近有意识的行为，历史学依然拘囿于一个意指不充分的层面，也就是偶然性。

种族志调查考虑的经验现实只是人类学家的素材，他必须据此找出得到验证的模型的无意识结构。这些结构以无历史、无时间性为特点。作为一种社会性的无意识，它们是统摄各种各样的社会组织的一个不变量。列维－斯特劳斯因而认为，社会结构的概念跟社会现实不是一码事，前者是在后者的基础上构建起来的模型。他于是把这个概念区别于经验性的社会关系的概念。然而，历史学家止步于经验的、可观察的层面，构建不出模型，也就无法接近社会的深层结构。除非民族学家移烛相照，否则历史学家注定走不出洞穴。因为，在观察者及其对象之间，横亘着社会行为者（acteur social）故意构建的模型，形成一道屏障：“有意识的模型可以说是最贫瘠的模型之一。”[①]诚然，历史学和民族学在学科建制和方法两方面很接近。无论空间还是时 19
间，两个学科都以**他者**为研究范围。列维－斯特劳斯认为，这两个学科的对象相同，目的都是更好地理解人类社会，方法也相同。因此，二者的本质区别在于一个是经验科学，一个是观念方面的建模活动。

① 列维－斯特劳斯．野性的思维．巴黎：普隆书局，1962：308.

转向无意识结构使得民族学迈进了一步，即从个别到一般，从偶然到必然，从特殊规律到普遍法则。列维－斯特劳斯引用卡尔·马克思的名言“人类创造自己的历史，却不知道自己正在创造历史”[1]，他认为前半句指历史学的研究领域，后半句指民族学的研究领域。

列维－斯特劳斯没有完全否定时间性，而是区分了不同的人类社会的两种时间形式，两种节奏。他重提冷社会的概念，这是 16 世纪发现美洲印第安人时期出现的概念，与热社会对举。他还区分了两种历史：一种是累积的、渐进的历史，另一种是每一项发明创造都在一个自动调节的过程中消解的历史。民族学青睐原始社会，他誉之为具有“一种特殊的智慧，拼命抗拒自身结构的任何改变”[2]。

除了利用社会温度区分社会以外，列维－斯特劳斯还用了另一个隐喻：社会运行被比拟为机器的运转。这也分两种：冷社会好比机械制动的机器，无限利用启动时形成的能量（如钟表）；热社会好比热力机，好比利用温差运转的蒸汽机，功率更大，然而大能量消耗令其
20 枯竭。为了走在前沿，热社会永远在寻找更大更多的区别性差异，永远在寻找再生能源。与之相反，时间连续性必然对冷社会的制度的影响更小。列维－斯特劳斯从冷与热的社会的对立中推导出一些方法论教益。他区分了用于研究冷社会的机械模型和用于研究热社会的统计模型。他认为，机械模型适用于民族学，统计模型适用于历史学，因

---

① 原文未注明出处。这句引文的通行中译为：“人们自己创造自己的历史，但是他们并不是随心所欲地创造”（马克思．路易·波拿巴的雾月十八日．北京：人民出版社，2015：9）。通行法译与此不离。但是，原文特别是后半句跟通行法译相去甚远，而跟法国当代学者如卡德琳娜·玛拉布（Catherine Malabou）的译法相同。特此说明。——译者注

② 列维－斯特劳斯．结构人类学Ⅱ．巴黎：普隆书局，1973：314.

为“民族学要求机械性时间，即可逆推的、非累积的时间”[①]。例如，依照亲属等级或氏族内部的个体的分布，可以为原始社会的联姻规则建立模型。这个办法对于我们这种应当用统计分析的社会来说却行不通。

精神界域

针对进化论和用单一框架看待人类历史的进步的观念，列维－斯特劳斯也发起了挑战。他反对把历史看成人类生活逐渐改善和实现进步的一系列阶段。无论是詹巴蒂斯塔·维科的螺旋发展说、奥古斯特·孔德的三阶段说、玛丽·让·安东尼·德·孔多塞的阶梯论，还是卡尔·马克思的向共产主义发展的学说，他一概认为是神话。作为让－雅克·卢梭的后继者，列维－斯特劳斯不崇信进步。相反，他认为道路有多条，文明有多种，时间性也有多种，而且他的世界观转向了一种文化相对主义：即使打着进步的旗号，也没有高低优劣之分，有的只是超越众多文明的长久性和不变量。列维－斯特劳斯重视远古时期，因为“人类仅在初期才创造丰功伟绩”[②]。

与非历史化的做法相联系，列维－斯特劳斯的雄心是揭示人类的 21
精神如何起作用，那才是真正的不变量，一种超越不同时代和空间的恒常态。人类学家的任务是根据甄选出来的不变量，清理盘点一切精神界域（enceintes mentales）。因此，在神话的连续变化的背后，人类学家力求辨读人类精神的内在的和恒常的规律。列维－斯特劳斯通过

① 列维－斯特劳斯．法兰西公学就职演讲．1960//结构人类学Ⅱ．巴黎：普隆书局，1973：41.

② 列维－斯特劳斯．忧郁的热带．巴黎：普隆书局，1955：442.

一套非常新颖和富于启示的方法，为人们自以为遗忘已久的最古老的理念之一恢复了名誉：人类的天性。它与历史无关，无从超越，没有时间性，要把握它，只能通过揭示隐蔽而普遍存在的无意识结构。他对这种揭示的重视远远大于研究人类的建制及其运转，以及生产活动与权力的关系。因为无论是研究亲属关系还是神话的象征体系，“都必须对精神界域做出清理”[①]。这就要求从自由的幻觉背后找出内在的必然性，包括看起来对于物质的偶然性依赖最少的神话。“既然是寻找精神制约，我们的课题就跟康德主义殊途同归了。”[②]在这个课题下，神话不是揭示社会性和无意识心理之间的对立，而是通过林林总总的人类精神的表现，凸显其根本的不变性。列维－斯特劳斯的著述里经常出现反历史决定论、不变量等概念。神话体系和音乐更是被他称为“消除时间的机器”[③]。这种对于历史的激烈质疑后来引发了历史研究的重大变化。

22 布罗代尔的回应：长时段也是结构

这个时期，布罗代尔一直是结构主义者的伙伴兼对手。他将马克·布洛克和吕西安·费弗尔的遗产与列维－斯特劳斯的论点对立起来；不过，他引进了新的范式，从而颇有建树。他使历史学成为能够实现人文学科的联合的唯一科学，年鉴学派历史学因而再次焕发了活力，面目一新。20世纪50年代末，为了抵抗结构主义的进攻，他将

① 列维－斯特劳斯．生食和熟食．巴黎：普隆书局，1964：17.

② 同① 18.

③ 同① 22.

一组取自人类学的范式融入了历史学家的话语。

总体史

布罗代尔对社会学和列维－斯特劳斯的回答是：只有历史学才能统合研究人类的方法；一切都是历史，包括空间在内，这就使结构主义者的尝试流于空幻。布罗代尔的历史学同人类学一样力求做出综合，但是因其有关时空的思想而具有一种优越性。这方面，布罗代尔继承了第一代年鉴学派学者的遗产。时间的延续规定着一切社会科学，赋予历史一个核心的角色："事实上，时间、时段（durée）、历史制约着，或者说必须制约着，一切有关人的科学。"[1]历史学的雄心是重建人类现象的整体性，要评估它们在社会变迁当中的地位和作用，只有历史学才有这个能力。从总体上把握社会现象，这是布罗代尔历史学的宏愿。只有它能够达到布罗代尔所说的"各个集合之集合"[2]。不过，按 23
照布罗代尔的说法，这种整体研究方法的特点是保持对经验现实的关注。因此，它跟结构人类学建立的类似数学的系统非常不同，因为"在追求抽象的（noétique）规定时，我们更喜欢对具体经验的观察"[3]。

布罗代尔所说的理想做法——也是做不到的——是把一切一股脑儿摊开在一个平面上。历史学家于是必须对经济、政治和文化各个方

① 布罗代尔．历史与社会学 // 历史学文稿：卷 1. 格勒诺布尔：阿尔杜书局，1969：105.

② 布罗代尔．15 至 18 世纪的物质文明、经济与资本主义：卷 2. 巴黎：阿尔芒·高兰书局，1979：408.

③ 布罗代尔．15 至 18 世纪的物质文明、经济与资本主义：卷 3. 巴黎：阿尔芒·高兰书局，1979：199.

面做出综合。不过，布罗代尔的整体性概念很难超出对于现实的不同层面的简单描写，构不成一个能够用来把握和区分不同领域之间的关系的思想工具。它的解释力因此很有限：“历史学首先是描写、单纯的观察、不带过多预先观念的分类，这样难道不是很好吗？”[①]由此可知，布罗代尔提倡的整体性并不是一种真正的因果性解释。他的重要的实际操作包括观察、分类、比较和分离。他跟卡尔·林奈一样，重视先清点已经看到的和有序排列的现象，后进行系统的分类。在布罗代尔式的总体史学的概念的背后，我们看到了一种实质上是大杂烩的历史观。在布罗代尔的说法里，一个关键词是“相互”：一切都相互影响，互为因果。我们于是不难理解，有了这样一个解读历史时间性的框架，布罗代尔从描写层面过渡到解释层面时会遇到一些麻烦：“人们可以写出以下一些怎么理解都行得通的等式：经济就是政治、文化和社会；文化就是经济、政治和社会；等等。”[②]跟弗里德里
24 希·诺瓦利斯的历史学相仿，布罗代尔的历史学必然是世界性的，它的目标宏大，而且要求掌握比较的方法，时间跨度最长，空间尽可能广阔。

长时段

布罗代尔虽然看不起社会学，却避免跟列维－斯特劳斯正面论战。尽管竞争的态势日趋尖锐，他却从来没有抨击后者。这跟他对乔

① 布罗代尔．资本主义的动力．巴黎：费拉马里昂书局，1985：25.

② 布罗代尔．15至18世纪的物质文明、经济与资本主义：卷3．巴黎：阿尔芒·高兰书局，1979：34.

治·古尔维奇的严厉态度正好相反。他说，列维－斯特劳斯成功地破解了隐藏在亲属关系的基本结构、神话、经济交换活动里的语言，这是一桩“壮举”[①]。布罗代尔这位一向俯视“横行霸道的”年轻学科的乐团指挥，竟然一反常态地甘愿把乐谱架弃置一旁，在提到列维－斯特劳斯时，甚至用了“我们的向导”的提法。这是个明确的信号，表明他很清楚此君的人类学话语的分量和吸引力。这些话语同样有统合的意味，然而在一套数学配置和建模活动的支持下，得以进入社会实践的无意识层面。因此，针对历史学，列维－斯特劳斯的人类学话语在社会科学领域里占有压倒性的理论优势。布罗代尔于是另辟蹊径，直接从列维－斯特劳斯那里借取所需。他亮出了历史学家手中的王牌：时段。并非传统上“事件 / 断代”的二项对立的时段，而是长时段，它制约着人类学家所彰显的最稳定的结构：“乱伦禁律便是长时段的一个现实。”[②]西米昂曾经诟病孤立事件，认为对社会科学毫无价值，布罗代尔承认这是正确的：“社会科学近乎厌恶事件。这不无道理，因为短时段最难把握，是最能迷惑人的时段。”[③]他于是建议围绕 25
一个共同方案全面重组社会科学，其主要的参照便是长时段，一个大家都必须接受的概念。而且，既然问题在于时段，在于断代，历史学家就依旧是主宰。布罗代尔把这个理论变动说成历史学本身的一次哥

① 布罗代尔．历史和社会科学：长时延续．年鉴，1958（10-12）：725-753. 该文后收入《历史学文稿》：布罗代尔．历史和社会科学：长时延续 // 历史学文稿：卷 1. 格勒诺布尔：阿尔杜书局，1969：70.

② 布罗代尔．历史和社会科学：长时延续 // 历史学文稿：卷 1. 格勒诺布尔：阿尔杜书局，1969：73.

③ 同② 46.

白尼式的革命，是颠覆视角的尝试，理应能够使有关人类的学科使用同一种语言。必须防止两种会使社会科学脱离历史学的做法：一种做法自外于时间，仅仅满足于跟一切时间跨度脱节的现时性。布罗代尔认为社会学便属于此种情形，因其局限性极大，历史学家无须过虑。另一种做法超越时间，试图围绕着无时间性的结构建立起一门有关沟通的科学。结构主义的尝试便在此列，而且引起了历史学家的严重关切。布罗代尔的回应把这种探索与长时段联系起来："虽然未敢妄言已经详细论证，但是我已经尽力指出，列维－斯特劳斯的研究颇具新意，然而，他的那些模型只有在长时段的航道里才能够畅通无阻。"[①] 布罗代尔把取自列维－斯特劳斯的结构的概念再做剪裁，在他的理论布局里，这个概念有完全不同的意思。跟列维－斯特劳斯相反，布罗代尔把结构看成一个框架设计，一通组装，其现实性是具体的，因而也是看得见的。他的结构观基本上仍然是描写性的，忠实于传统的历史观。不过，布罗代尔的功绩在于一方面让结构的概念为己所用，另一方面赋予它一个时间的维度："这些历史结构都是可识察的，在某种意义上也是可测度的：以时段为标尺。"[②] 在有关地中海的论文里，
26 他展示的结构包括关系网络、道路、贸易，以及所有那些描写得头头是道的使空间充满活力的关系。他对这些关系的相对分量做出了评估，但是未能真正把握它们之间的关联的内在逻辑。在论文的结论部分，他宣示了一种特殊的历史结构主义的信念：

① 布罗代尔．历史与社会学 // 历史学文稿：卷 1. 格勒诺布尔：阿尔杜书局，1969：114.

② 布罗代尔．15 至 18 世纪的物质文明、经济与资本主义：卷 2. 巴黎：阿尔芒·高兰书局，1979：410.

> 我在秉性上是结构主义者，不受事件的蛊惑，但多少受到局势（conjoncture）的吸引，即同一符号下诸多事件之合。不过，历史学者的结构主义跟在同一名称之下折腾其他人学的课题完全不是一回事。它不把历史学者引向对功能性关系进行数学抽象，而是引向生活的源头，即其最具体、最日常、最难以泯灭，也最少个体特征的人性。①

布罗代尔的结构的特点是深度整理历史现象，从而使长时段相较其他时间节奏更加重要，尤其是重于事件本身。可是，这种结构并非栖身于无意识层次。布罗代尔的方法旨在开放包容，吸纳各种立场，使之在人学的巨大实验室里全都占有一席之地。这个实验室以打破一切区隔和疆界为己任，目的是以擅用长时段的历史学家为核心，实现研究领域的统一。

时间三分法

针对列维－斯特劳斯和一般的社会科学，布罗代尔的回应不限于提出长时段是一种结构，而是把时间性进一步细化。这在他 1949 年的论文里就已经提出，1958 年形成理论模型。时间被分成几个不同的
节奏，打破了时段的单一性。时间的量化是为了在数个层面获得一种 27
新的可知性。布罗代尔围绕着三种不同的时间性或者说三个平台进行设计：事件本身，局势或曰周期性的时间，以及长时段。依此便可以

① 布罗代尔. 地中海与菲利普二世时代的地中海世界：卷 2 结论部分. 巴黎：阿尔芒·高兰书局，1966：520.

区分时间的不同层阶和时间性的差距。这样做有利于颠覆追求史实的史学立场，不过并非如它自诩的那么新颖。马克思早就发现，演变有快慢之分，不同的时间性之间也会有畸变，特别是观念形态的缓慢演变和生产力的迅速演变之间会出现错位。布罗代尔虽然把时段多重化，可是很重视指出其辩证的统一。事件、局势、长时段，三者在一个完整和统括的时间性之内依然关系密切。这样一来，他就跟社会学家的破碎而缺乏厚度的时间拉开了距离。不过，这个三分框架有哪些内容、时间流逝的速度的内涵都有待充实。至此，时段不再是一个给定物，而是一种建构，它没有一部预先建立的理论当作参照。再有，从博士论文开始，布罗代尔就给每一个时段划出了一个领域，一个专用的栖身处，即“在历史时间之内，再行分出地理时间、社会时间和个体时间”[①]。

布罗代尔的论文《地中海与菲利普二世时代的地中海世界》分为三个部分，三种时间性，三个领域。第一部分“近乎静止的历史”[②]专门谈人与地理环境的关系。布罗代尔的特殊贡献正是在这个层次上，即把空间纳入了时间性[③]。第二部分是慢节奏历史，即经济和社会史，以艾奈斯特·拉布鲁斯的经济和社会新史学所阐发的经济周期论
28 作为参照。在第三部分，他在个体的维度上区分出一部侧重具体事件的历史，内容是传统史学所描述的戏剧性的短暂变动。不难看出，这种按照考察领域建立的时间三分法实际上是任意的，因为与短时段挂

① 布罗代尔．地中海与菲利普二世时代的地中海世界：卷 1. 巴黎：阿尔芒·高兰书局，1966：17.

② 同① 16.

③ 格拉塔鲁．呼唤大空间．空间与时间，1986（34-35）.

钩的政治因素在一个长时段的建构中也完全可以体现。相反地，地理学往往通过一些戏剧性情形表明，变化并非总是发生在地质学维度当中。无论如何，布罗代尔没有等量齐观地看待每一种时间性。毋庸置疑，作为肇因的时间性是存在的，它是人与事的演变基础，这就是长时段。由于被与自然界相提并论，它最终扮演着决定性的角色。如果说列维－斯特劳斯的雄心是通过某种联络生物性和社会性的中间物揭示神秘的人类天性，布罗代尔则更看重缓慢的地质时间性。是神经元还是地质学？无论在二者谁那里，事件统统被认为无关宏旨。尽管这个部分在他的论文《地中海与菲利普二世时代的地中海世界》里占了三分之一的篇幅，但事件都只是“扰动的海浪”“细沙的涡流”“萤火虫聚成的焰火”“背景”等等。从中不难看到年鉴学派特有的心态及从对史实史学的敌视。杰克·海克斯特形容这种敌视是“激情满满，时而缺乏理智”[①]。

既然布罗代尔认为社会科学摈弃具体事件是合理的，他就与 1903 年的西米昂和 1962 年提出批评的列维－斯特劳斯殊途同归了。但是，他并没有把事件放入产生它的结构的动态机制，而宁愿贬之为肤浅，以使历史学者将注意力转向恒常性（permanence）或者缓慢的演变。跟其他时段相比，长时段独享优越地位：事件和局势的地位由它来规定。事
件是边缘性的，局势遵循周期性运动，只有长时段的结构才是不可逆转 29
的。这种漫长的时间性有一个优越之处：可以分解成一连串反复出现的现象，一系列产生平衡的常态，一种隐蔽在貌似无序的现象后面的普遍秩

① 海克斯特．布罗代尔和他的世界．现代历史学刊，1972（4）：507.

序。在寻找这种恒常性的过程中，空间看起来与缓慢的时间性最为契合，它被赋予一个特殊的地位："有这样一部历史，比文明史更缓慢，几乎静止不动，这是一部有关人类与养育她的大地之间的密切关系的历史。"[①]

结构主义历史学

列维－斯特劳斯的挑战促使布罗代尔构想一部有关静止的时间的结构主义史学。从他的著述里可以看到，列维－斯特劳斯用于"冷社会"的一些逻辑推断被历史文献学采用。一些组合规则被用作理解现实的方式。例如排除法，符号颠倒和操作适切性使得原有体系能够通过逻辑的和内部的运作，吸纳貌似新颖或矛盾的事物，从而达到自我调节。变化和断裂不再表明体系的特征。历史的运动被视为一种有趋向性的自我重复，一种不变重于变化的恒常态。从体系内部找到的差异仅仅是地点、地位和功能的不同，一切对立都从属于整体。由于彼此取代，历史进程中可能出现的矛盾被吸收，原有的基底同时得以保留。依照一个排除了一切杂音的和谐的体系的法则，这一对位法式的调节运动不断重复，令社
30 会生生不息，而无彻底的断裂。系统内部因而不会发生实质性的改变。

结构与历史的冲突并非始自今日。孔德早就有过静态社会和动态社会之分，认为前者优于后者。正如亨利·费弗尔所说："所谓结构主义，是一种有关平衡的观念形态……一种有关**现状**的观念形态。"[②]

① 布罗代尔．法兰西公学就职演讲 // 历史学文稿：卷 1．格勒诺布尔：阿尔杜书局，1969：24.

② 费弗尔．结构主义思想．巴黎：瑟伊出版社，1975：69.

历史学家研究运动、过程和变化，他怎样才能考虑这笔遗产？要做到这一点，只能通过寻找一种终极平衡，即其研究工作的一个参数。基于这一终极平衡，会出现一些摇摆和变故。对于变化过程的深层运动而言，这些摇摆和变故的重要性和影响微乎其微。因此，布罗代尔的新史学很像一部与辩证思想作战的机器，很像古希腊的芝诺反对赫拉克利特的运动哲学的战争。跟这种历史的书写法相反，历史辩证法认为迁变过程重于存在，而且认为时间性是一个整合而非消弭对立事物的过程。这意味着把两个事物之间的矛盾视为不仅位置不同，而且有质的杂糅性。历史学思维只能是关于断裂的思维，涉及分裂的实际作用和随后的超越，这不是返回一个矛盾已经消弭的过去，而是回到新局面的内涵丰富的迁变过程。与之相反，布罗代尔的史学往往以旧纳新，以连续吸纳变动，以静止消弭断裂。以百年为计的连续性和平缓的调节活动是他的分析的基石。

这种历史书写法深入生态系统，它首先低估了人作为一股行动合力的作用。位置变了，靠边站了，陷入泥淖的人类的躁动显得可笑。布 31
罗代尔坦言："我做的事与人类自由相悖。"[①]对于数百年力量的羁束、长时段的经济周期，人类束手无策，无法挣脱蜘蛛网："你没法抗争春分时节的海潮……对于过去之重，除了有所意识以外，我们无能为力。"[②]作为生活的主体和当事者，人被移出中心位置，从中可以隐约看出一种对于世界命运的十足的悲观看法："它压垮了个体。"[③]人最终无

① 费尔南·布罗代尔在法国电视1台的访谈，1984年8月22日。

② 同①.

③ 同①.

法把握自己的历史地位，更多的是旁观者，而不是掌握时间的真正的当事者。自由沦为那个哥伦比亚小姑娘的悲惨形象：喷涌而出的火山岩浆将她永远吞噬，即使抢救出来，也只能任其死去。在意识活动之外，我们日复一日的习惯变成了无人质疑的牢狱，促使我们在几乎停滞的日常琐碎的迷津和重负中做出虚妄的抉择："强加的历史侵入我们的世界，我们只剩下脑袋露出水面，只要还露得出来。"[①]这同宣布"活人已死"的结构主义已经相距不远。把人从中心位置移除，对历史学家而言是个悖论，它来源于根据性质、节奏和重要性把时间分成三个复杂层次，即地理时间、社会时间和个体时间。如此区分历史的层级，后果是"把人拆解为一队人物"[②]。由于引入了一个不受人类控制的范畴，长时段的作用犹如一条没影线。不过，布罗代尔的说法仍然是人道主义的，因为人
32 类虽然从虚幻的至高地位跌落了，却没有完全脱离时间建构。从这方面看，布罗代尔依旧忠实于吕西安·费弗尔和马克·布洛克留给后人的人类中心论的遗产，即一种有机论的人道主义，它更重视社会体系的整体，而不是组成部分，因为后者依其在体系内部的作用才有意义。

跟列维－斯特劳斯一样，布罗代尔不把时间性看成一个线性持续的、不断完善的过程，而是通过"近乎静止的历史"的概念，用一个平稳的时间段取代了这种观念：现在和将来最终都消融在一个稳定不变的、不断再现的过去当中。他的分析偏重不变量，决然地降低留给事件的地位："在我认为的历史学解释当中，长时段最终会占据优势，

---

① 布罗代尔．有一种新历史学吗？．法国 FNAC 书店讨论会，1980-3-7.

② 布罗代尔．地中海与菲利普二世时代的地中海世界：卷 2. 巴黎：阿尔芒·高兰书局，1966：17.

成为大量事件的否决者。”[①]

社会等级制度是布罗代尔强调的一个重要的常见现象。社会不平等不可避免，因此，从长期着眼，任何推动平等的努力都因为性质空幻而注定失败：“所有的观察都昭示这种深入骨髓的不平等，这是社会的长久法则。”[②]从中可见一条结构性的普遍法则，堪比列维－斯特劳斯所说的乱伦禁律。布罗代尔没有深究这条苛律的理由，它的权威性基于一条简单明白、不容怀疑的观察：“无须争论，因为所有的证据一致认可。”[③]一切社会现实都指向等级制度和不平等现象；奴隶制、劳役制和工薪制不过是顺民的无情法则的不同表现，而且得到布罗代尔的赞许：“一个社会只有在精英人士的引领下才有意义。”[④]长时段把改变的重要性完全相对化了。此外，布罗代尔还认为，从奴隶社会过渡到现代民主社会，其间并无真正意义上的进步：“社会金字塔的顶端永远是狭小的。因此，剥削既然始终存在，改变剥削的形式又有何 33
益？然而，正是掌权的精英们所做出的改变构成了历史，十次有九次是为了恢复旧态，或者说基本如此。”[⑤]的确，跟列维－斯特劳斯所说的“冷社会”一样，现代“热”社会也着力于复制自身结构。现存秩序不断延续，以致改变人类的尝试不过是徒劳。超越这个实际状况的

① 布罗代尔．地中海与菲利普二世时代的地中海世界：卷 2 结论部分．巴黎：阿尔芒·高兰书局，1966：520.

② 布罗代尔．15 至 18 世纪的物质文明、经济与资本主义：卷 2. 巴黎：阿尔芒·高兰书局，1979：415.

③ 同② 416.

④ 费尔南·布罗代尔在法国电视 1 台的访谈，1984 年 8 月 22 日。

⑤ 同② 422.

企图只能落得竹篮打水："国家，资本主义，文明，社会，全都一直存在。"[1]必须强调，作为历史学家，布罗代尔贬低历史确真性，断言长时段会吸纳和消解变化，这是奇怪的。作用于社会深层结构的自我调节导致重复同一事物，而且往往令一切转型、断裂或重大改变的企图无果而终："一般来说，我不相信社会的骤然变化。"[2]

一切历史断裂最终要归结于变化背后的结构。布罗代尔就是这样认为的[3]。东亚官吏依然故我，印度种姓制度始终存在，就连社会流动性较大的欧洲，演变速度也十分缓慢。16 世纪时的地中海地区，尽管社会明显动荡，但实际上也只有一些"半路遭遇的事故"和"闲闻轶事的花絮"[4]而已。革命如同伤口，痊愈得很快，机能自身形成了排斥破坏企图的抗体。近代欧洲有过两次大的文化断裂，一次是文艺复兴，一次是宗教改革，皆在重复的范畴内行进和重申："一切都是在现有秩序之下积累和整合的。"[5]文艺复兴导致尼古拉·马基亚维里的《君主论》大行
34 其道，宗教改革的结果是德意志领主们巩固了权力。这几场文化革命仅仅撼动了橱窗而已，社会和权力却毫发无伤。当代历史也是如此。例如，1968 年的活跃人物就"被一个有莫大耐心的社会招安了"[6]。再有，布罗代尔对 1968 年的革命运动感到不满，然而对他来说，这种以旧纳

---

① 布罗代尔.《文学杂志》访谈录. 文学杂志，1984（11）：20.

② 布罗代尔. 15 至 18 世纪的物质文明、经济与资本主义：卷 3. 巴黎：阿尔芒·高兰书局，1979：48.

③ 同②.

④ 布罗代尔. 地中海与菲利普二世时代的地中海世界：卷 3. 巴黎：阿尔芒·高兰书局，1976：76-77.

⑤ 同④ 82.

⑥ 同④ 542.

新的看法具有积极意义。他认为那场运动损害了劳动观念和道德价值，最终导致不幸，因为“没有确定的价值观的引领，人不会幸福”[①]。在这里，布罗代尔的长时段及其各个不变量一清二楚地展现了其本来面目，也就是一种可剔除一切变化的历史解读法。原因在于，历史学家之所以使用这样或那样的能够重现旧日风貌的棱镜，正是与时下的关系使然。

结论：受压者回归

面对结构人类学的挑战，布罗代尔的应对之道有成功之处：历史学得以安保它在社会科学领域的中心地位。当然，它并非没有为做出某种改变付出代价，其后果令历史学的观念范式出现巨大变化。列维－斯特劳斯未能动摇历史学家在学术机构里的地位，最终仍然踏进了他们的领地，披上了被他们废弃的旧外衣：

> 新史学认为，我们可以探讨大量被完全忽视的事物，我们呢，却开始关注一些被新史学遗弃的领域，例如王朝之间的盟约、名胄望族的亲属关系——这些如今都是年青一代民族学者热衷的课题。这的确是一次位置的交换。[②]

① 布罗代尔．地中海与菲利普二世时代的地中海世界：卷 2 结论部分．巴黎：阿尔芒·高兰书局，1966：520.

② 列维－斯特劳斯．弗朗索瓦·道斯的专访问答，1985-2-26.

列维－斯特劳斯和他的同代人

35 在一篇发表在《年鉴》上的文章[1]里，列维－斯特劳斯回顾了历史学和民族学的关系。他高兴地看到，历史学家从民族学家那里有所借取，也越来越重视历史人类学。历史学家为了研究往昔的社会，披上了民族学者的外衣。这方面的启迪在解释深层结构和区分不变量时，仍然可以看到。既然历史学家借鉴了民族学家的看法，后者就不必继续局限于冷社会和基于不变量的小型社会，而应当有新的雄心。因此，民族学可以把历史学本身的变动中的领域当作研究对象。为了更有效地动摇新史学，绕开其成功之处，民族学今后应当转向“最传统的历史学”，即研究朝代编年史、宗室协约、贵胄联姻的历史学。在这种竞争局面下，有一个很能说明问题的现象：极为细碎的被遗弃的知识成为两大学科的逐鹿之地。既然历史学靠近了人类学，那么人类学也会靠近历史学。布罗代尔于是准备修改第三代年鉴学派的史学话语。在一场大大扩展了历史学家的视野和研究领域的演变中，他是一个绕不开的节点。他保证了年鉴学派的成功，留下了一笔在思想和制度两方面承前启后的遗产。然而，不妨设想，事实上，人类学恰恰从内部全面充实了史学话语。列维－斯特劳斯的《裸人》[2]或许如同一匹特洛伊木马，成功地剥去了克丽奥[3]的衣衫。

① 列维－斯特劳斯 . 历史学与民族学 . 年鉴，1983（11）：1217–1231.

② 列维－斯特劳斯 . 裸人 . 巴黎：普隆书局，1971.

③ 克丽奥（Clio），希腊神话里的九位缪斯之一，司掌历史。——译者注

蚂蚁和人：列维－斯特劳斯与萨特之争

皮埃尔·葛南夏
（勃艮第大学和乔治－舍维烈研究所）

列维－斯特劳斯和他的同代人

列维－斯特劳斯的《野性的思维》的最后一章有特殊的地位。其主题与前面各章有相当明显的不同，清点野性的思维的相当丰富的分类法不再是作者的着力点。这一章是他所称的“小小的偷猎行为”[1]之一，贸然闯入“在密不透风的哲学守护下的狩猎活动”。据我所知，在列维－斯特劳斯的已经发表的文字当中，从未有过像这样涉足哲学领域的先例。很久以后，他声称并不看重这番“哲学闲话（原话如此！）”[2]。那么，既然这本书专谈野性的思维之丰富、缜密和自成系统，干吗要在
38 末尾持续而明确地讨论让－保罗·萨特的《辩证理性批判》一书[3]？这两部力作分别探讨相距甚远的两个世界，我们甚至看不出究竟在哪一点上可以比对。萨特在《辩证理性批判》里，以实践（praxis）这一概念为唯一线索，力图澄清历史可知性的条件。他宣称运用马克思主义做出了解释，并且指责当时某些马克思主义的代表人物将之降格为一门实证

① 列维－斯特劳斯．生食和熟食．巴黎：普隆书局，1964：“绪言”17-18.

② 列维－斯特劳斯．答马塞尔·埃纳夫的专访．精神，2004（1）.

③ 萨特．辩证理性批判：第1卷．巴黎：伽利玛出版社，1974（1960）.

科学，根本没有保留辩证思维。他认为，只有辩证思维才能理解，并且使人理解人类行为的意义。在作为《辩证理性批判》的导论的《方法问题》里，萨特主要批评马克思主义机械地运用因果模式，令上层建筑屈就于经济基础，因而无法理解什么是人。只有辩证理性才能理解在历史当中起作用的辩证现实，清理出历史的形式条件。既然是批评，萨特探讨的问题便是：一部人类史要求具备哪些条件？人类是本质上具备前瞻性的生物，其行为基于为实现某一目的而超越眼前的局面。人类盖指一种持久的现实、一种实质，那么与其谈论人，倒不如谈论实践，即一个行为被投射到它永远从中出现的条件之前的过程。

然而，实践不是历来所说的与知相对的行，甚至不属于照此理解的行为范畴，因为它首先而且永远是对某一境况的理解，也就是一种综合的理解。它不是与思辨的知性相对的实用的知性，无论劳动者的行为、汽车司机的理解，还是力图弄懂原始社会的民族学者的行为，同样都是实践。因此，所谓实践，更多地指一种理解方式，而非某一类活动或者知识。不过，对于境况的综合性理解（compréhension synthétique）是第一位的，并不意味着它在学科或禀赋的构造体系里会消解其他的理解方式，而是指始终为有关其作为的知性所引领[①]。至 39
于纯粹的机械性行为、外力之下的反应、两个事物之间的纯粹的外部关系，就不应该以实践，而应该以存在（exis）论之。反之，甚至对于《辩证理性批判》大量描述和分析的系列行为，我们不仅能够，也

① “实践永远寓于实践之中”［萨特．辩证理性批判：第 1 卷．巴黎：伽利玛出版社，1974（1960）：513］；“有实践才有理解，我们只有通过实践才能做到理解”［萨特．人类学 // 境遇Ⅳ．巴黎：伽利玛出版社，1972（1966）：91］。

理应以实践论之。所以说，实践会在对象里异变，变成例如加工材料（matière ouvrée），而且往往如此。尽管在实践－惰性（pratico-inerte）的地狱里，实践几乎完全消解，但是不会失去特性。与之相反的是萨特所说的惰性。惰性一词的含义很广，既适用于物理化学材料（在萨特那里系指纯属外部的或多重性的端点），也适用于社会组织的结构，总之，适用于一切受到或似乎受到自然法则和社会法则规定之物。但是，无论如何变异，也无论当遭遇以负面形式（稀缺、需求、压迫、剥削）出现的逆境时如何软弱无力，实践都不仅对自身有所意识（并非自为地，而是即时地），甚至为这种自身的洞明性和行为自知所规定。这就已然给有关异化和无意识的理论设立了一个限度。智识主义（intellectualisme）的知识观造成的错觉妨碍承认实践的自身洞明度。无论在马克思主义还是在人学的理论家当中，这种把认识与分析等同起来的观念都很有市场。但是，萨特认为——此为核心论点——分析性知识，或者照他的说法，分析理性，是无法认识与实践相关的现实的，也不了解什么是实践，更不了解实践如何做到自知。

40 因此，出发点应当是：综合性理解力在人类史上是第一位的，而自外于人类现实，借口科学之需的人运用的分析性知识是第二位的、派生的、抽象的。萨特把视人类为蚂蚁，从一个不偏不倚的位置（居高临下地？）从事观察和描写的学者称为唯美主义者，人类似乎成了抗拒人类悟性或他所说的理解力的对象，而萨特认为理解力乃是人与自身和一切他者之间的一种基本的关系。这种理解力并非同情，而是从与目的之间的关系出发的一种对于行为的认知。这种理解力既不属于审美观照，也不是学者对某一对象的解析活动，而是一种实践，这或许也由于理解力植根于，或者更确切地说，处于我自己的活动领域之内。萨特的认识论设定很简单：由于我是自身实践的主体，所以我也理解其他实践。但是，这样一来，前瞻地理解其他实践的目的而与之同一，就把实践与并非严格属于人类和历史领域之物的可知性做了切割。这个领域以外的一切（物质和自然——至少就科学的对象而言）同样也在理解力之外：这并不意味着未知或者未定，而是相反，正因为科学的自然是知识的客观的和确定的对象，所以它是不可知的（inintelligible），也就是说，它与人类的实践无关。反之，凡是属于多样的人类的实践者原则上都离不开其理解力。基于这个理由，理解力是综合性的，也就是说，是总体化的（totalisante）、总括的（totalisatrice）。因此，应执两端而不偏废：实践既永远位置明确，又是一种总体化的行为。这两条属性中的第一个使之有别于任何单子论观点，第二个使之永远超越单子论观点。总体化与理解力同义，但不是总体性（totalité）的近义词；总体化同时意味着去总体化、再总体化，并将经验纳入总体性的形式，但是经验永远不会具备这种形式， 41
从而呈现为一个供观照的对象，一个完整、完美和完善的整体。这种原则上的不完备，这样一场无穷无尽却又多方向的运动，赋予实践一条辩证的特征，赋予它的自我理解力（autocompréhension）一个辩证理性的地位；反观辩证理性，却只适用于一些先解构后重构的对象，而不是经过去总体化和再总体化的对象。必须记住一条绝非显而易见的认识论前提：由于人类现实是辩证的，所以理解它必须运用辩证理性。知识必须适切应用对象的性质，否则会有混淆对象之虞，就像唯美主义者视人类如蚂蚁，暗示二者之间存在着等值关系。

尽管没有指名道姓，也许连抨击的对象也不是，被刺痛的列维－斯特劳斯却接受了挑战："我觉得，这种［萨特所说的唯美主义者的］态度看起来恰恰是任何一个科研工作者的态度，只要他是不可知论者。"①

列维－斯特劳斯把这个问题同人学联系起来，准确地找到了同萨特的分歧的深层原因：分歧不在于什么是人，而在于科学应该是什么。二人有同样的雄心：构建或创立一门人类学。分歧在于如何实现这个设想。跟萨特或任何人一样，列维－斯特劳斯并非不明白人和蚂蚁不是一回事，尽管他继承了卢梭的观点：跟相当牵强地区分人类和非人类（萨特视之为根本的）相比，与一切在困苦中苟活者彼此认同才是更根本的。他稍后在下文里写道，对于致力于研究不同于自己的文化的民族学者来说，这种认同甚至是出发点："设身处地替在那里生活的人们着
42 想，从原理和规律性方面理解他们的意愿，把一个时代或一种文化看作一个表意的整体。"②他甚至批评萨特迈不出这个迎接他者的头一步。其后果是将其刻意地简化为我们的自我理解力（他认为，他者在萨特看来不过是自我或我们的一个变体，是自我在群体层面的表达）。按照列维－斯特劳斯的看法，萨特只选取历史领域，而且借助实践的概念，把历史真实性和人性等同起来，不去索解跟自己的社会不一样的社会——

① 列维－斯特劳斯．野性的思维．巴黎：普隆书局，1962：326.

② 同① 331.

所谓无历史的社会、野蛮人的群体——而视之为外在于历史。尽管列
维－斯特劳斯不反对实践和总体性，甚至不拒绝辩证法，但他仍然认为
这种理解力是画地为牢，甚至是一种自我理解。他认可萨特的这些概念
带有启发意义，条件是把这些重要的描写工具视为对一些现象的初步解
释。所以，列维－斯特劳斯反对的并非这些概念本身，而是萨特在它们
之间建立的联系：并非总体性（或总体化的要求）本身，而是它跟分析
理性之间的被萨特搞成认识论教条的非兼容性；也并非“构成人学的基
本的完整性”的实践，而是以为实际行为是实践的直接形态，无须以他
所说的使结构成为可能的“观念模式”[①]为媒介。也可以说，列维－斯
特劳斯反对的不是实践（被他归入个人体验），而是被抽象地与思想割
裂的实践，而思想同其他任何现实一样，也要服从一些法则。至于总体
性（“一个被大量消费的概念”[②]，路易·阿尔杜塞曾这样调侃），列维－
斯特劳斯丝毫不否认人类现实的独特性，即它是一个整体，并且理应被
作为整体，连同其各个部分去理解；他没有把它看成理解力（跟智能活
动相对）的拜物对象，因为跟任何科研工作者一样，有了一个对象（总 43
体性）之后，人类学家会致力于将其解构，放入另一个平面加以重构。
不改变平面、阶次或观察层面，就做不到真正了解一个对象。因此，总
体性不过是对象的此在性的另一个称呼，学术对象与对象本身不是一回
事：在整体把握与成分的多层面区分和排列之间，总会有办法解决二者
的连续性。在描述野性的思维的某些运作，例如图腾如何用于物种分类

① 列维－斯特劳斯．野性的思维．巴黎：普隆书局，1962：173.

② 阿尔杜塞．拥护马克思．巴黎：马伯乐书局，1965：208.

时，尽可用去总体化和再总体化论之，但不必下结论，认为辩证理性应取代分析理性。它们在列维 – 斯特劳斯看来是理性的两个互补的功能（或用途），而不是像《辩证理性批判》里所说，是现实和（本应说，由此而来的）知识两个截然不同的范畴。这一点似乎是萨特在《存在与虚无》发表之后发现的，他认为，要理解一切有机的整体，唯有辩证法这个工具。辩证法之于萨特有点像心脏之于帕斯卡，它是一种理解方式，适用于跟两个较低类目有别的一类事物。这是因为，除了方法和对象的类同关系以外，知识的形式之间也有不对等，而辩证理性不仅能够解释它的对象，也能够解释分析理性的对象，反之却不行[①]。很明显，这种理性有高下之分的观点，列维 – 斯特劳斯绝对不会接受。他认为，辩证理性指一种动态的理性，是启发式的，但绝不是分析理性的对立面。在
44 《辩证理性批判》末尾，萨特坦承，他读到过“我们最出色的民族学者之一”的“二分法的辩证法……无论是否出于主观意愿，他把辩证法简化为分析”[②]。这些话也刺激了列维 – 斯特劳斯。在《亲属关系的基本结构》[③]的第二版里，他添加了一条注释，说他觉得“二分法与辩证思维绝不抵牾，实际上恰恰相反”，它只是“分析理性里多出来的一个东西”[④]，不是完全不同的事物；他认为分析理性并不足以解释自然现象或

① “我指出过，分析理性能够被综合性理性超越和整合，我们也知道，反过来却不行，因为如果‘投射’到逻辑和数学的范围里，任何辩证命题都会失去意义，化解为外部关系。”[萨特 . 辩证理性批判：第 1 卷 . 巴黎：伽利玛出版社，1974（1960）：505.]

② 同① 744.

③ 列维 – 斯特劳斯 . 亲属关系的基本结构 . 巴黎 – 海牙：穆桐书局，1967（1949）：127（注释 19）.

④ 列维 – 斯特劳斯 . 野性的思维 . 巴黎：普隆书局，1962：326.

纯粹的物质现象。

这样一来，事情就超出了方法论分歧的范围，故此处得多花费一些笔墨。因为，在实践和结构两个对立的概念的问题上——本文末尾还会谈到——这场有关辩证理性的含义和范围的争议关乎两位哲学家分道扬镳和对立的实质。

列维－斯特劳斯在《野性的思维》一书末尾增写了一章，仿佛是《辩证理性批判》的一篇跋语。这样做至少是为了跟萨特在书里使用《亲属关系的基本结构》的方式划清界限，因为萨特在这本书里，参照和赞许的征引跟至少同样重要的批评口吻交替出现，这就令人揣想，《辩证理性批判》的解说是否既借助了马克思主义或当年的马克思主义者，也借助了通过研究亲属关系体系而创立了结构人类学的列维－斯特劳斯，他的研究旨在把多种多样的联姻规则省约为一个几乎是核心的基本的组合模式。

《辩证理性批判》一书有不少段落涉及列维－斯特劳斯（或人类学），有明指也有暗喻，这里不便一一列举。我只想提出，总而言之，萨特试图从《亲属关系的基本结构》一书里找到一个支撑点，为他跟马 45
克思主义还原论（réductionnisme）的长期斗争找到一位盟友。他觉得，从列维－斯特劳斯对于实行完整献奉（prestation totale）制度的原始社会的婚姻法则的揭示办法里，这一点能够做到。婚姻的完整特点[1]跟把社会上层建筑笼统地归结于经济基础的做法正好相反。粗略地说，不妨

① 唯一的一例“在《亲属关系的基本结构》里，列维－斯特劳斯说得很明白……联姻是完整献奉制度的一个形式”［萨特．辩证理性批判：第1卷．巴黎：伽利玛出版社，1974（1960）：54］。

认为，萨特在利用完整制度的现象，抵制被简化和机械地处理的因果关系。日后成为结构主义的列维－斯特劳斯的办法有一个优点：用一个系统的要素之间的循环和多重的关系取代永远是线性的因果模式——在这里，作为总体性的表达，每一个“现象”都是总括的。当然，在萨特看来，这种总体性是一个总体化过程，因而意味着把个体的实践视为总体化和去总体化的持续过程——这跟自然科学里的此物与彼物之间单纯的外在性（physicalité）关系截然不同（这一点他认为十分要紧）。总体性的概念理所当然地重建了整体的“组成部分”（后者当然也得之于整体）之间的内在关系，或者说，重建了构件与构体之间的辩证关系，这种关系因而不能简化为因果关系，萨特认为它完全适用于解释物理化学现象，即能够彰显外在地相互规定的现实所固有的不可知性。另一个例子是，马塞尔·毛斯和列维－斯特劳斯发现炫富宴（potlatch）具有“超经济”的特点[①]，萨特据此得出结论：“既然对等性是总体性内部的一种关系，所以只能从总体性的角度去把握，也就是说，必须从每一个主张同其余群体都有依存关系的群组出发。在这种情况下，整体先于部分，但它不是一个静止的实体，而是一个转动起来的总体化过程。”[②]

46 要证明列维－斯特劳斯的方法和分析如何“附属于”萨特的人类学构想，再举几例并不难。这个构想以首先承认人类实践的特殊性和社会组织的总体性特点为基础，这不是一个封闭的系统，而是多少仍如帕斯卡所说，是整体与部分之间的转动的关系。依照这个模式，

① 萨特 . 辩证理性批判：第 1 卷 . 巴黎：伽利玛出版社，1974（1960）：187.

② 同① 188.

“理解”一词可以有跟可知性不同的意思，即现实是相互缠绕的，只有通过彼此才能得到理解。

这些只是简略提及的迹象，我们从中只能得出一个假设：萨特之所以参照（或提及）《亲属关系的基本结构》，强调这本书对人类学的贡献，目的是摒弃一些马克思主义者的简单化解释，即把上层建筑归结于经济基础，把个人实践归结于抽象的生产者或劳动者的功能。要让具体超越抽象，用什么术语并不重要——无论是“总体性”“总体化”还是“辩证法”——重要的是能否破除生套自然科学的简单化的马克思主义解释。萨特从《亲属关系的基本结构》中摭取了一些例子和概念，看起来很清楚，他在这本书里寻找的并非有关人的科学的发端（“科学”一词应无歧义），而是一门草创中的人类学，其基础是承认，人类现实（及其理解方式）有着不同于自然现实的特殊性。换言之，从列维-斯特劳斯将原始社会的亲属关系形式化的工作里，萨特提取的理念主要是与自然相对的文化、社会或历史因素的特殊性，当然还有人类关系不可能省约为生物关系，甚至无法省约为广义的自然关系。麻烦在于，很难单凭物理世界的法则的必然性，就从社会法则 47
里同样抽象出这种对立，况且这一对立后来被列维-斯特劳斯加以淡化，甚至最终否定了[①]。

萨特深入研究了个人和群体的实践的总体可知性，这样做绕不开列维-斯特劳斯这块拦路石。这位民族学家从两个族群的交换女

① “在今天看来，我们一度强调过的自然与文化的对立具有尤其是方法论方面的意义。”[列维-斯特劳斯．野性的思维．巴黎：普隆书局，1962：327（脚注）．]

性的制度里提取了分析性关系，萨特不能接受这种类型的关系将其终极意义赋予这些群体的个人实践，因为正如《辩证理性批判》反复申明的，通过萨特所说的个人跟所有其他人之间的“媒介对等性”(réciprocité médiée)，个人的实践只能被理解为人与物质、群体和自身之间的永久和彻底的综合性关系。《辩证理性批判》不仅批判马克思主义，也批判了马克思主义与之看齐的一切有损于辩证法的决定论；在萨特看来，辩证法是理解历史的唯一方法。在这本书的末尾，萨特披示了他的工作的意义：他之所以花费笔墨讨论殖民主义，是要“通过一个简单明了的例子，表明用历史取代经济主义和社会学诠释的重要性，也就是说，在广泛意义上取代一切决定论的重要性”[①]。人文科学与历史学的这一对立，即使不是《辩证理性批判》的主线，至少也是主线之一。关于这一对立，在发表于《辩证理性批判》之前、后来被作为其导论的《方法问题》的结论部分，萨特有更激烈的说法：“在一位民族学者或社会学者眼里，历史多半只是扰乱主线的运动而已；
48 历史学者则认为，结构的持久存在本身就是无休止的变化。双方的本质区别和对立的根源，与其说各有各的方法，毋宁是一个更深刻的矛盾，涉及人类现实的含义本身。”[②]他认为，希望成为一门科学的人类学——即他在文中暗示的“结构人类学”——追求观念性知识或用概念支撑的知识，这样的知识跟人类实践的自我理解是不相容的，即历史所提供并以之为基础的那种自我理解。可是，照此说来，如何理解

① 萨特．辩证理性批判：第1卷．巴黎：伽利玛出版社，1974（1960）：687.

② 同① 104.

在历史仿佛静止的原始社会里生活的人呢？每个实践据称都能够理解其他一切实践，即时发生，无需概念，可是这种理解力跟哪一种土著人和民族学者的共同实践发生关联呢？

萨特抨击实证的马克思主义用抽象的或形式化数据取代真实的个人，因而拒绝重视每个人对于人类或他者的非观念性知识，这样一来，认识论问题（选择方法：分析的还是辩证的。确定对象：形式化模型还是历史现实。对象的性质：分子集合还是动态的总体化过程）就变成了他所构想的以哲学为基石的人类学的先决问题。这个构想针对的是要把人类学变为一门科学的人。批评马克思主义，首先是批评实证主义或者科学主义，旁及在不同时期用形式关系取代历史此在性、用蚂蚁取代人类……总之，用自然取代历史的做法。《辩证理性批判》的导言里有一段蹊跷的话[1]，萨特提到弗里德里希·恩格斯的《自然辩证法》，目的是强调把“思维规律”归入所谓的自然法则（当然是指辩证法！）的做法的荒谬性。不难看出，这不过是假托恩格斯之名（常见的做法），或者说，一个遁词，实际上另有所图，而 49
且指向自然辩证法这个相当不确定的概念。萨特引用的这段恩格斯的话（未注明出处），列维－斯特劳斯在《亲属关系的基本结构》一书末尾也引用过，那是《辩证理性批判》问世前十多年的事了，他用恩格斯的话来支持对于“当代某些社会学家的经验主义”的批驳，说他们“只会重蹈……一种过气的唯心论的覆辙”[2]。在萨特的笔下，此类

① 萨特．辩证理性批判：第 1 卷．巴黎：伽利玛出版社，1974（1960）：127-128.

② 列维－斯特劳斯．亲属关系的基本结构．巴黎－海牙：穆桐书局，1967（1949）：519.

“率性的”征引并不鲜见。然而，这个巧合有点奇怪，令人揣想，萨特是从《亲属关系的基本结构》里找到这段话的，目的是借恩格斯之口，不点名地批评列维－斯特劳斯附庸一种冒牌的辩证理性——在社会和自然当中，也在自然法则和作为其特殊表现的思维规律当中，都可以见到它。的确，引用完恩格斯的话之后，列维－斯特劳斯得出结论：“因为思维规律——无论是原始的还是经过教化的——跟表现在物理现实和社会现实中的规律相同，它本身只是后者的一个方面。”①不难想见萨特读到这些话的反应。他十分赞赏列维－斯特劳斯从普遍存在的乱伦禁忌当中，得出了社会性不可归结于生物性、文化不可归结于自然的结论。但是，在他看来，如果相同的或相等的法则在支配自然现象和社会现象的发展，这个可贵的结论就会失效，实证主义就将大获全胜。萨特认为，分析理性不了解人类现实，其标志并非相信人类行为或一般的社会现象具有必然的和确定的特点，因为实践的可知性也承认必然性（或承认反实践），而是求助于诡辩式论据，以否定
50 实践的建构特点，否定有前瞻性的人类的绝对独特性。要么，实践即总体化，而且永远不会仅仅被总体化而已，它不是一种蕴含它和所有其他方式的总体性的简单方式；要么，实践是一种跟它自己产生的总体化不同的总体化的后果或产物。在萨特的这种严格的二元认识论当中，不可能出现居间的解决办法，也就是说，实践虽然还是实践，但在某一时刻，不作为建构成分而被构成，不是自由的却被规定。在萨

① 列维－斯特劳斯．亲属关系的基本结构．巴黎－海牙：穆桐书局，1967（1949）：520.

特看来，那就等于把实践变成一物，一个外在于我们的意识的现实。然而，在《野性的思维》里，在评论《辩证理性批判》的论点时，列维－斯特劳斯恰恰把实践的这种混合的特点跟典型的萨特式取舍"要么……要么……"对立起来。正因其如此，他才会寻求其他学科，例如语言学和精神分析的支持。因为在这些学科里，主体都处于一种将其超越并赋予其意义的总体性之内，无论它是说话者还是欲望者，不过，这个意义是以某种方式从外部赋予的。因此，作为"非自反的总体化过程"，语言无法停留在"构成个体实践的辩证法之内"①。

换个说法——并且不离开列维－斯特劳斯阅读和批评萨特时的提示——无论是个人的还是集体的，实践的这种永远是表意的总体性，理应"融入其他总体性当中"②。于是，与萨特的认识论次序相反，列维－斯特劳斯把说明辩证理性的任务交给了分析理性，因为他觉得辩证理性既不能说明它本身，也说明不了分析理性。

因此，尽管没有指名道姓，甚至也许并非针对萨特，列维－斯特劳斯却在萨特认为无疑十分骇人的"先验的唯物主义"③的范畴里看到了自己，因为"依我们所见，辩证理性跟分析理性并无二致，人类事 *51*
物的绝对特殊性以之为基础"④。萨特诟病恩格斯之处（在自然当中找

① 列维－斯特劳斯．野性的思维．巴黎：普隆书局，1962：333-334.（那句影响深远的名言便出自这里："语言是一种自有其理据的人类理性，只是人类并不了解这一点。"）

② 同① 335.

③ "因此，为了让世界自行在人们面前摘去面纱……我们要把这篇论文叫作……外部的或者超验的辩证唯物主义。"［萨特．辩证理性批判：第 1 卷．巴黎：伽利玛出版社，1974（1960）：124. 参见"如今却是结构主义思想在捍卫形形色色的唯物主义"（列维－斯特劳斯．野性的思维．巴黎：普隆书局，1962：326；列维－斯特劳斯．生食和熟食．巴黎：普隆书局，1964："绪言" 35）。］

④ 萨特．辩证理性批判：第 1 卷．巴黎：伽利玛出版社，1974（1960）：124.

出在人间发现的辩证法则）也不会累及列维－斯特劳斯，因为列维－斯特劳斯在发现社会因素的特殊性以后，将其合理性归入了整个自然界的合理性。斯宾诺莎也会这么想，因为在本体论和将复杂层次归入单一实质的理念上，列维－斯特劳斯看来与之都十分接近。我们应该在这个意义上——也是斯宾诺莎的意思——去理解那句众所周知的名言："人文科学的最终目标不是建构人，而是分解人。"[①]借用斯宾诺莎的话，这就意味着，一如《道德论》第三部分的前言所说，应当像对待"线条、面积和固体那样，对待人类的行为和欲念"。

反萨特，拥斯宾诺莎，列维－斯特劳斯拒绝把人视为国中之国，同时也不赞成有关人的知识把分析理性拒于门外。分析理性的做法是把知识的对象客观化，并加以解构，而这恰恰不是凭借经验，而是涉及一组关系。贯穿《辩证理性批判》全书，萨特不断批驳一些方法和理论，说它们以知识的严谨性和科学性为借口，忽视历史的辩证特点，以为可以照搬自然科学的方法和对象。列维－斯特劳斯并非不清楚，选择历史是一个近似迂回的办法，目的是摆脱客观的和科学的知识的束缚，这样的知识正是结构人类学通过效法其他科学想要达到
52 的。于是，他反其道而行之，用挑战的口吻，故意语焉不详地呼唤"精密科学和自然科学"，目的是依循那句有关人文科学的最终目标的引语的思路："让文化重归自然，让生命终归整个物理化学环境。"[②]

恩格斯并没有否定这个设想。不过，在全书末尾，同开头一样，

① 萨特．辩证理性批判：第 1 卷．巴黎：伽利玛出版社，1974（1960）：124.

② 列维－斯特劳斯．野性的思维．巴黎：普隆书局，1962：327.

萨特再次针对恩格斯，语焉不详地提出，“许多人类学者”（未明示是谁）在“纸牌后面”寻找“人类和社会背后的现实”（与“斯宾诺莎所说的实质”相似，隐而不露的现实），即“一种不近人情的人类的客观性”，一种从“上帝的角度”[①]俯瞰人类的客观性。几个段落之后，萨特抨击经济主义（跟客观主义合为一个靶子，轮流抨击），分别批评在物理化学序列里发现了辩证法，把人的关系省约为量化的函数关系的人[②]。相隔数行文字，他又回到原地，把“经济主义路线”比拟为“来自外婚制社会的报告人在沙子上给民族学家勾勒出来的抽象关系”[③]。这个例子指向萨特此前的一大段文字，其中详细讨论和多次明确引用了列维－斯特劳斯对姑舅表亲的婚姻规则的分析（据我所知，这是《辩证理性批判》里唯一的一次），这些规则可以用一个简单的代数模型轻松地说明。这里不可能复述这段详细讨论，我们只保留跟我们的关注点直接相关并引领行文至此的主线，即人学（sciences de l’homme）和自然科学的关系问题。

在辩证地揭示辩证经验的过程中，萨特遇到了结构问题，这很 53
正常，因为我们已经从个体实践进入了群体。结构一词能够涵盖一个社会里所有那些反复出现的、没有实践介入的功能——实践即积极的综合，抑或多样性的内化的统一体：建制、交换规则、礼仪和习俗等等，也都是那些走向惰性的过程，而且只会走向惰性。正因为如此，萨特才会援引列维－斯特劳斯，才会花费笔墨，耐心地说明实践和结

① 萨特．辩证理性批判：第1卷．巴黎：伽利玛出版社，1974（1960）：668.

② 同① 670.

③ 同① 670-671.

构两个概念的关系，并且明知二者的根本区别不言而喻，仍要努力寻找二者可能的交集点。一切都显示，如果不讨论结构一类的存在——萨特称作“这些奇怪的内在现实”——也不借助既是构成的也是建构中的辩证理性，去思考在有组织的实践内部应当赋予结构什么样的地位和功能，那么，实践在群体和集体存在方面的逐步自行展现（辩证法归结于此）就难以为继。实践内部永远不能有丝毫的惰性（逆境永远来自外部），结构却相反，它本身似乎是一种双向的或“双面的”的现实[①]，一种自由和惰性之间的矛盾的张力[②]——既是实际的总体化的产物，又是严谨的分析活动的对象。也可以说：一头是分析的必然性，另一头是综合能力[③]。至此，对象看起来总是跟某种合理性（分析的或辩证的）相关，结构却是摆在我们面前的一种混杂的存在，因为它可以是两条理路的对象：既是以“结构的对象化形式”出现的实践，又是以一种功能的形式得到体验的实践。在结构的概念
54 当中，萨特看到的东西跟莫里斯·梅罗－庞蒂所见是一致的：“从笛卡儿到黑格尔，主客关系一直主导着哲学，结构则标志着另一条思路。”[④]至于二者之间的东西，萨特是没有多大兴趣的。他缓慢而稳健地把这两个侧面分离，最终从作为总体化行为的群体实践（积极的综合）当中，提取出结构的骨架（惰性综合）。这样一来，研究结构重归分析理性，它给出的结构的可知性与从一般的物理世界得出的可知

① 萨特．辩证理性批判：第1卷．巴黎：伽利玛出版社，1974（1960）：495.

② 同① 487.

③ 同① 495.

④ 梅罗－庞蒂．从毛斯到克洛德·列维－斯特劳斯//符号论．巴黎：伽利玛出版社，1960：155.

性同属一个范畴[①]。换句话说，惰性在结构当中与惰性发生接触（但不与实践－惰性的活动领域里的实践接触）。规则从外部支配着结构；再者，在一个群体或集合体（collectif）（萨特喜用的词，他宁可不用“社会”—— 一种“理性的存在”）里，结构虽然通过每个成员的实践调节整个群体的实践，但是“实践不能归结于这副骨架，它是更丰富的、不同的东西；它具体地和自由地完成了一项特别的任务”[②]。群体因而完全会“接受惰性，以对抗惰性”，但它本身并不因之成为一种被动的综合——因为它所接受的被动性起着“支撑积极的综合，即实践”[③]的作用。只要从外部看待（一如非群体成员的观察者所为），惰性就是一种必然性，甚至可以转译为“专业的亚群体”（例如经济学家或社会学家）的形式化语言。不过，萨特在这个问题上不会让步，形式化模型只能理解为（但不是表象）“唯一使问题成为可能的内在性的外表”[④]。群体永远是实际的总体化过程，因之摆脱了总体性的抽象的、非真实的地位。个体实践不仅仍然是可知性（自身的和群体 55
的）的唯一来源，而且这一自行做出的自我理解也是理解结构的先决条件。

因其如此，那个伏地勾画亲属关系的安布里姆岛土著才当着外人（在场的观察家和民族学者迪孔）的面，自称外人。不过，萨特认为，

① “功能的相互调节……是从外部进行的，正如物理世界那样。”［萨特．辩证理性批判：第1卷．巴黎：伽利玛出版社，1974（1960）：494.］

② 同①.

③ 同①495.

④ 同①496.

此君是依照“决定着他与群体的隶属关系的综合性理解”[①]行事的。列
维－斯特劳斯在评论《辩证理性批判》时，特别注意到萨特补充的一
句话：“不消说，勾画不是思想，而是综合性知识支配下的一道手工
劳动，只是他没有明说而已。”[②]列维－斯特劳斯反唇相讥：国立科技
大学的教授不也是在黑板上演示吗？[③]不过，跟列维－斯特劳斯的影
射相反，承认二者道理相同对萨特来说并不难，因为无论是这段话，
还是《辩证理性批判》的其余部分，萨特都没有把原始人的思维说成
原始的思维（或心态），也就是低级思维[④]。他想说的是——而且实际
上明白说出了——地上画出的图示本身不是思想，而是一张图解，是
这位土著成员的思想的表象，是实际的知识——换句话说，是一种融
56 入了个体实践的知识。导致和引领这张图解的思想跟图解模型不是一
码事，性质不同，后者是用要素之间的外部关系构成的，这些要素是
一些“惰性的和抽象的概念程式”[⑤]。萨特的这番思考招致列维－斯特
劳斯的猛烈批评，其真正意义并不限于这一个案，因为贯穿《辩证理

① 梅罗－庞蒂．从毛斯到克洛德·列维－斯特劳斯 // 符号论．巴黎：伽利玛出版社，1960：505.

② 同①．

③ 列维－斯特劳斯．野性的思维．巴黎：普隆书局，1962：332.

④ 在雷蒙·阿隆的杰出文章《关于克洛德·列维－斯特劳斯的工作：本身和他者的悖论》（收入：历史与政治．巴黎：朱利亚书局，1985：478）里，他批评了列维－斯特劳斯在这一点上对萨特的解读（未说明针对哪一篇文本）。我认为他说得很正确。他说：“萨特所说的自我和他者的对立不可跟‘原始和文明’的对立混为一谈。”他还写道：“文明和原始之间的对立在《辩证理性批判》里所占的分量很小。”（阿隆．关于克洛德·列维－斯特劳斯的工作：本身和他者的悖论 // 历史与政治．巴黎：朱利亚书局，1985：478.）无论如何，列维－斯特劳斯提到的萨特的话丝毫没有贬原始人、褒文明人的意思。

⑤ 阿隆．关于克洛德·列维－斯特劳斯的工作：本身和他者的悖论 // 历史与政治．巴黎：朱利亚书局，1985：478.

性批判》全书，萨特都把辩证理性跟分析理性做了比对，认为后者的语言表达不了前者，因为辩证理性必须被放入实践当中才能理解。萨特理解的“辩证法”难道不正是作为实践的思维，而不是思辨或者理论吗？这跟列维－斯特劳斯理解的“思维”甚至实践完全不同，二者被视为现实中的总体性的整合与表达的层次，这种总体性先于并使总体化过程能够发生；这个总体化过程是精神在其活动的所有层次上，通过一切表达方式竭力实现的[①]。在《野性的思维》的最后几页里，他写道：“任何建构中的理性都蕴含着已经建构的理性。”这一点跟萨特利用实践的理念试图建立的相反，萨特的实践永远在建构中，从来就不仅仅是已经建构的；在此意义上，这也是它在事物当中发现的逆境的唯一原因。在这本书里，不必恩格斯帮忙，列维－斯特劳斯也能设想精神法则为自然法则所吸纳。不过，他与萨特的论点对立，这个立场很可能使他把所谓“超验的唯物主义”推向极端；跟唯美主义者的说法一样，他甘愿被如此形容，似乎由于能够为己所用，还颇有兴致。

因此，两位哲人的冲突在认识论方面最为深刻，甚至正是由于属于认识论范畴，冲突才会如此深刻，而绝非情势使然。双方观点的对 57
立之强硬令人惊讶，合作和商榷不复出现。1966 年的一次对萨特的访谈跟人类学有关。与《辩证理性批判》不同，这篇访谈跟结构人类学做出了明快的了断，清算了结构的概念，称之为“惰性的综合”“虚

① “要使实践能够作为思想存在，首先……得有思想，即初始条件已经以心理和大脑的客观结构的形式给定；没有它，则既不会有实践，也不会有思想。”（列维－斯特劳斯．野性的思维．巴黎：普隆书局，1962：349.）

假的综合”“总体性－去总体化”，因而结构不再是一个与实践互补的概念，而是对立的概念。在访谈中，结构主义的幽灵若隐若现，只差点出列维－斯特劳斯的名字了（可参阅《激进结构主义把人当成对象》一文）[①]。列维－斯特劳斯当时正在完成《神话学》巨著，“压轴”的终乐章《裸人》跟《野性的思维》遥相呼应，最后几页提到了萨特与《拱门》杂志记者的一篇访谈，同在1966年。列维－斯特劳斯从中挑出一段话，以强调结构主义的统合能力，反观之下，是“一种把辩证法局限于人类历史一隅，不准它在自然秩序里停留的哲学”[②]。他反对把哲学划分给与自然的其余部分抽象地割裂的人类，结构也并非实践在实践－惰性领域里的某种凝结物，这是这种哲学无法设想的。与之相对，列维－斯特劳斯的结构主义世界观——姑且如此称之——有两大支柱：（1）元素的复杂整合有层次之分，这些元素能够产生适合每个层次的搭配，但显示出相同的结构；（2）与结构主义思想“捍卫唯物主义的成色”的雄心相符，这些局部类目归附于一个共同的物理－生物学基础。结构主义的最终答案是斯宾诺莎式的，列维－斯特劳斯日益用它来反对停留在灵与肉当中的哲学二元论，其核心意思
58 是：“精神及其寄托的肉身，以及身体和心灵所感知的事物，[同]属于唯一的一个现实。”[③]秩序无处不有，但并非到处都是同一种秩序。

① 萨特．人类学：与《哲学学刊》的问答 // 哲学学刊，1966（2）．该文后收入《哲学态势》：萨特．人类学 // 哲学态势．巴黎：伽利玛出版社，1990：283-294.

② 列维－斯特劳斯．裸人．巴黎：普隆书局，1971：“终乐章”616.

③ 见于《结构主义与生态学》一文，1972年撰写，后收入《遥远的目光》（巴黎：普隆书局，1983：第七章163）。《裸人》的“终乐章”里也有类似的说法，表达了对削弱甚至取消灵肉二元论的关切：“结构分析……之所以能够出现在头脑里，是因为它的模型已经在肉体之内。”（列维－斯特劳斯．裸人．巴黎：普隆书局，1971：“终乐章”619.）

反过来说，萨特二元论的形式化或认识论特点多于本体论。笛卡儿二元论则是本体论（精神不同于肉体，反之亦然），但不是认识论，其灵与肉的概念清晰可辨，而且二者不可割裂。在萨特那里，实践与物质在观念上对立，其形式是实践的基本单位与物质的分子散布或一般的外在性之间的对立，由此得出实践的非智能的理解与外在性的非理解的智能活动（intellection）之间的分别，一条同样是根本性的分别。理解实践的人是历史的事，作为“准对象”的人的智能活动则是人学的任务。因此，根本的区别不在于笛卡儿所说的每个对象的性质，而是对象的给定方式。实践自行做到自我认识，这是直接的和绝对意义上的认识。野性的思维的逻辑性和合理性堪与科学思维媲美，结构主义对之做出了很好的展现，它追求通过调和感性与知性（intellect）、品性与空间形态、精神与物类，遵照一种多样而分殊地展现世界的逻辑，汇聚起经验的各个方面。但是，这样一来，就恢复了真实的对象与被思考的、已知的、被代现的对象之间的分别，以及思维只有在运作中对象化才能自我认识的理念，与之相反，个人的自我理解的理念则完全不属于智能的（intellectif）和自为的范畴。

奇怪的是，萨特在《辩证理性批判》里言必称马克思主义，却 59
抛开了马克思主义认识论的指导原理；而成年以后彻底脱离了马克思主义的列维-斯特劳斯，反倒忠实信守这条原理，而且将之推及对上层建筑的研究。这个问题比较复杂，而且远离本文主题，我只想说，1857年的《〈政治经济学批判〉导言》是马克思主义认识论的宣言，核心内容就是区分范畴和（历史）现实，文中特别涉及思维再现具体事物的问题，即以经过思考的具体事物的形式再现具体，这跟具体事物本身的起源是两回事。萨特现象学虽然以辩证法的面貌出现，可是它跟这条原理能够并行不悖吗？

列维－斯特劳斯与“疯牛病”：扩展的同类相食

费里德里克・凯克

（法国国家科研中心－社会科学高等研究院）

列维－斯特劳斯和他的同代人

1996 年 11 月 24 日，克洛德·列维－斯特劳斯在意大利《共和报》上发表了一篇题为“疯牛和近乎同类相食”（*La mucca è pazza e un po'cannibale*）的文章。此前不久，英国政府披露，在青少年当中发现的克兹菲德－雅各布症的病例跟食用患海绵状脑病的牛肉有关，这种两百年以来发生在羊群中的以“哆嗦病”为名的疾病之所以波及牛群，乃食用动物饲料所致。这番披露激起轩然大波：牛肉消费量骤然跌落。欧洲专家预言，这种潜伏期很久的疾病可能导致数万人死亡，一些风险评估机构也进入角色，力求限制这场公示的灾难造成的影响[①]。列维－斯特劳斯的文章把牛向“同类相食”动物的转化放入一
62 个漫长的时期，从而赋予这一波突发舆情一种人类学的合理性[②]。2001 年，此文的法译本以“疯牛病的教训”为题发表在《农村研究》杂志上。当时危机已经缓解，受害人数显著减少，牛肉消费恢复常态。

① 希施，等．疯牛病恐慌事件．巴黎：巴朗出版社，1996// 施瓦兹．牛是怎么疯的．巴黎：奥蒂尔·雅各布出版社，2001.

② 值得注意的是，意大利并没有出现“疯牛病”，这说明列维－斯特劳斯在利用这一偏离事件中心的位置，远观这场危机。

这篇文章今日读来令人颇感惊诧，列维－斯特劳斯时届米寿，似乎一改旁观态度，涉足一个尚不明朗的局面，为一种可称作保护动物权益的精神造势[①]。他的这个举动意味着置身于两个意义深远的传统：一方面，列维－斯特劳斯一直在思考的同类相食现象，自 16 世纪的蒙田以来，就是人类学的基本问题之一。它系指以摄取动物肉类的寻常方式摄食人肉，所以这个问题事实上关涉人类与其他动物的关系。另一方面，20 世纪 90 年代，列维－斯特劳斯介入时政，而他的学术生涯的大部分似乎跟任何介入都保持疏远——也许哥伦布发现美洲 500 周年促使他针对这场征服导致的灾难，挺身捍卫土著社会[②]。关于疯牛病的文章是他于 1989—2000 年间给《共和报》的系列投稿之一，文中借“野蛮社会”的教训针砭时政[③]。那个时期，有人向列维－斯特劳斯请教，邀请他针对时下问题解惑释疑。2002 年，《新观察家》的 63
一名记者问他，什么是智慧，他答道：“很抱歉，阁下，智慧嘛，到了我这个年岁，这一类问题我觉得还是不回答为好。”然而，这位人类学家在“疯牛病危机”当中看到了一个机会，可以借一个有争议的技术问题思考人类的生存条件[④]。

因此，要把握“疯牛病的教训”，就必须重温列维－斯特劳斯有关同类相食的论证。围绕着乱伦行为和食人俗，结构人类学看起

① 塔伊尼．动物公案：历史社会学论文．巴黎：法国高校出版社，2010.

② 德贝尼，凯克．克洛德·列维－斯特劳斯：远眺者．巴黎：伽利玛出版社，2009.

③ 这些文章部分已被译成法文，收入《埃尔尼丛刊：列维－斯特劳斯专号》，标题分别是“舅父的归来”（谈英国斯宾塞伯爵的葬礼）和“神话思想和科学思想”（谈量子物理）。最后一篇文章题为“人类：地球之患”。

④ 列维－斯特劳斯．面对人类命运的民族学者 // 遥远的目光．巴黎：普隆书局，1983.

来跨越式地构建起了两个核心议题。食人俗就营养供给而言是丑闻，但是跟乱伦属于性行为一样，有其强大的逻辑。二者的消费方式太过接近，招致几乎普遍的道德挞伐。肉类必须不是我的同类的我才能吃[①]。同样，我迎娶的女人必非出自我的部落方可“消费婚姻”[②]。我与我娶的女人之间，我与我吃的动物肉类之间，既有生物连续性，也有社会非连续性：照此，我食用的人肉既属“本我”，亦属“非我”。这样就能理解，食人俗何以跟乱伦一样被归咎于动物本能，被认为罔顾处世规范。

列维－斯特劳斯没有打算为这种禁忌辩解，而是要说明它如何
64 在所有的文化里促成多种形式。乱伦禁忌的效果是建立起对等交换的联姻，而乱伦行为却总是幽灵般重返，因为交换有必要限于极少数群体[③]。同样，食人俗潜在地存在于一切社会，成为一个彼此啃噬的令人诅咒的部分，任何社会规则都难以消除。因此，在《忧郁的热带》里，列维－斯特劳斯关于食人俗的第一个文本中有一番悲观失望的思考：“没有完美的社会。每一个社会本性都不纯洁，有违于它宣称的规范，而且具体反映在某种程度的不公正、麻木和冷酷无情上面。”在表明同情佛教的最后几页里，列维－斯特劳斯在思索种族志能否把握这个纠缠着一切文化的消极方面，并且将其归纳成一些表意的对立

---

① “在我吃的动物或植物的躯体之下，还能残留多少人类主体性？什么东西能够担保我不去噬啮（或不再噬啮）一个与我类似的主体呢？”（戴考拉．自然与文化之外．巴黎：伽利玛出版社，2005：391.）

② “世界各地的人看起来都会对交欢和饮食做出深刻的类比。”［列维－斯特劳斯．野性的思维．巴黎：普隆书局，1990（1962）：129.］

③ 列维－斯特劳斯．亲属关系的基本结构．巴黎－海牙：穆桐书局，1949. 杜蒙．宗祧族群和联姻：两种社会人类学理论的导言．巴黎－海牙：穆桐书局，1971.

体，以便暂且提出某种道理：

> 因为，如果把为数不多的社会加以比较的话，那么它们确实显得很不一样，可是只需把考察的范围扩大一下，差别就不那么显著了。我们会看到，十全十美的社会是没有的，也没有从头到脚坏透了的社会。每个社会都为其成员提供某些好处。不过，一种一直很重要的陋习仍然存在，或许是某种独特的惯性使然，它跟组织社会生活是背道而驰的。[①]

这是列维－斯特劳斯针对同类相食这一“陋习”，于1955年首次提出的分析。他的灵感来自四百年前的让·德·莱利。1934年和1938年，列维－斯特劳斯在巴西调查过程中读到和思考过莱利的著作。莱利是欧洲为“食人族”站台的第一人，早于蒙田。“食人族”
（cannibales）一词为哥伦布所创，特指头部似狗的怪异族群（canis的 65
意思是“犬”），相邻部落管他们叫“卡瓦锡伯人”（Kawahib），他们自称“图皮南巴人”（Tupinamba），哥伦布则把他们当成可汗的奴仆[②]。莱利曾目睹宗教战争的屠杀，大概见识过围困新教城埠造成的人相食现象。他说，按照图皮南巴人的习俗，先把仇敌在复仇仪式上喂饱，然后大啖其肉。他向欧洲介绍了这种食人族陋习的内在逻辑。基

① 列维－斯特劳斯．忧郁的热带．巴黎：普隆书局，1955：446.

② 雷坦冈．同类相食的盛与衰．巴黎：贝汉书局，1994. 莱利．发明野性：论《远游巴西地纪事》．巴黎：冠军书局，2005. 雷特兰冈．克洛德·列维－斯特劳斯：让·德·莱利的《远游巴西地纪事》和列维－斯特劳斯的《忧郁的热带》．行旅人，2001（32）：417-430.

督教仪式当年所纪念的殉教，其含义尚存疑问[①]。列维－斯特劳斯步莱利的后尘，令人称奇地预告了福柯后来对酷刑和监狱做出的对比[②]。他断言，与其将仇敌放逐到在社会之外的建筑里，不如在极受重视的餐饮仪式中吃他的肉更受人敬重：

> 应当相信，跟食人被视为不文明一样，我们这里特有的某些做法在不同社会的旁观者看来，同样流于野蛮，这是指我们在司法和
> 66 牢狱方面的习俗。从旁观者的立场出发，我们大概会区分两类完全不同的社会：一类实行食人俗，它们认为，要毁灭手握可怕力量的个人，甚至从中获益，唯一的办法就是把他们吃掉；另一类是像我们这样的社会，采用的办法不妨叫作“弃人”(anthropoémie)(源自希腊文 emein，意为“呕吐”)。后一类社会在同一个问题上的做法完全相反，即把掌握可怕力量的个人赶出社会，丢进为之专门修建的设施，务必使之暂时地或永久地与人们隔离，不发生接触。换成在我们所说的原始社会，这种风俗多半会引起莫大恐慌；一如我们看待与之对等的习俗。我们的做法一样会被归入野蛮行为。[③]

---

① 神学上关于耶稣基督的身体是实际地还是象征地存在于圣餐礼的争论，以及关于美洲印第安人当中是否有灵魂存在——为殖民化解脱——的政治争论（称作瓦拉多利德之争），与人类学的食人俗争论有所交叠。因此，我们能够理解列维－斯特劳斯在《忧郁的热带》里的分析：“可以认为，尽管这类风俗有更明白直接的形式，但对于它们的道德谴责意味着，要么信奉被毁尸破坏的肉身复活，要么确认灵与肉和与之对应的二元论之间存在某种联系，也就是说，一些性质跟仪式性消费借以实行的信念相同的信念，而且我们没有理由不喜欢它们。”（列维－斯特劳斯．忧郁的热带．巴黎：普隆书局，1955：447.）

② 福柯．规训与惩罚．巴黎：伽利玛出版社，1972.

③ 列维－斯特劳斯．忧郁的热带．巴黎：普隆书局，1955：448.

关于食人俗的这种文化主义的分析，1956 年曾经发现一种神经疾患，它是通过仪式化的食人俗传播开来的，即新几内亚法雷族的库鲁病。这是一个明显的问题案例[①]。列维 - 斯特劳斯似乎很早就对它感兴趣。1961 年，他在教科文组织《信使报》上提到这件事；到了 1968 年，罗伯尔·格拉塞的一篇文章在《人类》杂志发表，题为“食人肉与新几内亚的库鲁病”。的确，同类相食在这个社会里表现为一种生物性疾病，而不是道德挞伐。它在神经蜕变方面的症状多见于吃人脑的妇女——肉厚的部分留给男人；而且，自从传教士令法雷人皈依宗教和禁食人肉以后，食人行为大为减少。总之，法雷人的食人俗看来是神经疾患的自然肇因，而在列维 - 斯特劳斯看来，则是一种社会病。

关于库鲁病与食人俗的关系，20 世纪 60 年代有两种对立的理论 67
解释。微生物学者卡尔顿·贾居塞克[②]与万桑·兹卡斯[③]医生一道发现了这种病。他认为这种病可以从一种“慢病毒”得到解释，摄入人肉导致身体对这种病毒极度敏感。他长期扎根法雷人当中从事实地调查，采集到库鲁病患者的大量脑髓样品，遂给灵长类做实验室接种，从而证实了传播确实存在。不过，他始终未能成功分离出导致神经

① 可以认为，在列维 - 斯特劳斯关于同类相食的理论中，库鲁病扮演的角色类似于内婚制的“阿拉伯婚姻”之于亲属关系的理论——这些情形整体上无损于理论，而是使之成为论题，因为从对规则的研究转入了对关系的分析。参见：巴里 . 亲属关系 . 巴黎：伽利玛出版社，2008.

② 丹尼尔·卡尔顿·贾居塞克（Daniel Carleton Gajdusek，1923—2008），美国医生和研究员，他与巴鲁克·布卢姆伯格因库鲁病研究同获 1976 年诺贝尔生理学或医学奖。——译者注

③ 万桑·兹卡斯（Vincent Zigas，1920—1983），巴布亚新几内亚的一名医务官员，是 20 世纪 50 年代第一个注意到并调查库鲁病的西方医务官员。——译者注

蜕变的“慢病毒”。贾居塞克晚年凄凉。1976 年凭借库鲁病研究获得诺贝尔医学奖以后，他被指控有恋童癖，而且因为把法雷族青年带进美国而锒铛入狱。后来，斯坦利·普鲁斯纳（Stanley Prusiner）超越了他的研究。普鲁斯纳运用分子工程技术，揭示了一种名为朊病毒的蛋白质，这种蛋白质在接触同类蛋白质后会诱发一系列致病的连锁反应[①]。贾居塞克尽管在流行病学上取得了卓越的成就，但是未能揭示传染性病原体，这就给文化主义解释敞开了大门。罗纳德·伯恩特和凯瑟琳·伯恩特提出的就是这种解释，两人多年研究新几内亚法雷人，将库鲁病的症状（谵妄，鬼魂附体，窒息而亡）与巫术相联系，后者被用来解释白种人的到来——人称“舶来的崇拜”。

起初，列维－斯特劳斯似乎在自然主义和文化主义之间寻求某种妥协。在 1961 年的联合国教科文组织《信使报》上，他把库鲁病归入“当地人毫无免疫力的外来疾病”，是被“一种未引进的文明促发的神秘的后遗症”。按照这个早期的解释，外来的白种人促使巫术
68 活动加剧，以致食人仪式（赞许人肉味美的法雷人很重视）[②]造成了神经系统紊乱。换言之，一个自然的原因将食人俗与（贾居塞克寻找的）神经疾患联系起来，但它只是为启动社会因果性（即“舶来的崇拜”的因果性，它使人相信白种人是超自然的生物）提供了机会。然而，这种解释的缺点在于把法雷人的食人俗当成偶然和临时的现象，

① 安德松．收集失掉的灵魂：库鲁人，道德灾难和科学当中的价值创造．巴尔的摩：约翰·霍普金斯大学出版社，2008.

② 列维－斯特劳斯．人类学的现代危机．信使报，1961：14. 关于“西方的错误”的观点，参见：斯道考夫斯基．救赎的人类学：列维－斯特劳斯眼中的世界．巴黎：艾尔曼书局，2008：253.

难以被认为具有普遍意义。按照列维－斯特劳斯的看法，对于食人俗现象，应当采用“同类相食的象征主义解释”[①]，来取代过于绝对化的贾居塞克的自然主义解释和伯恩特夫妇的文化主义解释。这就要求说明食人俗的规则会施加一种心理约束，这跟自然界污染的规律同样普遍。换言之，必须说明，象征性的功能居于自然界的因果性和社会的因果性之间，在两种现象之间起调节作用。

这样一来，就能理解列维－斯特劳斯的全部神话工作了。为了解决同类相食这一难题，他放弃了对血亲关系的研究。的确，现在是要把对于规则的结构分析转入饮食习惯的领域，以往那些规则主要涉及性行为，现在却跟妇女没关系了，而是涉及对被禁止或者排斥的动植物的消费。令人瞩目的是，待到《神话学》这一鸿篇巨制为 1954 年开始的研究所谓“图腾制度”的分类系统画下句号，列维－斯特劳斯 1974 年在法兰西公学的课程专注于“同类相食”和“仪式转换”之间的关系。他想说明，食人肉这一做法绝非孤立，而是社会关系的一组 69
逻辑变化的一个变体。就食人俗而言，别人认为这是一个解决暴力或攻击性冲动的仪式化手段，从而武断地将威胁社会的乱象推卸给一个受害者[②]；列维－斯特劳斯却认为，食人俗实际上有规律可循，类似于

---

① 这正是罗伯尔·格拉塞的文章的结论。参见：格拉塞．食人肉与新几内亚的库鲁病．人类，1968，8（3）：34.

② 1972 年问世的两本书，一是勒内·吉拉德的《暴力与神圣》，二是沃尔特·伯凯特的《宰牲人：关于古希腊祭牲仪式和神话的人类学》，都涉及文化的祭献起源问题。列维－斯特劳斯虽然从未评论过这两部著作，此处却似乎在影射（伯凯特根据康拉德·洛伦兹的动物行为学说，将牺牲规定为释放攻击性冲动）。当暴力被他规定为“一种发展到吞噬的无节制的沟通欲望”时，他在暗指吉拉德的理论，参见：贾玛尔，泰瑞，汉萨库．本质．巴黎：法蒂出版社，2000：496.

细胞之间的沟通信号，令彼方或合作或相残。所以，按照列维－斯特劳斯的描述，食人俗是一种与他者相认同的特殊形式，从自然界本身便可以看到预兆：

> 与他者相认同在食人俗背后起着某种作用。除非认识到这一点，否则很难理解食人俗何以表现形式往往不稳定，有微妙的差异。在这里，我们同卢梭的一条关于社交性的起源的重要假设殊途同归了。它比当代民族学者的假设更靠谱，更富于启发性，因为他们用某种攻击性本能去解释食人俗和其他一些行为，……从沟通到社交性，从社交性到捕食，再到兼并，形成一个梯次性的连续体。可是，在这个体系里，攻击性并无预先标定的位置。我们无法给它下一个绝对的定义，因为这些都是标刻着梯度的文化方面的因素，它们在每一种特定文化里设定的阈值也不一样。①

同类相食既无法被绝对地界定为文化的源头，反之也无法被否定，它其实是一颗火星，标志对于构成社会的规则的一场调研的发
70 轫，这些规则处于归并与沟通的两极之间，这两个相反的极点被视为与他者相认同的极端形式。由此可知，列维－斯特劳斯抓住“同类相食的牛”的早期案例不放，目的是检验这条新的假说。的确，由于神经蜕变在牛身上的传播方式跟在新几内亚法雷人身上完全一样，这些

① 列维－斯特劳斯．人类学讲演集．巴黎：普隆书局，1984：143.

案例使得贾居塞克的库鲁病假说再次成为一个时下事件；此外，疯牛之所以被说成“同类相食”，是因为人们发现，这种病发生在牛吃下“动物饲料”，尤其是患哆嗦病的羊之后。列维－斯特劳斯随后于1993年在《共和报》上发表了题为“我们都是食人族”的文章，同类相食的象征意义看起来被发挥到了极致。

《亲属关系的基本结构》指出，联姻旨在通过从本群体以外娶妻以避免乱伦，因而成为一个以往的交换活动的符号。《神话学》则指出，烹饪旨在通过将养料转化为文化食品以避免食人行为[①]。然而，联姻永远不会囊括几乎一切社会群体，达到列维－斯特劳斯所说的“普遍交换”（échange généralisé），而只能满足于“有限交换”（échanges restreints）；既然把某些群体排除出交换活动，这就等同于乱伦行为。同理，烹饪永远不会成为纯粹的文化养料，即去除养料的天然来源，化为文化符号：它总会有一点天然性，在肉类供给上尤其是个问题。我们因此可以说，就普遍交换的理想而言，“我们都有乱伦行为”，正如就苦修饮食的理想而言，“我们都是食人族”。

对照此前的食人俗分析，列维－斯特劳斯在这篇文章里引入了一 71
个新的视角：佛教。即任何肉类消费都是同类相食，因为在轮回的周期内，人类与动物是一回事。就养料而言，邂逅在日本其实与性行为

① “烹饪三角”是《神话学》分析的出色浓缩，列维－斯特劳斯提出，煮食是为“内向同类相食”保留的（氏族成员的消费），烤食是为“外向同类相食”保留的（外敌的消费）。参见：山克曼．烤与煮：列维－斯特劳斯关于同类相食的理论．美国人类学家，1969（71）：54-69.

在美国所起的作用类似[①]，即发现一个开放的社会并以之度人是无法断定其他社会的封闭程度的。说同类相食是象征性的，并不是说它不真实[②]，反而意味着解决了人类的一个基本问题，但方式不妥，以至于社会“零敲碎打地”啖食人肉，而食人俗始终未能使人类摆脱吃饭的必要性。这个问题涉及身份认同：我吃的东西必得跟我一样才能更生我的身体，但又不可和我一模一样，否则就成了噬食自身。换言之，进食是一个完不成的认同过程。为了解决这个矛盾，社会发明了复杂的食物体系，其最纯粹的形式，列维 - 斯特劳斯认为是佛教的素食原则。这篇文章的结尾较长，但值得引用如下：

> 同类相食有多变的表现形式，功能多样、虚虚实实，以至
> 72 于我们会怀疑同类相食的概念的通行定义是否不够准确。每当我们试着去把握，它立刻就融化或者散掉了。同类相食本不是一个客观现实，而是种族中心主义的一个类别：它只存在于将其废禁的社会的眼中。在佛教看来，任何肉类，无论来自何处，都是同类相食的食物，因为佛教笃信生命的完满性。反之，在非洲和美

---

① 列维 - 斯特劳斯 . 享福的技巧：聊聊美国 . 精神，1946：643-652. 列维 - 斯特劳斯 .《忧郁的热带》日文版（2001）序言 // 伊扎德 . 列维 - 斯特劳斯 . 巴黎：莱尔尼书局，2004：268-269.

② 列维 - 斯特劳斯 1993 年正是这样反对人类学者威廉·阿朗斯的，因为后者“在一本出色然而肤浅的书里”(《食人神话》) 坚持说，在新几内亚的法雷人当中从未发现食人俗，那只是个“神话”而已，是人类学者为了给土著人祛魅而构建的。参见：阿朗斯 . 食人神话 . 纽约：牛津大学出版社，1979：99-114. 至于人类学者有关食人行为见证人是否可信的问题，可参见：基勒 - 艾斯居莱 . 证据的认识论：前所未闻的食人俗 . 人类，2000（153）：183-206.

> 拉尼西亚，人肉跟其他任何食物没有区别，有时甚至是最佳和最可敬重的食物。他们说，只有人肉“才有名字”。否认古今都存在同类相食的作者们声称，发明这个概念是为了进一步扩大野蛮人与文明人的分野。我们错误地把一些逆反的习俗和信仰划归野蛮人，恰恰是为了自我感觉良好，在“我们其实更优越”的信念当中自我肯定。让我们改弦更张，看清食人现象的全部扩展意义吧。尽管方式和目的极为不同，却永远事关情愿吸收他者的某一部分或本质。同类相食的概念经过这样一番去芜存真，就会显得相当平淡无奇了。让 - 雅克·卢梭认为，社会生活来源于促进与他人认同的情感。归根结底，令他人认同自己的捷径就是吃掉他。[①]

为了使这个比拟更容易理解，列维 - 斯特劳斯把法雷人的食人俗与 1991 年爆发的血液感染事件做了比较。食人俗之所以丑陋可鄙，是因为吃人肉导致染上他人的病症。输血同样丑陋可鄙，因为艾滋病病毒导致的血友病传染明确显示，血液制品的商业渠道缺少防护措施[②]。“有人也许会反对这样比拟。可是，既然都是引入一点他人的质体，那么经过食道传染和经过血液传染，吞咽和注射，二者又有什 73
么实质性的区别呢？”[③] 因此，列维 - 斯特劳斯令人吃惊地预见到了

① 列维 - 斯特劳斯．我们都是食人族 // 伊扎德．列维 - 斯特劳斯．巴黎：莱尔尼书局，2004：36.

② 费里恩．血液污染的考验：血友病经历与健卫体系的重构．巴黎：社会科学高等研究院出版社，2009.

③ 同①.

公共卫生当局在血液污染事件和疯牛病危机之间做出的类比，因为法国确立的原则旨在预防在人血的流通中发现的污染也出现在牛肉的流通当中。传染此时并不是指从污染血液直接传染给疯牛，而是假定不可靠的商业活动是道德丑闻，其意义是通过与食人俗类比揭示的。

1996年爆发的疯牛病丑闻印证了列维－斯特劳斯的判断，我们现在对此有了更好的理解。的确，疯牛病危机给他带来了一个新的思考点：如果说，食人俗是出于与他人相认同的必要而食其肉，导致人类患病，那么这一回却是动物生了病，这表明为了吃上牛肉，我们按照自身形象改变了牛。宰掉“疯牛”如同丢弃出了毛病的机器，反而造成人类因同情被畜牧业变成“同类相食”的牛而与之相认同①。导致大脑蜕变的病原体跨越了物种分野，彰显了两个矛盾的现象：我们与动物在生物学上相同，因为会罹患跟它们一样的疾病；从文化上看，我们必须与之有别，方可食其肉。因此，我们吃肉时的尴尬处境是在提醒一个跟人类本身同样古老的矛盾现象。列维－斯特劳
74 斯在这里成了一位先知，把他本人的主观性投入了一桩应当捍卫的事业：

> 在这些事件之前很久，当我们走过某个屠户的摊位，用数百年之后的目光提前望去，有几个人不会感到难为情？因为总有一天，想到人们从前为了吃上肉，饲养和宰杀生命，不无得意地把

① 吉拉尼．人类的同类相食和隐喻．人类学历史与变迁文献学刊，2001（30-31）：31-55. 吉拉尼．疯牛病危机与祭献理性的式微．地貌，2002（38）：113-126.

> 碎肉摊放在玻璃柜里，我们一定会心生厌恶，这跟16、17世纪的旅行家反感美洲、大洋洲或非洲的野蛮人啖食人肉是一样的。方兴未艾的动物保护运动便是证明。我们越来越清晰地看到，把我们封固起来的自身习俗里有一个矛盾：登上诺亚方舟时的创世的统一，刚一下船造物主就给否定了。[①]

然而，列维－斯特劳斯在下文里却没有为提倡返归原生态的素食主义做出辩护，反而捍卫一种认可肉食的矛盾的人为主义（artificialisme）。奥古斯特·孔德写过一篇有关“实证的政治体系”的文章，不太知名，列维－斯特劳斯从中看出了赞同“疯牛病的教训”的先知先觉。孔德确实提出，实证的社会把动物分成两大类：一类是农业专家管理的“营养实验室”，“我们甚至没法管它们叫动物了”，另一类是人类喂养的，成为肉食动物，以适应人类的生活方式。这样便化解了“同类相食的牛”的概念的内在矛盾，牛被细分为肉类工厂的牛和存心变成同类相食的牛。对于这个实证主义的乌托邦，我们尚不能肯定列维－斯特劳斯是否认真对待[②]，因为他经常称赞孔德的“才能”，同时也承认他会发出谵言妄语[③]。况且，对于孔德提出的 75

① 列维－斯特劳斯．疯牛病的教训．乡村研究，2001（157-158）．

② 戴贡博．实证的乌托邦//社会的再生和重建：1780—1848．巴黎：弗兰书局，1978．布劳恩施坦．奥古斯特·孔德的医药哲学：圣母、疯牛和活死人．巴黎：法国高校出版社，2008．

③ 特别参阅列维－斯特劳斯的《野性的思维》“七星文库”版的修订文字（列维－斯特劳斯．野性的思维．巴黎：伽利玛出版社，2008：793-794），以及“文本说明”（列维－斯特劳斯．野性的思维．巴黎：伽利玛出版社，2008：1804-1810）。亦可参见：凯克．虚构、疯癫、拜物教：在孔德与《人间喜剧》之间的克洛德·列维－斯特劳斯．人类，2005（175-176）：203-218．

第三类动物，即有害的、应该干脆毁灭的动物，列维 - 斯特劳斯并没有予以考虑。借哲学家的疯话来说明同类相食的疯牛，这里头大概有几分戏谑意味。借用孔德的人为主义的预见，可以看出列维 - 斯特劳斯并非鼓吹解放动物和回归自然，而是要在生命的脆弱平衡中恢复肉食的正确地位。一是越来越接近人类的蓄养动物，二是越来越接近机器的“有进项”的动物，列维 - 斯特劳斯认为，这个区分继续加深，将意味着食用动物会得到更多的尊重，工业化的畜牧社会里会再现野蛮社会的礼仪实践：

> 即使……疯牛病驻留不去，我敢担保，人们对肉类的嗜好也不会消失。这种餍足感只会成为一种稀罕、昂贵、充满风险的机会。……肉类只会出现在特殊场合的菜单上。人们会怀着虔敬和焦虑兼有的心态享用肉类，这跟昔日旅行家报告的某些种族啖食人肉时的心态相同。在两种情形下，都是既要与祖先取得心灵相通，又得甘冒与新旧敌人的危险肉身合为一体的风险。

“同类相食的疯牛”并非由于啖食同类才变为人类，而是因为
76 使人生病，由于没有在适当的条件下被消费，好像是做出报复行为的仇敌[①]。于是，包括屠宰（去髓）和销售（追踪）在内的全套防病措施，更像“风险社会”里的一种向被消费的动物致敬的仪式[②]。因

---

① 戴考拉 . 自然与文化之外 . 巴黎：伽利玛出版社，2005. 卡斯特罗 . 同类相食的形而上学 . 巴黎：法国高校出版社，2009.

② 凯克 . 食品风险和公共卫生灾难：法国食品卫生安全局，从疯牛病到禽流感 . 精神，2008（343）：36-50.

此，“疯牛”的同类相食并不意味着现代社会返归祭献的逻辑，而是一种从野蛮社会的角度看出我们的公共卫生问题的可能性。列维－斯特劳斯抓住了一场当下的社会危机，从现代社会和野蛮社会里的人与动物的关系出发，对两种社会做出了一番令人印象深刻的对比。

“扩展的同类相食”是 1996 年提出的奇怪说法，如今我们有更好的理解了。这是煽惑性的说法“我们都是食人族”的延伸；同时，对照 1962 年提出的“扩展的人本主义”[①]，如果设想后者重申了梅罗－庞蒂所说的涵盖有史以来所有人类社会的“扩展的理性”[②]，“扩展的同类相食”的提法就更令人瞩目。是否应该认为，列维－斯特劳斯已经从《亲属关系的基本结构》和《种族和历史》的乐观的理性主义，转入《神话学》和《种族和文化》的悲观的自然主义呢？这种解读没有抓住列维－斯特劳斯的批评方法的力度；正是凭借这个方法，他对 1996 77
年的疯牛病危机做出了清醒的判断。结构主义耐心细致地探索构成人类命运的各种关系，它从逻辑的和道德的丑闻（乱伦、食人俗）出发，揭示人类命运的可能性。因此，同类相食没有给人类学加上一层阴冷的含义，而是使之变得寻常无奇，使之通过说明相距极为遥远的现象，拥有了实实在在的批判性影响。扩展后的同类相食，意味着从

---

① 列维－斯特劳斯．三种人本主义 // 结构人类学Ⅱ．巴黎：普隆书局，1973：319-322.

② 梅罗－庞蒂．从毛斯到克洛德·列维－斯特劳斯 // 哲学的赞歌．巴黎：伽利玛出版社，1960. 梅罗－庞蒂在书中写道：“扩展的理性应该能够透达魔法和天赋的不合理性”（第 127 页）；“所以，我们的任务是扩展我们的理性，使之能够理解在我们和别人身上先于并且超越理性的东西”（第 137 页）。

矛盾的认同关系看待整个人类，甚至整个生命世界，以期在这些生命形式之间，即自我封闭与过度沟通之间，建立起“适当的距离”。这才是列维－斯特劳斯结构主义认为的“疯牛病”的教益，它有别于一切形式的神人同形同性论。

一桩文化相对主义的公案

米歇尔·帕诺夫（法国国家科研中心）

列维－斯特劳斯和他的同代人

对我来说，邂逅克洛德·列维－斯特劳斯曾经是精神上的一见钟情，跟另一种情感上的一见钟情一样，令人心旌摇曳，然而结果更深远，更持久。当然，我这里并不想重温昔日的情感或旧日的思绪。斗胆采用这样一个个性化的开场白，是要说明我如何被民族学吸引，以及我为什么打算着重谈谈《种族和历史》[①]，而不是例如《野性的思维》[②]一类已成为文化相对主义的火炬的巨著。

我在 24 岁读到《种族和历史》，确认了人类并无优劣之分。我觉得，学术能够服务于这样一项事业是十分美好的事。在那个时期，带着种族主义的疯狂和杀戮的战争依然司空见惯，非殖民化进程远未完成。历史唯物主义预告了新的征服行为，存在主义教育我们如何长大成人。我们对未来抱有那么多希望和期待！尚需耐心等待。在列维－
80 斯特劳斯的参与下，联合国教科文组织出版了“现代科学时代的种族

① 列维－斯特劳斯．种族和历史 // 联合国教科文组织．现代科学时代的种族问题．巴黎：德诺埃－贡梯叶书局，1968（1952）．

② 列维－斯特劳斯．野性的思维．巴黎：普隆书局，1962.

问题”的系列丛书，目的是使人认识到时下的一个现象，余下的就会迎刃而解。

《种族和历史》

如今，这本 1952 年出版的小册子已经是文化相对主义者的案头书，也是许多高中生近年来的作文题目。当然，其间它遭受诟病和攻击，招来一些奇谈怪论，特别是作者 1971 年做出的修正，这些都是题中应有之义。在这本小书里，列维－斯特劳斯阐发了四大论点：

（1）种族无优劣之分，人类是一个整体。

（2）在某个历史时期内，社会或者文化会有不同的表现，但不是单一目标下同一个演变过程的不同阶段。历史演变是突变导致的，是不多见的有利境况之合力所致。

（3）被称作文化的复杂实体各有特殊性和独特风格，不能笼统地比较，尽管某些特定的方面可能显著相同。

（4）文化因各种差异而相互充实，通过协作令自身更强大和自洽。主要危险是千人一面，这将剥夺它们的差异和用来交换、分享或对比的特殊性，而且导致文化泯灭于一场熵的普遍运动。因此，遵从列维－斯特劳斯的观点就不会刚避开深坑，又掉入深井，因为民族学的道理是首先肯定种族平等，然后表明文化也不可有高低贵贱之分。

以上第（2）点和第（3）点是被讨论得最多，也最认真的。例 81
如，民族学者称澳大利亚土著的家庭组织、波利尼西亚神话和阿拉伯人的殷勤好客具有人文优越性，实际上这是一个不应该由他们做出的价值判断，因为不存在一个使人避开自身文化的束缚去俯瞰人类的视角。不过，应当注意，不少评论者提出的这条异议实际上并非异议，因为列维－斯特劳斯从未质疑可以根据单一标准对文化做出有意义的比较和分类。更麻烦的是，从这个角度来看，地球上所有的人当然更喜欢真理而非谬误，更喜欢知识而非无知，这是生存的需要。在求真和求知的过程中，有的人比别人走得远——例如欧洲人。因此，依照这条标准，对文化做出比较和分类不值得大惊小怪。相形之下，别的标准都变得无足轻重。我们于是有了一个有普遍影响的基准。与随机的进程不同——例如象棋里走曲线的马——我们现在可以谈论围绕同一个轴心展开的演变过程，其中有些文化多少比较“先进”。这条异议是好几位评论家所坚持的，包括雷蒙·阿隆[①]在内。这方面的情况容下文讨论。

1952年选取的主题是“种族和历史”，不是“种族和身份”或“种族和野蛮”，这一点并非无关紧要。二十年后，列维－斯特劳斯把他在教科文组织的演讲题目定为“种族和文化”，也不是无关痛痒。历史恰恰是列维－斯特劳斯倡导的文化相对主义遇到的主要难点。异议多多，共产主义者的意见尤其与之相左。他们认为，列维－斯特劳
82 斯的理论掩盖了阶级斗争，不承认民主才是必须达成的目标[②]。列维－斯特劳斯一方面表明他对马克思主义经典著作有所了解，另一方面直

① 阿隆．关于发展的理论和进化哲学 // 社会发展研讨会论文集．巴黎－海牙：穆桐书局，1965. 后收入《社会学研究》(巴黎：法国高校出版社，1988：247-278)。

② 罗丹松．种族主义与文明．新批评，1955（66）．罗丹松．种族志与相对论．新批评，1955（69）．

截了当地回应说，他们把政治制度和文化混为一谈了。21 世纪初，法国保守政党的理论家重蹈了这种混淆的覆辙。

1961 年，列维 – 斯特劳斯的说法已经初次出现了变化，甚至不妨说引进了新鲜空气……在卡尔・马克思和弗里德里希・恩格斯的启迪下，在一篇收入《结构人类学 II》一书的题为“文化的非连续性与经济和社会的发展”的文章里，他讨论了原始社会——也叫封闭社会。这一次，“原始的”智慧、神话的新奇性、人与自然的关系的社会融合或和谐都退而居后。缓慢的演变并非由于另选了一种方式，而是暴力所致。一些社会之所以被冷冻或倒退，是因为遭到了掠夺性的“热”社会，尤其是欧洲社会的殖民征服的攻击，甚至因此而灭绝。负面影响是双重的：后者不仅把受害者抛出常轨，而且通过掠夺殖民地社会得以致富，占得竞争之先。榨取剩余价值制造了所谓“无历史”的社会。以致——按照列维 – 斯特劳斯的观点——资本主义剥削在历史上紧随殖民占领而至，从中直接派生，被殖民者被无产者取代。遗憾的是他没有更多地关注这一灵感的源泉，而是停留在抽象的概念或无关历史的文学比拟当中。

如果把 1952 年的文本与 1971 年的修订文本两相对照，就可以看出，改动主要是少许调整，而非切实的改动，除了一点：不同文化之间的协同，或者说合作——他的核心词——不再是最适切的；在他看来，文化之间的对立和斗争反倒成为强大的引擎。当年，亨廷顿的著 83
作[①]在法国以外已经家喻户晓，此书获得的成功证实了西方人普遍的

① 亨廷顿 . 文明的冲突 . 法译本 . 巴黎：奥蒂尔・雅各布书局，2007.

忧虑，同时也许是身陷困厄当中的一道幻觉，这十分不利于向其他文化开放。

应当说，在现实世界里，事情此时已经起了变化。种族主义广泛加剧，人口遗传学的发现揭去了覆盖在各种人类群体的起源、迁徙和侵扰人们的流行疾病上的面纱，从而也揭示了导致一些文化停滞或衰退的可能的原因。在这个新的语境里，以国际象棋中的马做比拟的曲折进化的假说变得不怎么管用了。

捍卫西方的优越地位

总的来看，可以说所有这些辩论、澄清和改变都发生在交情不错的人之间。然而，于罗歇·盖洛瓦却毫无宽厚可言，那纯粹是一场战争。作为敌方或者说对手，罗歇·盖洛瓦在很多方面都是个很有意思的人[①]。首先，他的文笔很不错，尽管有点矫揉造作。这为他赢得了与其说喜欢哲学或科学研究，不如说更爱赶时髦的仰慕者和支持者。其次，他身上具备叛逆的民族学者的所有特点：他也许梦想过当一个专治原始社会的社会学家，后来有一段时间师从和追慕毛斯，并于 1939 年出版了《人与神》一书，那个时候，列维－斯特劳斯还在给《社会主义大学生通讯》投稿。最后，他很会利用激烈的论战吸引注意力，粗暴的口吻里往往掺杂着不少恶意。

1954 年，《法兰西文学评论》刊登了一篇题为“颠倒的幻觉”的

① 帕诺夫．兄弟阋墙：盖洛瓦与列维－斯特劳斯．巴黎：巴尧书局，1993.

文章，这是头一遭激烈的人身攻击。盖洛瓦指责列维－斯特劳斯跟超现实主义者沆瀣一气，双眼被憎恶西方文明的情绪蒙蔽。此刻他忘记了，他本人三十年前也是这样做的。对于列维－斯特劳斯的“所谓野蛮，即深信别人野蛮”的名言，他尤其感到愤慨。这句话在其本义上被恶狠狠地用在希腊人和中国人身上。列维－斯特劳斯无法容忍世界文明的这两个最伟大的代表被如此诋毁，他坚定而明确地反驳说，这两种崇高的文明恰恰处于令人遗憾的偏见的阴影之中，因此应该按照他的主张，彻底摆脱西方中心主义。这样一来，盖洛瓦就失去了抹黑对手信念的有力言辞，他只能暗示，在民族学者列维－斯特劳斯那里，科学很可能不比魔术好多少，理性也不如迷信更可取。文化相对主义是否不允许提出这个问题呢？这个疑问是切题的，但是提问方式太离谱，以至于列维－斯特劳斯感到遭到了诽谤，于是在一篇激情澎湃的文章里无情地反唇相讥[①]。然而，令人遗憾的是，这场争论五十年后也没有得到更好的对待。盖洛瓦事后多次感到，必须明确宣告，他认为相对于所有其他形式的知识，西方科学占有“绝对优势”。这说明争论之激烈和误解之严重，误解险些将他淹没，何况这些误解来自一个他认为拿科学研究的严谨要求不当回事的人！ 84

可是，盖洛瓦并没有就此罢手。直到 1974 年列维－斯特劳斯在法兰西学院发表就职演讲为止，在他同列维－斯特劳斯的整个争论过程中，在攻击性和恶意的背后，形成了两个核心想法。不无讽刺的是，他顺带提出，欧洲文明是唯一自我质疑的文明，也是唯一一个创

① 列维－斯特劳斯．睡着的第欧根尼．当代，1955（110）：1187-1220.

85 建了民族学的文明。因此，西方的思想和道德价值是普世的，我们有捍卫和传播它的义务。这种谴责的口吻跟我此处一样明白无误，同时这大概也是一篇文体风格的习作，盖洛瓦下笔总是躲不开这种诱惑——他十分清楚，这么做可以增强效果。本丢·彼拉多就属于这种情况[①]。

《彼拉多》是一则很出色的寓言。殖民地总督彼拉多，东方宗教专家马杜克，两人面对面漏夜交谈，辩论耶稣是否应该被处死。彼拉多是务实的首领，理性满满。他对异国的迷信感到惊讶，但是不愿意屈服于狂热的犹太人的要求。他本来可以挽救耶稣的生命。马杜克却不这么认为。在他看来，所有的信仰都是一样的，没有任何东西能够划分高低优劣；如果一道判决能够让殖民地民众满意，有助于安抚一个其习俗说到底无关紧要的国家，那么何乐而不为呢？从这两个相反的人物身上，任何一个读者都能毫不费力地看出：一边是理性引导下的西方人，服膺普世价值；另一边是文化相对主义的倡导者，他们超脱地津津乐道于殖民地民众的怪异思想和做法。列维－斯特劳斯并没有对那些尖刻的言辞做出明确或全面的回应。尽管如此，他一方面举出希腊源头，另一方面强调殖民地征服者的教外精神，这些都清楚地表明他所说的欧洲的例外是如何形成的。

另一道指责重提勒泽克·考拉科夫斯基 1986 年的一篇文章，而且不再以列维－斯特劳斯为单一目标，而是冲整个民族学者群体而发，批评他们颂扬他者的行为和价值观——批评者认为这些行为和价

① 盖洛瓦．本丢·彼拉多．巴黎：伽利玛出版社，1961.

值观都站不住脚，理由不过是“不是欧洲的”或者“反欧洲的”，似乎一切都出于一种有悖理智的对于西方的厌恶感。这道指责并不值得大惊小怪。任何一个民族学者，只要在海外部门或地区工作过，都会在殖民地行政人员或种植园主那里有过相似的经验，而且更司空见惯，更粗暴。赞赏殖民地人民的一些特点或典型的本地成果，希望其 86
免受偏见所累而获得重视，反倒成了跟法国唱对台戏！承认殖民地人民的某些优点似乎会剥掉殖民者的某种本质，令人痛苦：也许是一种支配加上蔑视的癖好？

及至 1974 年的法兰西学院，争论在列维－斯特劳斯看来已经偃旗息鼓，盖洛瓦却将他的就职演讲当作最后一个报复的机会。他重拾二十年前的批评，尤其责备被他故意按照“野蛮人的思维”理解的“野性的思维”。如此存心和顽固的误解，他于是可以责备列维－斯特劳斯鄙视园丁，即培育和丰富了“文明人”的思想的人。这如同责备一名狩猎专家只公布猎杀动物的总数，而不提如何饲养毕加底的马或者夏洛莱的牛，全因鄙视它们会成为公众丑闻。

必须指出，在这些年的争论过程中，盖洛瓦所代表的倾向在考拉科夫斯基的《野蛮人在哪里？》[①]里找到了最后一个始终不渝、好战和直率的化身。这位波兰籍哲学家声称，欧洲文明“天生就是基督教的”，如今受到严重威胁。外部威胁来自其他文化，其中最重要的威胁来自欧洲内部怀疑或贬低它的人，以民族学者为甚。由于认为遭人记恨，怀疑自己有野蛮行为，欧洲人到头来对他人的所有价值观和行

① 考拉科夫斯基．野蛮人在哪里？//找不到的村庄．布鲁塞尔：贡布莱斯书局，1986.

为均表尊重，连野蛮行为也赞成。接受他人的野蛮使他们自己也变成了野蛮人！要逃避这个要命的逻辑，就必须回到基督教的价值观，并将之传播到全球。这样不仅能够挽救自家的文明，还能够保存同样受
87 到广泛的野蛮行为威胁的其他文明，我们不提倡文化相对主义，相反必须竭力实现西方的文化普世性。可以看出，这些观点跟列维－斯特劳斯在《种族和历史》和《睡着的第欧根尼》里的立场截然相反，尽管他也谈到了基督教的积极作用（不错，是连同佛教一起说的）。

反常效应，摇摆，现实问题依旧

企业之间的庸俗竞争，加上盲目跟风，导致民族学者对生物人类学强烈反感：对于那些从前忙于弄清种族类型的体质测量专家，人们如今避之唯恐不及；人口遗传学是文化人类学的研究伙伴，获得认可却有待时日。“先天/习得”这对老旧的概念及其众所周知的差别再次冒头，可是这次招致的却是典型的故作正经的反应。谁都怕被扣上种族主义的帽子！

因此，人们今日才如此草率地谈论种族主义（例如什么“针对青年人的种族歧视”）。这种倾向是灾难性的，因为真正的危险被遗忘，到头来谁都成了种族主义者，而且不会太当回事。不用说，列维－斯特劳斯与此无干；他甚至经常谴责对这一类语言的滥用。但是，这显然是一场看法一致（西方自我怀疑）的运动所促成的文化相对主义以及媒体在这个问题上的愚蠢做法。此外，这一切都得益于“文化”一

词从中吆喝助阵，它使荒诞和平庸假扮成学术，令人起敬。于是人们可以大谈标致汽车文化如何不同于雷诺汽车文化，勒克莱尔超市和家乐福超市各自的文化如何独特。这是民族学的成功传播所付出的代价，我们顺带地也能理解，盖洛瓦们何以对这一用词以及看起来使之 *88*
正当化的体制颇感不忿。

假如文化相对主义问题仅涉及例如三段论推理、恢复被排除的第三项等逻辑建构，一些人通过举出评论家揭露的矛盾而提出的问题，我们就会认真对待。这是一条死胡同吗？ 但是，现实世界截然不同，即社会生活的世界、劳动者的世界、为生活和生存打拼的人的世界。文化相对主义与这个世界比以往任何时候都更密切相关。种族主义依然存在，依然非常严重。与之相伴的是文化上的身份认同的忧虑，这已经成为一个顽疾，而且招致各种名目的竞相加码。这些也许是注重特定文化的最令人遗憾的反常效应之一，尽管异族通婚并没有停下脚步。关于这一点，列维－斯特劳斯屡次徒劳无功地嘲讽过，尤其是当埃里蓬采访他时[1]。令人忧虑的是，政客们定期地利用把“文化”和“国家”当成同义词的倾向——正如上次选举期间那样。无论如何，这种利用毕竟表明《种族和历史》一书及其教学的热度已经属于另一个时代，可是它提出的一些问题却并未失去重要性。在我看来，激进的文化相对主义过度“意识形态化”地解读列维－斯特劳斯的论点，对于这种做法可能引起的某些后果，雷蒙·阿隆表达的异议值得重温。

① 列维－斯特劳斯，埃里蓬. 近观与远眺. 巴黎：奥蒂尔·雅各布书局，1988.

阿隆注意到，“民族学看到的是极其驳杂的多种文化形态，进化论看到的是一个向逐渐普及的合理化发展的渐变过程，两个视角显然是矛盾的”①。阿隆指出，维护文化模式的难以简省的多样性和典型性并不一定妨碍建立不同文化的级次体系，特别是当有可能比较它们对
89 于生存或知识的关注的答案是相近还是一致时。相对论认为不存在四海皆准的价值判断，对此他的第一条异议与可用于绝对怀疑论的异议是一样的：自相矛盾。

> 我们征引的民族学者做出了大量价值判断②。莱里斯先生谈到洞穴绘画时，说有一种“从未被超越的美”，所以他自觉有判断美学价值的本事。同样，说起美拉尼西亚人的时候，列维－斯特劳斯先生毫不犹豫地提出“人类在这个方向上达到的顶峰”。方向一旦确定，高度是绕不开客观衡量的。③

他的第二条异议涉及可及领域里的客观知识。在个体的社会融合方面，如果“原始”社会有可能显得优于现代社会，那么就可验证的客观性来说，现代社会的科学却毋庸置疑地优于其他形式的知识。承认科学客观性的首要地位，并非“教条地追随西方的特殊价值观，返回野蛮行为的原罪，即鄙视别人。……否定科学技术的首要地位，否

① 阿隆．关于发展的理论和进化哲学 // 社会发展研讨会论文集．巴黎－海牙：穆桐书局，1965. 后收入《社会学研究》（巴黎：法国高校出版社，1988：276）。

② 指列维－斯特劳斯及其《种族和历史》一文，亦指米歇尔·莱里斯的《种族与文明》一文，收入《现代科学时代的种族问题》（巴黎，1951）。

③ 同① 277.

定理性，意味着主张一种不真实的生活哲学，以致人类逐渐摆脱最初的动物性生存状态，居留地球并成为主人和占有者的过程变得毫无意义”[①]。

针对阿隆的乐观，人们一定会举出“进步带来的损害”和生产经 90
济学骄横地推及全球的所谓技术“无推理”（a-raisonnement）的灾难性后果。然而，阿隆为西方文明发展起来的科学所做的辩护仍然值得关注和思考：

> 提出文化形态平等的人类学家声称掌握了真理，即智能活动的内在目的。他不能否认，真理比谬误更可取。然而，现代科学并非众多模式之一，它们比别的时代的科学更为真切。以往的文明从未打算成为谬误，甚至也不能说它们不关心科学真理。这方面，按照遭到民族学者拒绝，而他们研究的人群在事实上和权利方面却不会拒绝的标准，西方文明比以往的文明更为优越。[②]

至于野蛮的性质，上文已经说过，列维－斯特劳斯将之与认为他人野蛮相提并论[③]。对于这个问题，阿隆的一篇文章或许依然是最好的

---

① 阿隆．关于发展的理论和进化哲学 // 社会发展研讨会论文集．巴黎－海牙：穆桐书局，1965. 后收入《社会学研究》（巴黎：法国高校出版社，1988：277）。

② 同① 278.

③ 列维－斯特劳斯的原话是：“否认看起来最‘野蛮’或‘蛮夷’的人类成员同样具有人性，只不过是把他们的典型态度之一拿来为己所用。所谓野蛮，首先就要深信存在着行为野蛮的人。”［列维－斯特劳斯．种族和历史 // 联合国教科文组织．现代科学时代的种族问题．巴黎：德诺埃－贡梯叶书局，1968（1952）：22］。

和最超然的分析[1]。文章指出，列维－斯特劳斯的断言里有双重悖论。第一个是道德悖论：

> 如果说，野蛮人是信奉野蛮行为的人类，又如果被非民族学者本能地唤作“蛮族”的人确实不承认另一部族的成员是人类
> 91 （即实施列维－斯特劳斯所界定的野蛮行为），那么无论情愿与否，民族学者都应该认可非民族学者的判断。按照民族学者本人的看法，被文明人唤作“野蛮的”人跟这个形容词是相称的。这位民族学者合理地留有在文明的非民族学者当中找到野性的余地。但是，他依然面临一个取舍：要么，他得承认，不否认凡是人类成员皆有人性的人是优越的，此时他就表明自己是不折不扣的文明人，因为文明人虽然参与野蛮行为，但是程度低于“野蛮人”；要么，将文化相对主义推至极端，即对于除了本村或本部落以外谁都不认识的人和承认凡是人皆有人性的他本人之间不置褒贬，但是，这种文化相对主义导致他不去**合乎逻辑地**谴责种族主义者，因为后者出于偏见，认为人性的概念“脱离倒退”是不能成立的。[2]

第二个是智识悖论，跟道德悖论相仿：要么，我们跟所谓“野蛮的”社会一样去思考，此时我们就不能被视为完整地代表人类；要

① 参见：关于列维－斯特劳斯的著作：自身与他者的悖论 // 布庸，马兰达．贺克洛德·列维－斯特劳斯六十寿辰文集．巴黎－海牙：穆桐书局，1968. 后收入《雷蒙·阿隆（1905—1983）：历史与政治》（巴黎：朱莉亚书局，1985：474-480）。

② 雷蒙·阿隆（1905—1983）：历史与政治．巴黎：朱莉亚书局，1985：475.

么，我们理解它们，但是必须做出“原始人”和“文明人”的划分，依据是后者是否能够和愿意承认“陌生”和“异己”的他者中间确有真实、不容怀疑和可敬的人性展现。

这些悖论如何解决？阿隆直截了当地说明，列维-斯特劳斯虽然并未忽略，可是显然“没有细说，没有给出解决办法，反而让读者去操心选择可行的办法，或者猜想作者本人会喜欢什么样的答案”[①]。

方式之一是断定，若无某种程度的“野性”，一个社群就不可能存在——换言之，必须屈尊降格，否则就得否定他者的人性，以期自 92
我肯定和加强价值观自信。此时，民族学者本人是躲不开文化相对主义的，而且会体验到生存和逻辑的撕裂。生存的撕裂，是指民族学者“以某种方式投身两种互不兼容的文化。……在某种意义上，其中任何一种都不能完全接受民族学者本人的特殊性”[②]。为了自身的延续，任何文化都必然或多或少地肯定自身的价值；它没法怀疑自己，也做不到长久地自我约束。从这个意义上看，“野蛮人”的野蛮和“文明人”的野蛮之间只有程度之别。民族学者所在的社会是唯一使民族学获得发展的社会[③]，他怎么会不感到与之利害攸关呢？至于逻辑上的撕裂，是由于“文化相对主义的要求，而且不允许为‘野蛮人的美德’恢复名誉。文化相对主义不允许区分文化的高下，却为野蛮人正名。但是，尽管‘野蛮人’对文化相对主义毫无所知，这种文化相对主义

① 雷蒙·阿隆（1905—1983）：历史与政治．巴黎：朱莉亚书局，1985：475.

② 同① 476.

③ 不妨一提，盖洛瓦用过这条论据。

却指责他们，至少当其本身也变成至高价值或价值标尺的时候”[1]。这样一来，尽管有列维－斯特劳斯合理揭示的“模糊不清和倒退”，可是，怎么能够既承认人类社会无论何种形式都有同样的人性，又反对历史上取得的此在的进步呢？通过科学“精神”的发展，人类既看到了自身的统一性，也看到了不可省约的多样性，从而跨过了“不归路的门槛”[2]。这个观点我们怎么能够拒绝呢？

方式之二是认识到，跟受过科学的中立原则教育的“文明人”相比，“野蛮人”其实更难以接受保持距离的必要性，因而无法摆脱自恃
93 人类中心的幻觉。无论如何，比较文化和文明的历史，可以使人更有弹性地判断野蛮行为、“野蛮人”和“文明人”。换言之，它让我们不但能够根据依时地变化的价值去评价野蛮的罪行，而且在某些情况下，能够依照这些价值所蕴含的要求，将“文明”还归“野蛮”。自我批评的命运与科学所秉持的“价值中立”密不可分，也与“人权”的伦理和政治主张密不可分。这些固然是西方的“发明”，可是如今影响遍及全球。

结　论

身份认同的概念同时孕育和突显了反复出现的迷雾，我们从中可以提出一个与文化相对主义有直接联系的问题：为什么要寻找以往的身份？干吗要回头看？怎么会对起源如此眷恋？这岂不是摒弃一个生

① 雷蒙·阿隆（1905—1983）：历史与政治．巴黎：朱莉亚书局，1985：476.

② 同①.

机勃勃的开放的文化前景吗？日复一日，身份在我们眼前逐渐形成。让我们向前看吧。附带一提，这正是所有关于杂交现象的思考带给我们的教益，无论是生物杂交还是文化杂交。我们是否首先要问：我们往何处去？目标是什么？打算做什么？照此，政治又回到了前台。唉！这并不是我们今天正在走的路。这样提问也是经常受到打压的原因。只要听听舆论制造者的说法就够了："乌托邦"一词已经变得可耻，没有人敢于明白说出。与此相关，从股票交易评级制借来的"管理"一词却空前地大行其道，个中意味深长。简而言之，这些都会形成一场巨大的挑战，我们必须面对。

第二部分

结构主义与解释学：象征系统、无意识和主体性

象征的朴素性、结构主义理解与解释学智慧：利科如何解读列维－斯特劳斯

让－菲利普·毕宏

（让－穆兰大学－里昂三大，里昂市哲学研究所）

对于列维－斯特劳斯在人文科学（sciences humaines）领域，特别是在民族学和人类学方面的透彻的工作，保罗·利科从未掩盖钦佩之意。谈到后者的哲学道路，利科曾经把结构主义哲学——而非结构主义方法——形容为“没有先验主体的先验主义”。他说：“对我来说，他（列维－斯特劳斯）曾经是一个对手，我本人在对主体哲学的辩护上尽心竭力；这一点是我们之间的讨论的决定因素。”[①]这一番回顾虽然简单，但不是随口说出的。他并没有把结构人类学发出的重要挑战置于解释学的广为人知的认识论层面（即由解释学首创，由结构人类学加以重组的解释与理解之分），而是主要把它放在哲学层面。这就
98 涉及结构分析完成之后，能否维持一部主体哲学。列维－斯特劳斯避谈这个层面，他自称“我没有一套值得谈论的哲学，我所做的，不过是回到几条朴实的信念，与其说为了深化思考，不如说更多的是因为这个领域教会我的和我所教授的东西的退行型侵蚀”[②]。正因为如此，

① 批评与信念．巴黎：卡尔曼－雷维出版社，1995：120.

② 列维－斯特劳斯．裸人．巴黎：普隆书局，2009（1971）：570.

本文首先同时考察一下列维－斯特劳斯与利科之争的方法论方面及其相关的哲学焦点，然后看看利科如何尝试把结构主义的存疑解释学（herméneutique du soupçon）同他的自身解释学（herméneutique de soi）结合起来，最后以考察这些分析的实际结果结束本文。

结构主义遇到解释学：得与失

从方法上看，列维－斯特劳斯与利科的争论涉及人文科学的认识论。列维－斯特劳斯侧重于语言学范式，利科侧重于历史范式。列维－斯特劳斯试图从客观性方面研究相距甚远的人文科学，而无须求助于生存需要或者期待某种意义。他的教益在于要求重审解释学方法通过从认识论层次区分解释与理解而试图建立的脆弱平衡。列维－斯特劳斯关注的是不仅揭示人类世界的规律性，而且揭示其真实的法则——不光要在自然界，也要在不同文化里找到普遍性和不变量。这一点只要想想《亲属关系的基本结构》的问世就足够了。我们认为，那是关于乱伦禁忌之普遍性的发轫，这个做法随后扩大到神话研 99
究——因为哲学被怀疑不关心具体事物，沦为一种注释。列维－斯特劳斯认为，人文科学可以接替哲学谈论人性，而且有可能走出这种知识的切分。的确，而且这对主体哲学很重要，列维－斯特劳斯有条不紊地努力摆脱自然科学与人文科学的对立——前者通过客观原因做出解释，后者纳入了主观动机。他的办法是揭示社会不变量，从而建立起社会之间的差距、关系或差异。普遍性把人类联系起来，但这不是先验地体现在价值观当中的普遍性（即如人本主义哲学所说），而是无意识原理的普遍性。这是民族学调查教我们去解读和说明的[1]。在这个意义上，他的认识论计划眼光深远，既来自涂尔干的和“把社会现象看成事物”的实证主义计划，也来自狄尔泰解释学的方法论。尽管没有指名道姓，但这可能正是他的目标，明显地见于他批评“哲学家根据有关人类知识的发展的过度理论化的观点，提出奇怪的假说……掺入了形而上的神秘主义”[2]。

然而，利科认为，同样必须超越解释与理解之分所引起的认识论问题。其中关键是如何走出这两种态度之间的困境，进入一种辩证的关系。对此我们也许会思忖，利科的认识论计划——他在《时间与叙事》里用一句“多解释就是更好的理解”[3]加以概括——在多
100 大程度上并非受惠于与列维－斯特劳斯结构主义的争论。其中的关键是确定主体的创造性和客观因素作为自身之间的媒介分别扮演什么角色。这种角色岂不导致把解释视为理解的一个时刻，而不是消解理解吗？同时，既要思忖主体在一个新事物意外出现时所起的作用——“特异的归因”[4]，也要思忖解释在什么意义上会影响自身的理解。

从哲学上看，虽然列维－斯特劳斯自外于哲学研究，但问题在于他的代码哲学同数字哲学之间是什么关系。事实上，列维－斯特劳斯

① 列维－斯特劳斯．三种人本主义 // 结构人类学 Ⅱ．巴黎：普隆书局，1996（1973）：319-322.

② 列维－斯特劳斯．野性的思维．巴黎：普隆书局，2009（1962）：53.

③ 利科．时间与叙事：卷 2 虚构叙事中的时间塑形．巴黎：瑟伊出版社，1984：13，54.

④ 利科．时间与叙事：卷 1．巴黎：瑟伊出版社，1983：254.

根据符号学发展出了一套有关社会和文化的系统理论，利科则致力于据此发展出一部有关个人和集体的身份认同问题的理论，并且放在语义学的框架之内。象征性的地位是这两条路线的交集点。这一点我们下文还要谈到。争论的焦点在于，面对结构主义的做法——不妨称之为存疑解释学——主体哲学仍然能够保有多大的坚实性。存疑解释学与它努力打破的“我思故我在”的传统解释学相悖，把一个超验的自我的先验性与各种文化历经数千年的经验性对立起来。换言之，不光有方法问题（即解释学要求关注接受者如何破译意义，结构人类学则在方法论上关心将关系或雷同现象对象化的解码活动），还有原则性问题，涉及个人和集体的同一性，以及文化解释学和自身解释学各自的地位。

但是，不可误解讨论的真正关键所在。这不是一场结构主义与存在主义之间、反人本主义者与人本主义者之间的观念之争。应该说，1963 年即《野性的思维》出版的当年，人格主义杂志《精神》导 101
演下的争论是催化剂①。那是一场名副其实的巨人与诸神的战斗，它追问的是胡塞尔所称的“欧洲人道主义和哲学的危机”，即追问导致在功利范式主使下兴起的世界文明变成了灾难的哲学。这里面不正是一

① “我读到一些哲学家批评结构主义，说它毁掉了个人及其价值观，这让我感到惊讶，因为这就好像有人对气动力学的理论表示义愤填膺，说什么解释热空气膨胀和上升，就会危及家庭生活和家庭伦理，只因揭示热气的秘密会丧失其象征的和情感方面的影响。”［列维－斯特劳斯．裸人．巴黎：普隆书局，2009（1971）：570.］确实，就结构主义与解释学甚至与人格主义的冲突而言，鉴于结构主义寻求共时逻辑，解释学偏重历时，历史记录便可能只留取二者对教学有益却失之僵化的对立。而问题的关键是，发现了包围着主体哲学的普遍不具名的结构之后，主体哲学是否有可能维持下去。

部竭力把自然视为外在于主体（hors-sujet）、把主体视为外在于生命世界的西方史吗？不正是允许主体以损害精神技艺或管理社会的司法技艺[1]为代价，靠重视机械技艺获得主宰地位吗？关键是要思考什么是文化传统，特别是从包容多样的世界的能力，或者相反，从将其摧毁的能力出发，反思自省哲学和兴起于欧洲的主体哲学。这样的叩问在环境伦理和世界性两方面都有重大的具体结果。面对非我族类，什么哲学能够使人类懂得进退自处，而不是寻求支配前者（西方伦理偏重人，所谓初民的伦理偏重环境）？主体哲学是一劳永逸地被这项事业淘汰，还是仍然拥有应对之策？因为，站在这条延伸线的另一端的
102 正是政治灾难（人口问题、初民消亡和殖民化）和全球技术标准化所引发的生态灾难（生物多样性遭侵蚀）。主体哲学使得普适的人文主义变得可以想见，列维－斯特劳斯于是对之发起了激烈批判。通过殖民统治[2]，通过与被视为酝酿生态灾难的文化之另一极端[3]的自然之间的工具性关系，普适的人文主义表现为广泛的整齐划一。说到对人文主义的批判，我们不禁想到，列维－斯特劳斯与萨特的争论其实也跟

---

① 列维－斯特劳斯．种族和历史//结构人类学Ⅱ．巴黎：普隆书局，1996（1973）：319-399.

② 参见列维－斯特劳斯在《裸人·终乐章》里所揭示的“很少被承认而且经常以人道主义的面目出现的神秘主义”[列维－斯特劳斯．裸人．巴黎：普隆书局，2009（1971）：577]。

③ “一种协调有序的人道主义并非始自其本身。西方人道主义把人类与其他造物分隔，从而剥夺了人类的保护墙。从不懂得自己的权力是有限的那一刻起，人类就开始毁灭自己了。请看灭绝营以及另一方面的污染，它是隐蔽的，却会给整个人类带来悲惨的后果。……在这场有关‘主体’的纷争里，看起来让我最难以忍受的，是一个哲学传统的信徒们缺乏宽容——这个传统可以上溯到笛卡儿。一切始于主体，只有主体，等等。我打算从不同的角度看待事物，而且不接受有人挑战我的这项权利。”[列维-斯特劳斯，埃里蓬．近观与远眺．巴黎：奥蒂尔·雅各布书局，1998（1988）：225-227.]

利科的立场有关。非单一维度的普适性存在于个人和集体的身份认同的变动当中（例如神话之可以传播），利科研究其潜能。他追问什么是文化传统，既不忽略它的受推崇的派生物——被掠食性世界文明视为合理手段的技术的胜利[①]——也追问其大有希望的潜能。在利科的文化解释学看来，全球的单一维度是对在不同文化传统里期待普遍性的一个讽刺，因为他无意认为，普遍性必然呼唤一致性。他觉得，欧洲促成的文明的发展之所以值得怀疑，归根结底，不是因为她的主体哲学——利科后来更愿意唤作自身解释学——而是被大力 103
褒扬的我思，一种信奉自动生成（s'auto-engendrer）的观念。正是这种褒扬使人认为，一个文化不单单是工具性设施，同样是一部传承和创造活动的辩证法。危险——单一维度的真谛——来源于相信地球上工具性媒介的分布能够独立地形成文明，同时令一个文化的其他活生生的媒介，如艺术、道德、法律政治、宗教等等瘫痪和僵化枯竭。然而，在这一点上，利科重新提起列维－斯特劳斯的《忧郁的热带》里传教士给亚马逊印第安人斧头却遭弃置的故事，并且重申，一个文化里最具体的东西并非工具性设施，而是价值。全球工具性殖民化的前提是正当化的价值，这对我们欧洲文化的价值也提出了质疑。

因此，从自身解释学和文化认同的解释学出发，我们就能够重新检视利科如何解读列维－斯特劳斯。从这个角度看，这场哲学探索植

① 利科．世界文明与民族文化．历史和真相．巴黎：瑟伊出版社，1955：297.

根于反思哲学传统[1]，受到掺入解释学的现象学的培育，其中出现列维－斯特劳斯的名字绝非偶然。

事实上，利科之所以意识到解释学问题（即文本或神话的歧义性），是因为他受到了神学家鲁道夫・布尔特曼的《圣经》注疏工作的强烈影响。布尔特曼欲使神话摆脱原因论功能——实为解释世界的伪科学——致力于推动他所说的“去神话”（démythologisation），探求什么令我们“知”，既然它不是科学[2]。然而，为澄清方法起见，但不
104 抱神学上的期待，可以认为，与列维－斯特劳斯的相遇复制了这一最初的实践。这一次，列维－斯特劳斯采取了一种亵渎神明的方式，戏称自己的做法是“去神秘化”。所以，对于神话、其含义甚至意义所显露的问题，去神话和去神秘化是对神明的两种亵渎，甚至是彻底摆脱列维－斯特劳斯所说的狂热地追求意义的方式。

更准确地说，从《恶的象征》开始，与结构人类学的交集便载入了利科对表达力或者象征和神话所特有的“引人思考”的能力的研究。这项工作还与一个基本问题相关：想象力在实际功能中所扮演的超验性角色（意志的诗学）。尽管由于现代性之故，我们已经走出了神话意识，但想象力仍然有一个了解哲学为理解象征性留出什么位置的问题。因为象征活动存乎“主体”之内，自康德以来属于先验哲学所说的创造性想象力，所以，列维－斯特劳斯与利科的争论将围绕它

① 1960 年出版的《有限性与犯罪》一书是献给让・纳柏尔的；《野性的思维》是 1962 年出版的。

② 利科．为鲁道夫・布尔特曼笔下的耶稣撰写的序言 // 解释的冲突：解释学论文集．巴黎：瑟伊出版社，1969：373-392.

的地位展开。

结构人类学学派的解释学

冲击似乎迎面而来，双方差距巨大。利科捍卫的论点是“神话是引人思考的叙事”，从而给丰富的意义的逻辑留出了空间；列维－斯特劳斯的论点则是“神话的真义不在于特殊的内容，而是剥离了内容的逻辑关系，或者更确切地说，逻辑关系的不变性穷尽了其操作意义”[1]，这个论点通向广义同源性或形式化的象征逻辑。不过，利科并 105
不寻求正面冲突。他没有采取廉价的异中求同的弥合态度，而是尽力给这样一个角色赋予结构的合理性：“象征的朴素性和解释学智慧之间的一个必要的中介物”[2]。这种对于结构主题的开放态度将是我们所关切的，因为在设想象征性和神话的地位时，我们要问：一部关于自我和文化的解释学在多大程度上能够把结构人类学变成潜在的盟友？站在结构主义学派立场上的会是什么样的解释学？的确，我们在多大程度上可以将对于结构的解释性研究的逻辑关切，融入思路更宽阔的自我理解的工作？这就需要在有关个人和集体同一性的解释学当中，能够重新引入一个致力于瓦解同一性观念本身的学科。假如将问题推至极端，我们会问：由于指向一种特定的禀赋（想象力），象征性是有利于个性化，还是在逻辑形式主义的无意识当中，有助于个人心理

① 列维－斯特劳斯．生食和熟食．巴黎：普隆书局，2009（1964）：246.

② 利科．阅读 2：哲学家的领土．巴黎：瑟伊出版社，1992：384.

的去个性化？这岂不造成了列维－斯特劳斯的“象征功能”[①]与利科的“想象的禀赋”之分吗？

确定象征性的地位和分量意味着关注主体性与客观性的真正的联结点。我们会问：人文科学，尤其是人类学的经验描写，如何进入哲学对话？结构主义的理解专注于象征手段的形式逻辑的规律，那么有关自身和文化的解释学智慧如何能够既给它留出位置，又不会因此而被削弱，反而得到加强？对于任何一个想弄懂存在、众生和自我的人
106 来说，向结构主义学习意味着什么？回答这些问题需要这样假设：利科坚持要给予结构人类学恰如其分的认知底线——它给我们上的是一堂方法论方面的课（结构主义科学），但不是一堂哲学课（结构主义哲学）。这就关系到如何把系统分类学的非历史的要求纳入历史的潮流或者过程。

从“依照过程而非系统、构建而非结构的思路去思考”[②]的观点来看，象征性被赋予的地位便成了被认为是辩证的主客观之间的战略节点。结构主义科学所展示的象征功能是一个时刻，能够清晰展示文化的和主体的想象力的有规则可循的诸多用途，因为赋予了它们某种规定性和客观逻辑。至于有关个人和集体的身份认同的解释学，则有助于为客观结构的稳定性提供一片主观创新的视野。可是，辩证地看待结构和历史的前提是认清一个最低限度的自我，即一个处于前台的

① “象征大概是人类所特有的一个功能，然而在任何人那里的运作都依循同样的法则；它实际上可以追溯到所有这些法则。”（列维－斯特劳斯．结构人类学．巴黎：普隆书局，1974：224.）关于这些想法的阐发，参见布鲁诺·卡尔桑蒂的《完人：马塞尔·毛斯的社会学、人类学和哲学》（巴黎：法国高校出版社，1997：271 等）等。

② 利科．结构、词语、事件//解释的冲突：解释学论文集．巴黎：瑟伊出版社，1969：95.

预结构[1]，一个能够收纳它的地方，从而避免混淆先验性和经验性。这是一个在其历史时间内学会破译自我的我思，一个想象中的我思，夹在经验性和其他有关自身形象的愿景 / 目标之间。这样看问题是要跟对于象征性的朴素观念和逻辑上的无意识保持同样的距离。在这个意义上，叩问“使用象征的动物”（语出恩斯特 · 卡西尔）的性质之时，发生了利科和列维 – 斯特劳斯之争，同时也使其他有关象征性的观点产生交集：鲁道夫 · 布尔特曼与去神话、谢林与神话意识的真相、汉斯 · 尤纳斯的宗教现象学，以及作为象征性的一种形式的神话（语出恩斯特 · 卡西尔）[2]。

对于自身的和文化的解释学来说，结构主义方法是一根可贵的杠
杆，可以用来摆脱有关象征性的疲软观念，同时又是一个为了理解自 107
身和世界而必须跨越的阶段。

先看杠杆。它要求承认人的世界是象征的世界。较之“代现”（représentation）一词，“象征”（symbole）一词的优越之处是，把哲学和人学在艺术、礼仪、宗教、风俗、语言等方面拥有的丰富经验联系起来。此处“象征”既非单纯的数学符号，也不是含义丰富滋蔓的深奥莫测的象征，它位于卡西尔所说的象征形式或者“心灵的组织准则”[3]当中。在卡西尔从康德获得启发的哲学里，这意味着从属于一种构建的和提供意义的意识，但这对于列维 – 斯特劳斯的计划来说已属

① 利科 . 解释学和结构主义 // 解释的冲突：解释学论文集 . 巴黎：瑟伊出版社，1969：95.

② 关于这一点，参见：格列士 . 神话的解释现象学 // 意义的巡游 . 格勒诺布尔：杰罗姆米隆书局，2001：112-123.

③ 卡西尔 . 象征形式的哲学：卷 1. 法译本 . 巴黎：子夜出版社，1972（1925）：20.

多余。

这两位作者运用“象征”一词的方式不同，但是这个字眼显示二人至少在两点上趋同。一是他们都保留了象征的朴素性，即认为一切都是象征。二是二人均与一种只信奉外部现象的急性子的实证主义保持距离（例如对于象征的生物学解释：以卫生保健为由解释乱伦禁忌。又如文化主义用有待解决的具体利益来解释象征性）。承认象征性重要，即有办法理解人类何以致力于理解和误解之得失，何以用符号的符号进行交流[①]。因此，紧随马塞尔·毛斯，列维－斯特劳斯后来
108 说：“任何文化都可以被看成由象征系统组成的整体，其中处于首位的是语言、婚姻规则、经济关系、艺术、科学、宗教。”广义的象征主义是按照一个逻辑系统设想的：社会性属于一种社会逻辑：“人类用象征和符号进行交流。人类学是人与人的对话，它认为一切都是象征和符号，作为两个主体之间的媒介。”[②]利科则写道：“如果不承认社会生活拥有象征结构，就没法理解我们如何生活、行事和把这些活动投射为观念，也就没法知道现实何以变成观念，或者说现实生活何以会制造幻觉；它们就只会是一些神秘莫辨的事件。”[③]

在这个初步的层次上，结构主义和解释学相辅相成。象征的作用是表明自然和文化如何结合，因为它模糊了给定物和建构物的界限。说社会性是象征性所致，即是认为人类世界之所以成为世界，正是由

① “物理科学和自然科学致力于事物的象征，人文科学则致力于本身已经是象征的事物的象征。”［列维－斯特劳斯．裸人．巴黎：普隆书局，2009（1971）：574.］

② 列维－斯特劳斯．马塞尔·毛斯著作导言 // 毛斯．社会学和人类学．巴黎：法国高校出版社，1950：XIX.

③ 利科．观念形态与乌托邦．巴黎：瑟伊出版社，1997：25.

于象征性接替生物性所起到的构成或建构的作用。

作为诠释的杠杆，结构主义的理解要求我们必须摆脱被误解的象征性，即一种浮动不居的表现。这样看问题，在顺从含糊的（譬喻）或者教条的（例如花卉语言的“象征性”）工具性用法和解释学的善意之间，我们就能够权衡取舍。的确，结构主义的教益在于表明象征活动并非无规律可循，想象力的活动靠象征的逻辑获得调节。在这个意义上，象征主义是一部逻辑装置，为一种人类机制铺路。那将是一个无意识的系统……“归结于一个用来称呼功能的词组——象征的功能，一个大概是人类特有的功能，不过它在任何人那里的运行都遵循同样 109
的法则；实际上，它可以归结于所有这些法则”[①]。

继毛斯之后，列维－斯特劳斯和利科提出，不是社会性造成象征性，而是象征性造成社会性。这么说也许有形式主义之嫌，然而这个方案主要为了说明象征有其系统性，以防随意诠释，并且肯定象征的表现力可以扩大（宝石图集、动物寓言图集、要素）。在利科看来，这个观点开启了一个观念，即文化想象力是有规律的。然而重要的是其中可见一项可知性（intelligibilité）研究，旨在说明社会现实的内在一致性，办法是揭示分类的原理、对立的作用（区别性差异）和桥接不同世界的翻译的原理（亲属制度、语言和音乐的同源性，婚姻规则和食品禁忌的同源性）——这一切都从运行方面把人类世界统一起来。我们将看到，吉尔拜・杜朗将怎样从这个想法里汲取教益，以致力于

① 列维－斯特劳斯．马塞尔・毛斯著作导言 // 毛斯．社会学和人类学．巴黎：法国高校出版社，1950：XXXI.

揭示“想象域的人类学结构”。

因此，作为一根杠杆，结构主义方法提醒我们，象征的表现力（家族、神话、音乐）能够把情感搅动至极致，然而如果不把赋予这些现实以结构和形式的逻辑要素展现出来，就无从索解。要阐明象征的表现力和创造性，不仅不能满足于看到和赞叹其动人或迷人之处，还得琢磨这是如何做到的，运用了哪些逻辑手段。简而言之，结构主义方法的力度在于通过关注人类世界如何成为系统，提供了使之易于理解的手段。因此，如何把结构主义智慧和解释学智慧衔接起来，而无须折中调和，才是困难所在。

110 无论是作为一个阶段还是一种媒介，如果不追究行为者如何接受和解读不同的结构代码，就可以把结构主义方法设想为一种半截子解释学。可是，利科的解释学主要与接受而非生产相关，他是在这个框架内研究这一过渡的。利科划定的前沿既能够作为象征性的地位的过渡，也把他跟列维－斯特劳斯区分开了。

两人都通过研究语言状况来分析象征性，但是在区别符号学和语义学的方式上却有所不同。列维－斯特劳斯从代码即有关意义稳定的符号的理论入手，寻找语言背后的语言行为；利科则从文化表达和数字方面设想象征性，在语言里寻找言语（活的隐喻中的语义创造），也寻找语言社群（作为世界观或环境观的语言）。

两人都十分关切说明象征性的重要性，然而列维－斯特劳斯把象征性设想为无意识结构，利科则研究意识复苏下的象征性。的确，两人都肯定象征性需要解释，然而前者重逻辑，后者重时间顺序。列维－斯特劳斯认为，将其充实的无名无时间的结构一经阐明[1]，解释就应当止步；利科则把象征性与行为者的历史和一个参照的维度联系起来[2]，进而重申，象征的表现力有上游（模糊的或表达不充分的人类期 111
待）和属于接受解释学的下游之分（意思是在某一文化的重要的象征表达方式里互相理解，如艺术、宗教、餐饮规矩或亲属关系的规则等？）。

最后一个重要特点是，两人都谈象征性，可是列维－斯特劳斯从外部把握，把象征性当成一个无名无姓的逻辑－数学结构，其差异、对立和层次厚度都能够得到显示，而利科则使之指向一种内在性，一个想象中的主体。这位现象学家认为它是一个"象征背景"[3]，构成一组理论和实践意义上的前期理解，人类在这个象征背景当中，并通过它，做到相互理解。这个象征背景把个别人的历史与独特的象征传统（神灵显现，物质想象和要素的作用，梦幻症和诗性）连接起来。对于传统的概念，此处应当从其存在主义的维度去理解，它是把个人和集体的时间统合起来的传统性的一个成分。

总之，可以认为，同是研究象征性，列维－斯特劳斯从分类入手，利科则从叙事入手。大凡后者用叙事展开的，前者均用图示。下

---

[1] "我们总是看到一种双重对立：二元／三元，不对称／对称，基于对等性／等级的社会机制。"［列维－斯特劳斯．忧郁的热带．巴黎：UGE出版社，1965（1955）：168.］

[2] "承认文本中止了对于口头对话者所经历的情境的直接参照，这并不意味着文本完全没有参照。……结构主义正是在参照的平面上是简约的，因为凡是文本都以某种方式言说一个'世界'。……文本所言说的世界是一个象征的世界，为我们开启了'存在于世界'的新的维度。我们正是这样加入我们自己眼下的情境中的。对于文本的解释分析可以为我们提供更好地了解自己的方法。"（托马塞．保罗·利科：道德诗学．鲁汶：鲁汶大学出版社，1996：118.）

[3] 利科．结构和解释学//解释的冲突：解释学论文集．巴黎：瑟伊出版社，1969：58.

表概括了这种对立：

	范式	方法	时间关系	指向	展示方式
列维－斯特劳斯	语言学	解码	逻辑结构	外在性	分类：建档
利科	历史学	破译	时间结构	内在性	叙事：书籍

112 因此，在身份认同的解释学看来，结构分析成为理解活动的一个时刻，一个客观化的时刻，但不是完事大吉的时刻。知识的结构主义时刻并没有穷尽包含它的识别和自我破译的全过程。且举两例：一个是家庭和身份认同的解释学，一个是音乐和自身解释学。先看家庭。亲属关系的基本结构有一个有关人类建制的象征功能，属于人类学家能够严谨描述的无名而独立的运转情形的一部分。这就使我们对于所谓行为者的自由有比较清醒的了解。对于决定着行为者的原因（此处即联姻和亲属关系的结构所扮演的结构性角色），这种自由往往全无所知。但是，人们能够在主观上，从个人或集体的角度获取这种知识，以便“学会了解自己和认可自己的家庭”。不过，知识的这种功用，个人或集体为了“学会认识自我和认可自己的家庭”，主观上可以利用。因此，毫不令人惊讶，利科的最后一本著作《承认的历程》回到了人类学的教益——他说的当然不是列维－斯特劳斯，而是弗朗索瓦兹·艾利梯叶，后者提出的解释学不妨叫作家庭解释学，这个家庭既不是生物学意义上的，也不是文化主义的。

的确，如果说“我们在家庭里的存在结构是从三个不变量获得的”（生于一男一女之结合的存在，兄弟姐妹当中的存在，在后者不可逾越的排行当中的地位），那么，对于家庭来说，个人和集体相遇带来的挑战之一正是学会“在血统里认识自己”[1]。在解释学的漫长道路上，结构成为引领我们进入保持清醒的课堂的居间者，经由结构的客体化是重新据有自我的条件。于是，“人文科学实行的自然主义有了动机并被证实”[2]。

第二个例子，思路相同，我们要问的是结构主义方法对于音乐 113
的意义。这是因为应当指出，无论是亲属关系，还是社会的或审美的情感，列维－斯特劳斯总是强调情与理的对立。因此，结构主义方法注重作品里的可以对象化的形式关系，符号学则通过比较神话、音乐和列维－斯特劳斯的语言，在音乐里发现属于情感和不可压缩的感受的部分，无论时代或者文化如何。然而，这个部分必须有其道理，“音乐语言既可以理解又无法翻译，这就使音乐本身成为人学的最大奥秘，是人学遇上的一道坎，同时也是取得进步的一把钥匙”[3]。《神话学》。结尾有一段献给莫里斯·拉维尔的话便基于一种强烈的直觉。音乐既讲述故事，也是解决生存问题的象征手段。“叙事诱导”(induction narrative)[4]的概念表明的正是这一点，而且把结构与自身解释学连接起来。列维－斯特劳斯的阐发或许不够充分，可是我们注意到，音乐即使不总是抚慰人心，也能够诱发叙事，因为音乐创造及其结构能够调动听众的想象。因循同一思路，《野性的思维》也是这个

① 利科．承认的历程：三项研究．巴黎：斯道克书局，2004：280-281.

② 利科．现象学学派．巴黎：弗兰书局，1986：219.

③ 列维－斯特劳斯．生食和熟食．巴黎：普隆书局，1964：26.

④ 纳梯叶．音乐家列维－斯特劳斯：论同质诱惑．阿尔勒：南方行动出版社，2008：212.

看法[①]：音乐是人类生存状况的微缩版，因而能够作用于我们。赋格曲是神话的对应物，是我们与周围世界的关系的微缩版。赋格曲表现出与寻求、追索、重逢等重大生命时刻的相似性，向寻找内心深处的自我的听众诉说。这种运动自有一套特有的技术，来源于原始素材——固定不变的地点、无时间性和本原性——从中引出全面展开，直到在尾声部分

114 密接合应（strette）。事实上，除了主题与答题的对立之外，一支赋格曲就在它的本质当中，在展开和漫长遁行的末尾。这是最终归于和解的音乐，与自己和解的音乐；是一个终于得到休息，取消了时间的时刻。

结构人类学和哲学解释学面对恶的挑战：无望还是期待

围绕着现实的、伦理的和政治的问题，而不是声色俱厉地辩驳的玄学问题，这两种思想显示出更多的分歧。意义与荒谬、存在与虚无等问题都不再被抽象地设想（神义论），而是就事论事。我们想到利科的轨迹，他从伦理反思方面一直在思考如何体验人与人之间的邪恶，以及从有罪之人到能者的道德接替。我们还想到，虽然列维－斯特劳斯对伦理学保持缄默，但是他对殖民主义暴行的清醒看法，加上他在《种族和历史》里所采取的政治和法律立场，为人类学[②]方法敞

① 列维－斯特劳斯．野性的思维．"七星文库"版．巴黎：伽利玛出版社，2008：585-587.

② "人类学是暴力时代的儿女；如果她能够让自己比从前更客观地看待人类现象，那么她就应该把这种认识论优势归功于人类的某一状态，即作为一个客体对待对方的权利。"［列维－斯特劳斯．结构人类学Ⅱ．袖珍本．巴黎：普隆书局，1996（1973）：69.］

开了大门。我们怎么会看不到《忧郁的热带》的最后一段话把一只猫的生态交换跟摧毁文化和其他生命的人类的愤怒对立起来？这就如同变成受辱的我思（cogito humilié）的活动，也许像看不见的毛细血管一般，把人类与其他生命统一起来[①]，有一些再发现。拿这个生命共同 115
体当参照是不是一副对折版的一个页面，而另一个页面只剩下《神话学》全书的最后一个词“乌有”呢？如果这是指遭外人摧毁的社会和文化，从而给发端于启蒙时期的世界主义理想画下句号，那么难道它不会造成以人类为中心的世界主义观念远离，从而有利于像斯多葛派或者佛教那样，把优先地位赋予一种把宇宙看成地面加基座的世界主义吗？我们觉得，从根本上讲，正是在面对恶的挑战这一点上，利科与列维－斯特劳斯保持着距离。

心理学解释——即列维－斯特劳斯此时的悲观态度——强加了一个过于简单化的特点，与之相比，得失问题（l’enjeu）在这里更为重要。这不是指天性悲观或乐观，即使像利科通过有关非自愿的思考所教导我们的那样，天性或性格可能是生存中的一种机会，可以体会对于有限性的感伤：赞同或难以赞同这一限制和这种算在性格账上的偏颇态度[②]。悲观或乐观的心理学含义姑且不论，另外还有一个问题：如何适应绝望或期望中的时间。这两个字眼非常沉重，两位作者用起来

① 列维－斯特劳斯经常批评“使我们成为大自然的主宰和拥有者”的笛卡儿的计划，因为它授权或者听凭人们认为，文化可以独立于周围的环境被思考。这使他得以在一篇向议员们宣讲的题为“关于自由的思考”的文章里写道：“人类的权利止于其行使威胁到另一物种之存在的那一刻。……环境的权利人们谈论得如此之多，它是一种环境针对人类的权利，而不是人类针对环境的权利。”（列维－斯特劳斯．遥远的目光．巴黎：普隆书局，1983：374-375.）

② 利科．意志哲学：卷 1. 巴黎：欧比叶出版社，1960：420.

都很谨慎。的确，绝望（或悲观）和期望并非这两位思想家的核心概念，没有被作为一个论题。但是，看起来可以说，列维－斯特劳斯的人类学通往一个“无希望”的借喻，利科的人类学则不妨被称为依据期望的人类学。在这方面，我们可以把列维－斯特劳斯最出名的著作
116 《忧郁的热带》的书名当作一个标志，应当理解忧郁和无希望的深刻实质①，因为时光已经穷尽了一切可能的组合，什么都无法阻止无序压倒有序。根据热力学第二定律，宇宙将无可挽回地陷入混乱。《忧郁的热带》一书的末尾谈到这条定律时，列维－斯特劳斯写道：“学科名称本来不必是人类学，而应该叫熵学，即专门探索这一解体过程的最高表现的学问。”②因此，凯瑟琳·克莱芒的一部著作方能名为《列维－斯特劳斯：结构与厄运》③。因此，面对恶，斯多葛主义的冥想智慧被列维－斯特劳斯拿来跟犹太－基督教有关救赎的说法对比。他认为前者是西方唯一能够与佛教比肩的哲学④，并且声言，文明没法拯救，只能拯救个人。他最后还把无希望跟救世神学和启蒙时代的惬意的希望对举⑤。

对此，利科阐述了一种依据期望的哲学，这是就一种散漫的意向性而言的，其参照是加布里埃尔·马塞尔的有关期望的形而上学观念。正如利科喜欢说的那样，所谓期望，是一种“经历过泪水的乐观主义”，是被克服了的绝望：“应该有勇气把恶归入期望的非凡经历当

① 可参阅斯宾诺莎关于悲伤的说法。

② 列维－斯特劳斯．忧郁的热带．巴黎：普隆书局，1955：496.

③ 克莱芒．列维－斯特劳斯：结构与厄运．巴黎：塞盖斯出版社，1974.

④ 列维－斯特劳斯，埃里蓬．近观与远眺．巴黎：瑟伊出版社，1990（1988）：226.

⑤ 斯道考夫斯基．救赎人类学：列维－斯特劳斯看世界．巴黎：艾尔曼书局，2008.

中。”[1]因此，谈论期望并非否认恶的存在，而是尽管存在极大的恶，哲理仍然得探讨。由此可见，一个依据期望的哲学家运用的不是意志的清晰本相，而是历史上意志的具体状态及其对恶的混乱呈现。“依据”（selon）一词之所以对于避免因忽视人类[2]痛苦而导致的羞辱和蔑
视十分重要，原因就在于此。以期望为参照的做法——夹在哲学和神 117
学之间——与其说是一个概念，不如说是一个有关可知性的方案，它在哲学上重新组织起一个不同于马克思主义式的希望的基督教主题。期望居于一个边界地带，或者用更好的说法，在怀疑和教条之间，在“斯多葛式的应允”和“俄耳甫斯式的应允”之间，在张扬的历史哲学和放纵荒诞之间，在有关极限的哲学和系统的哲学之间。它冲决过于狭隘的观点，开辟出一个期待的视界。在这一点上，我们再次看到了象征性和想象的重要性。的确，期望体现着诗性的冲决和朝着可能性开放的想象力，用无望封闭对于恶的执拗冥想。利科想到了康德用第一人称提出的问题：“我可以希望什么？”认为这正是一个从主体哲学出发提出的问题，但不仅是从负责自身行为的主体——道德主体——出发，而且是从叩问自己最初所愿的主体出发，叩问自己所愿的隐晦的来源和最初的期待，以及重新生成自由的可能性。可是，期望的实质在于提出，必须想象更多的可能性，才能更好地期望，也就是说，不可被既往的记忆压垮，但又不能忽视它。

有关恶的伦理和政治问题，列维－斯特劳斯和利科都一直在思

① 利科．解释的冲突：解释学论文集．巴黎：瑟伊出版社，1969：429.

② 利科．依据期望的自由 // 解释的冲突：解释学论文集．巴黎：瑟伊出版社，1969：393-415.

考，二人捍卫的却是两种迥然有别的人类学路向。列维－斯特劳斯捍卫的是无希望的人类学，或者说，是关于已经犯过错的人类学——无希望可寄托的客观历史的巨大灾难：《忧郁的热带》嘛！利科则捍卫有所期望的人类学，或者说，一种明知可能犯错，但不预先判定可能
118 有另一条时间出路的人类学：“人即在可悲的有限中认同的欣悦。”[①]换言之，犯过错的人类学位于下游，在有效性的平面上，这一点已经为民族学调查所揭示，为有关世界上出现过和仍在出现的各种支配性关系的热动力学或历史学所揭示。历史学家在时间中发现的东西，民族学家在空间中看到了：人类似乎已经尝试过一切针对他者和其他生物的暴力。可以说，利科的关于容易犯错的人类的学说位于上游，在开放的时间可能性的平面上。因此，在利科的有关能者的哲学框架内，禀赋作为一种实际可能，他赋予它的角色无疑是决定性的。这种禀赋——但不是这种功能——敢于维持一个开放的时间［即乌托邦的永恒（hors-temps），或“尽管可怕”，“纵然存在邪恶”，仍然有所行动］，因为它了解而不否认有限的此在性。这种禀赋造就了一种没有为人性最终导致的对人类的绝望所压垮的责任，与责任过重类似。在这个意义上，期望的本意包含着一层“尽管”“还有多少”和“以便”的含义。“尽管”有邪恶存在，我仍抱希望；在邪恶大量存在的情况下，我仍然希望最初的创意能够“无处不在”；这样一种“我希望”并非终结于一通冥想，而是谋划行动，“以便实现正义”。

想象力勇于支持理性的期望，它告诉我们，可以继续期望。期望

① 利科．意志哲学：卷 2 有限性和内疚．巴黎：欧比叶出版社，1960：156.

可以使我们的历史情境和创意产生互动，从而使理想和历史具有辩证的形式。因此，这种态度既不是遁入沉思，也不是自闭于历史及其磨难，而是体验理想和历史的张力。这样就能勉力重新诠释我们的历史经历。让我们更坚定地期待吧，以使我们对全球文明的观察不那么故步自封。当利科说“期望必然启动体系欲封闭之物”[①]的时候，他或许更多地想到黑格尔，而不是列维－斯特劳斯。

① 利科．解释的冲突：解释学论文集．巴黎：瑟伊出版社，1969：486.

119

从列维－斯特劳斯的“神话学”到吉尔拜·杜朗的“神话方法学”①

让－雅克·乌南伯格

（让－穆兰大学－里昂三大，里昂市哲学研究所）

① 神话方法学一词的原文 mythodologie 是吉尔拜·杜朗创造的，指研究神话的方法和功能的学问。——译者注

第二部分　结构主义与解释学：象征系统、无意识和主体性

比较社会人类学一度面临双重问题，一是文化差异，二是整个人类特有的一些不变量。比较社会人类学在方法上兼顾特殊与普遍、相异与相似，也涉及想象域，也就是把叙事和虚构、宗教信仰、历史记忆和乌托邦熔为一炉的一整套象征性表达。与之相伴，还有首先是宗教崇拜的或者艺术的物质表现（也包括科技和政治等方面的物质表现）。神话叙事连同其仪典和制度，提供了一个观察与释读的领域，以验证是否可以对人民所创作、讲述或者用图像描绘出来的无限多样的故事，甚至是至少在文化时空里循环往复的若干模型加以分类。以克洛德·列维-斯特劳斯的结构主义神话研究为基础的“强”版本是20世纪下半叶的突出标志，对于探索集体想象域 *120*
的解释学来说，神话元素成了一个绕不过去的节点。吉尔拜·杜朗则从1960年开始，首创了一套纯粹的方法，叫作“形象结构主义”（structuralisme figuratif），它既有佐证列维-斯特劳斯派结构主义范式的能力，又由于使用了新的工具和程式而与之有别。与所谓“格勒

诺布尔学派”的发展相联系的“杜朗主义”因而成为列维－斯特劳斯的工作的一面镜子，并且在某些方面有所突破。一门深度人类学于是出现。它在浅层形式之下发掘出了一个具有原型意义的维度，渐近于一切形式主义，因而跟解释学方法更接近。在那个时期，保罗·利科是法国的解释学巨擘。利科对有关象征性的解释学有特殊贡献，他更多地从历史主义和《圣经》得到启发，可是不怎么关注维度的普遍性。在20世纪下半叶的神话研究中，利科开辟了第三个解释学议题。

结构主义之争和第三条道路

吉尔拜·杜朗生于1921年，获得过法国中学和大学哲学教师资格，1947年至1956年做过哲学教员，后在尚贝里和格勒诺布尔成为社会学和文化人类学教授。1960年他发表了国家博士论文《想象域的人类学结构》，时逢结构主义范式在人文和社会科学中盛行。列维－斯特劳斯则从1949年出版有关南比亚克瓦拉人的亲属关系的第一本书开始，随后是1955年的《结构人类学》和1962年的《野性的思维》。由于其计划和设想的涵盖幅度，他开始一步步地发挥重大影响。此后不久，杜朗从一个偏远之地加入了结构主义和解释学在
121 《精神》杂志上爆发的争论[①]。1965年，他在阿斯考纳的埃拉诺斯基金

① 以“《野性的思维》与结构主义”为主题的《精神》1963年11月第11期，刊登了保罗·利科的文章《结构和解释学》；该杂志1967年5月第5期的主题是“结构主义、观念形态与方法”，再次刊登了保罗·利科的文章。

会年会[①]上宣读了题为“结构和形象：为形象结构主义而作”[②]的论文。这篇重要论文的主要内容，今日我们仍然可以还原。

在阿斯考纳的埃拉诺斯基金会年会的交锋中，杜朗以一种概论的方式开辟了第三条意义深远的道路。第一条道路是列维－斯特劳斯的北美神话研究的形式主义，杜朗认为方法论缺失；第二条道路是利科的意义解释学[③]，源于《圣经》叙事研究。在二者之间，杜朗保持了同等距离。因此，他是社会学家罗杰·巴斯蒂德的分析思路的直接继承者[④]。巴斯蒂德使核心争议“围绕着两种对立的对于结构的理解：一个根据一个模型去理解结构，即一个用隐性而抽象的等级和关系构成的系统；另一个相反，注重具体的关系，甚至是这些关系的变换情形，结构因而很像一个典型品类或一个重大的症候群”[⑤]。杜朗对结构采取了更具体的第二种理解，即淡化结构的参指物，使之摆脱过于依赖语言学和组合规律的形式主义做法，放入同样注重语义内容的解释学维度，但是不保留解释学里导致重经验史实而轻超验性的内容，因为他认为后者是人类想象力的基础。

---

① 自 1933 年始，西欧的埃拉诺斯基金会（Fondation Eranos）几乎每年在瑞士南部的阿斯考纳村（Ascona）举办偏重哲学和神学的学术研讨会。与会者包括当年的卡尔·古斯塔夫·荣格、鲁道夫·奥托、米尔恰·伊利亚德、鲁道夫·布尔特曼等著名学者。有兴趣了解更多的读者可访问该基金会的网站：http：//www.eranosfoundation.org/history.htm。——译者注

② 杜朗 . 结构和形象：为形象结构主义而作 // 虎纹灵魂 . 巴黎：德诺埃－贡梯叶书局，1980：117 等 .

③ 参见《质量和剧本：从温尼巴戈人到维克多雨果》（1964 年）、《结构和形象：为形象结构主义而作》（1965 年），后收入《虎纹灵魂》（巴黎：德诺埃－贡梯叶书局，1980）。

④ 巴斯蒂德 .“结构”一词在人文和社会科学里的含义和用法 . 巴黎－海牙：穆桐书局，1962.

⑤ 杜朗 . 虎纹灵魂 . 巴黎：德诺埃－贡梯叶书局，1980：119.

122 杜朗对形式结构主义的批评

杜朗认为，在神话研究方面，把结构区别于形式是列维－斯特劳斯的功绩："我们和列维－斯特劳斯都认为，'结构'一词只要说得清楚，就能够补足'形式'的概念。形式要么被设想为本质的残留，要么是通过归纳产生的固定不变的符号学抽象，它可以用某种停止、某种忠实性、某种静止态来界定；结构则与某种诱发转变的活力相关。"[①]的确，形式"是机械的或统计意义的几何抽象，不那么重要，它把所使用的要素化为一种匀质的风格——通常是数学公式、函数、地形学程式；与之相反，结构是一组异质的要素，仅通过经验而合为一个恒常值"[②]。然而，矛盾的是，杜朗采纳了结构的概念，而不是形式的概念，因为结构能够顾及自洽性和来源于经验的趋同现象。可是，在列维－斯特劳斯那里，数学维度上的结构更接近杜朗所说的"形式"[③]。杜朗对超验主义做了重新评估，宣称不满意列维－斯特劳斯的结构的空洞形式。他把观念层次的形象和原型与之对立起来，其根据是生物学和生命主义重于逻辑和数学的一个语义学和观念的传统，特别是延续了德国形式论思想的遗产。这个传统可以从卡尔·古斯塔夫·荣格上溯到约翰·沃尔夫冈·冯·歌德，乃至中兴的新柏拉图主义[④]：

① 杜朗．想象域的人类学结构．巴黎：博达斯书局，1969：65.

② 杜朗．虎纹灵魂．巴黎：德诺埃－贡梯叶书局，1980：78. 杜朗举了紫色为例。

③ 可留意代数式翻译法，以及吉尔拜·杜朗后来对超验主义的再评价。

④ 这个认识论的谱系在《人学和传统：人类学新思路》（巴黎：斯哈克出版社，1975）一书里得到申述。另可参见：乌南伯格．关于一场认识论的颠覆 // 马费索利．想象域的银河系：吉尔拜·杜朗著作的余波．巴黎：伯格国际书局，1980.

> 正如C.克瑞伊指出的，原型仅在某一特定的植物上出现，例 123
> 如歌德著名的植物原型（Urplfanze）。因此，任何表意结构都是“具象的”。原型不是一些抽象的和静止的形式，而是一些动态的构形机制，一些很特别的“空心”（或“模子”），必然通过周围环境即“生态巢”实现和充实——这两个动作能够很好地移译德语Erfüllung一词。“大图景”或“原型图景”于是出现，起因既有无法避免的宇宙环境……也有绕不开的社会－家庭的“出身”。[①]

换句话说，把形态赋予叙事和象征性内容的东西等同于一个意义模型，这个意义模型本身具有产生心理能量的能力——依然是在巴什拉所说的个人想象和一般梦境的原始图形的意义上[②]。而且，按照杜朗的看法，在更普遍的规制下，由于一个“戏剧性”的概念的作用，这两个嵌接的大结构会发生交错，将另外两个神话要素纳入一个辩证循环当中[③]。因此，在《结构人类学》里，列维－斯特劳斯才会正确地阐明空间分布在社会中的基本结构。但是，按照杜朗的看法，列维－斯特劳斯所区分的虽然对立却是同心的二元性，作为空间结构和社会结
构的组织者，因被视为一个社会的神话历史上的“时刻”之一——即 124

① 杜朗．原型学的方法：从神话批评到神话分析//绍万．想象域的领域：吉尔拜·杜朗．格勒诺布尔：艾吕格出版社，1996：140.

② 按照巴什拉的说法，原始图形植根于一个无意识的心理基底，其中包含原型。

③ 杜朗．想象域的人类学结构．巴黎：博达斯书局，1969. 参见第506页的结构图和实验心理学家伊夫·杜朗的评论。后者遗憾于吉尔拜·杜朗未能在保留象征支点的同时，更明确地阐发一种系统的思想。参见：杜朗．AT9：一门研究想象域的技术．2版．巴黎：阿尔玛当书局，2005.

某种经历一段分离后得以统一的神秘过程[①]——而越发显得重要。由此可见，“在平衡态下的人类社会里，在任何具体的填充物出现之前，可以说，无论是以对立统一（coincidentia oppositorum）为特征的戏剧性结构，还是对立各方的辩证的和话语的系统化，甚至那种把逐渐取代各个对立却同心的要素‘付诸历史’，化为渐进的叙事的倾向，都在‘空转’”[②]。最后，由于偏重索绪尔语言学的逻辑，列维－斯特劳斯仍然自相矛盾地依附于某种种族中心主义，利科对此表达的担心并非全无理由[③]。

保罗·利科的解释学：贡献与局限

纵观当代思想界，除了经过证实的以及臆想的20世纪60年代的相近之处以外，杜朗其实也跟利科一样，选取神话叙事为第一位的[他称之为“神话训喻”（sermo mythicus）]和叙事的实用维度的影响。列维－斯特劳斯则侧重于语言活动，进一步推出了活的话语本身，这使他得以对存录下来的神话版本做出分类，然而不利于解说口传的、吟唱的或有图像的现存叙事。

从1965年起，杜朗便赞同利科的批评（1963年发表在《精神》杂志上）：“（列维－斯特劳斯的）结构主义解释立足于：（1）一个无

① 杜朗．虎纹灵魂．巴黎：德诺埃－贡梯叶书局，1980：82等．

② 同①85.

③ 杜朗．原型学的方法：从神话批评到神话分析//绍万．想象域的领域：吉尔拜·杜朗．格勒诺布尔：艾吕格出版社，1996：137.

意识系统；（2）由差异和对立（区别性差异）构成；（3）独立于观察者本人。”并且认为这样做会导致重句法而轻语义[1]。这个定性依据的是无意识的“空洞性”，是列维－斯特劳斯本人在《结构人类学》里承认的[2]。杜朗认为这跟中世纪的唯名论传统（纪尧姆·德·尚博或者罗斯兰）一脉相承。由于“关切形式的纯净化”，这个传统必然走向（或者像列维－斯特劳斯那样赞同）将“语言学模式绝对化”的唯名论。 125

跟列维－斯特劳斯相反，利科表明的解释学方法理由充分，它包括“（1）重提意识（而非源于无意识系统）；（2）复因决定的象征性背景（不单单辨识差异）；（3）解释者位于一个与其理解一致的语义场，并由此进入解释圈（而非独立于观察者）”[3]。不过，杜朗感到遗憾的是利科“解读有误！特别是对布尔特曼的解读”[4]，其结果是象征解释学依附于去除《圣经》的神话成分的德国神学的路向，这种新教解释学最终导致极为重视“犹太基督教历史”所说的有关救世的历史的《圣经》思想[5]。这种思想需要把宗教事件从神话因素中解脱出来，从而为一门有关考古和拯救事件的史实的学问敞开大门。这样，利科就削弱了有关救世主降临的末世论的维度（想象和神话意识中的，并非就历史性而言），这是一个先于和独立于客观历史事件的维度：

① 杜朗 . 虎纹灵魂 . 巴黎：德诺埃－贡梯叶书局，1980：121.

② 列维－斯特劳斯 . 结构人类学 . 巴黎：普隆书局，1959：224.

③ 保罗·利科的原话，转引自 1963 年的《精神》杂志，后收入《虎纹灵魂》（巴黎：德诺埃－贡梯叶书局，1980：124）。

④ 同① 123.

⑤ 同① 125. 就犹太基督教神话的历史决定论的特点而言，杜朗与米尔恰·伊利亚德是一致的。

> 126 关于注重形式的结构主义的空洞性，利科重视以两种存在方式充实的历史性：一种是事件的历时展开；针对不可逆时间，事件靠个人或文化意识互相连接；另一种是解释学展开，利用起完善作用的冗余重获意义。恰如黑格尔所说，只有历史才能揭示生存的迫切性及其“内容机制”。[①]

于是，杜朗与米尔恰·伊利亚德，特别是亨利·高尔班有关想象界（l'imaginal）的玄学论点取得了一致。高尔班认为：“解释学上从来不存在创始性‘事件’（événement），只有改良式的来临。”[②]这使他对《圣经》的宗教解释学的批评十分接近一种否认耶稣真身的异端立场，即认为，以形象出现的东西根本无须体现在实证历史当中，它们只是“想象界”的视觉而已。杜朗于是认为，应当感谢列维－斯特劳斯支持有关冗余的非历史决定论。他说：“列维－斯特劳斯清楚地看到，冗余是神话的基本特征，它保证了共时性——我们不妨追加一个福音传道——以反制历时的宿命的威胁，反制生物的和宇宙的时间的盲目时序。”[③]因此，与利科相反，杜朗寻求摆脱犹太基督教的神话学，克服把历史也就是历史学科变成人类学知识的载体的习性。历史决定论总是导致高估历史，塞入西方的新种族中心主义[④]，把自用的特殊范畴延伸到运用象征的整个人类（homo symbolicus）。

① 杜朗．虎纹灵魂．巴黎：德诺埃－贡梯叶书局，1980：127.

② 同① 128. 关于亨利·高尔班的学说，可参见：詹贝．东方人的逻辑：亨利·高尔班与形式科学．巴黎：瑟伊出版社，1983.

③ 同① 130.

④ 同① 132-133.

总之，与历史的首要地位相悖，我们可以赞成列维-斯特劳斯提出的普遍的“共时性”及其附带的分类方法。因此，作为一个界分各 127
类结构的全面的指导系统，结构主义确实有价值。但是，利科说得很对，如果不用意义加以充实，没有这种把语义场建立起来的间接的意义馈予，分析工作将徒劳无益，因为辨识同源性结构必须以语义场为根据。杜朗的结构主义于是修正为形象结构主义（意味着必有一个表意的形象），但是通过象征手段，它照旧是诺斯替教派的和末世主义的，而且在超验层面上有所变化。

> 既然反对列维-斯特劳斯的不可知论，我们决然是诺斯替主义者，因为我们认为，要使结构主义对于人类学有意义，而不是缩减为一种纯粹唯美主义的格式塔理论，它就不应只顾及空洞冷漠的形式，而应当拥抱表意内容，从意义的源头得到充实。但是，既然我们也反对利科的历史决定论，那么我们又是否认耶稣确有其人的幻影论者，因为我们知道，意义的地平线是从浸润着创世之言的完整的结构阵列出现的，而且始终超越和针对盲目的时序和历史的“风暴”。[①]

这个观点导致杜朗更接近新柏拉图主义，而不是列维-斯特劳斯的唯物主义。这也表明，人文学科的认识论取舍如何能够引领更具根本性的哲学取向。

① 杜朗．虎纹灵魂．巴黎：德诺埃-贡梯叶书局，1980：136.

从逻辑－数学的形式到极化的结构主义

实际上，杜朗后来的著述从好几个方面展开了对列维－斯特劳斯结构主义的批评：一是结构靠图像材料充实；二是结构内部的极化现
128 象；三是象征先于概念程式，立足于原型；四是为神话分析铺路的匀质的历时变化；五是戏剧化叙事的三价论，超越困境逻辑；六是不拘泥于社会学的心理实验主义。这种形象结构主义［“结构”一词应理解为“构造”（Aufbau）①］建立在一种“超验的幻象”——借用诺瓦利斯的一个词组——的基础上，因而同样远离犹太基督教式的历史决定论的解释学。那么，杜朗是如何实现它的呢？

第一参指物不是空结构，而是图像的代现，图像本身与某种超自然力（numinosité）密不可分，后者承载的意义通往一个会成为自身图像的主体。事实上，对杜朗来说，原始图像不是中性的符号，而是一些象征，它们要求主体的参与和实际完成。图像于是从经验性（在形象的双重的、在现实中削弱的传统意义上）中解脱出来，出现在无形的、超自然的或形而上的本体论平面。图像在“象征性的想象”中是分裂的，全看人们对它是进行简化的处理（在弗洛伊德精神分析中或去除神话因素时），还是相反做出放大处理。后一种做法忠实地秉承巴什拉，因为后者早已看到，弗洛伊德的精神分析简化处理了图像，与肩负表现存在之职的诗学南辕北辙。“人们既不再从形式上，也不再从历史方面，而是通过图像的显现去思考人类学，这些图像通过

① 杜朗．虎纹灵魂．巴黎：德诺埃－贡梯叶书局，1980：145.

大量的原型呼唤被召至诗性意识当中。一切都显示，看来这就进入了保障心理和精神平衡的想象界的整个级次区域，而且因此而实现了单一个体的存在，或曰个体化。”①

神话的核心不是一组神话素的句法游戏，而是一个语义矩阵，一个原型。有了荣格的启发，巴什拉的接续，又经勒内·托姆发挥，杜 129
朗把原型规定为：“原型……是数个象征的聚合之力，因而趋于单义的形式化，但是永远达不到抽象的公式，总会有语义将其填充。原型是纯粹的语言力量，‘主体’的内容或属性的限定在最高限度的理解上均被清空。”②原型的世界推出的“不是可合理化的空洞形式，而是一些‘能量素材’，或者像加斯东·巴什拉所预示的，是‘意义的荷尔蒙’”③。唯其如此，矩阵般的图像才会转变为不可省约的、放大的图像，转变为价值论和末世论的图像，而不仅仅是本相的。原型图像变成了告示、取向、使命，因为其效能是人格化和个体化的——如天使一般。正像秉承高尔班思想的杜朗所说：

> ……构成这个系统的，不是虚空的形式和空洞而“冰冷的”句法。借用高尔班的出色形容，它不是用“与我无关”的范畴构成的，正相反，它是一些固锁意识的想象的要求，它用经验意义充实意识，用神灵的显现，即把个人或集体的心灵所感知或呈现的价值变成一道回应，它比理解力所见的现象或观念更

① 杜朗．虎纹灵魂．巴黎：德诺埃－贡梯叶书局，1980：139.

② 同① 50.

③ 同① 54.

深刻。[1]

因此，神话的想象域不是同质的结构，而是因对立而发生极化。图像的这种矛盾性，巴什拉在研究精神分析时便强调过[2]。巴什拉和杜朗都读过罗马尼亚逻辑学家斯特凡·卢帕斯科的著作。卢帕斯科阐述
130 了一种矛盾的逻辑，其中实现与潜能－虚拟的矛盾过程同时存在。杜朗于是再次提出两个同质化极点的效能的理念，这两个分别为隔离和同化的对立极点规范着想象域："只有承认对抗性的内聚力，即承认规定着极性的概念的对抗性'张力'这一永久和普遍的现象，才会有这些真实的、充满活力的表现；'极点'只能被设想为不同的、对抗性的、成对的价值。"[3]列维－斯特劳斯利用经过逻辑的和两难的对立整合的二元组合，建立起神话素；杜朗则选取了更具赫拉克利特风格的对立物的张力的范式。通过对立统一的形象，宗教人类学家米尔恰·伊利亚德也采用了这种张力。的确，对抗性极化使人更容易理解神话的想象域的两个基本维度。首先是图像的转换：

> 后者（硬性分类）的主要缺陷是每个类目都是同质的，这就导致类目之间全无沟通的可能，因而也不可能有任何人类学的理解。因此，要么在哲学的高度，各个类目水泼不进，封闭在跟萨

① 杜朗．虎纹灵魂．巴黎：德诺埃－贡梯叶书局，1980：54.

② 从某种意义上看，结构主义范式早于20世纪60年代，早在1949年的《火的精神分析》（巴黎：伽利玛出版社，1973：182）一书的结论里，巴什拉就阐明了"诗学示意图"的好处是把隐喻的对称性和证明"对立之和"的分解力合二为一。

③ 同① 57.

> 特的唯我论毫无二致的同质化的“密室”之内；要么在社会文化层面，根本做不到将社会和多少得到承认的种族主义加以吸收和整合，就连把文化信息“转译”成另一文化的语言也行不通。①

接下来的问题是：如何使去极化、去同质化和身份认同的过程成为可能，这或许是打开想象域的心理病理学的钥匙。看来，列维－斯特劳斯没有把病理维度纳入文化。杜朗不同，他还要思考结构的反规则现象，这个问题并非简单地涉及数学结构的逻辑滞碍，而是与结构
的崩坏有关（这在某种意义上与亨利·柏格森、欧仁·明科夫斯基和 *131*
约瑟夫·加贝尔的论点十分接近）。

图像的摩尔组织（organisation molaire）规定着一套神话的自洽性，但是，它并非用于多数叙事的同一个逻辑规制的产物，而是基于一系列与语用动态相关的主题（motifs）。对于同一文化里的神话进行比较属于通过实际验证而非先验的趋同现象的范畴。在这个方面，杜朗明确指出：“我们终将运用完全实用的和相对主义的趋同性的方法，确定图像的巨大星座，这些星座保持大致不变，其结构看起来是由象征的某种同构性趋同所造成的。”②所以，举例来说（根据荣格的集体无意识模型），神话的起源越是呼唤意识的超验逻辑，神话学的整个文化生产得益于隐性结构的就越来越少，这是从通过实验得到的事实数据归纳出来的。这就很好地证明了，杜朗的形象结构主义懂得如何在一个纯属社会

---

① 杜朗．虎纹灵魂．巴黎：德诺埃－贡梯叶书局，1980：47.

② 杜朗．想象域的人类学结构．巴黎：博达斯书局，1969：40.

学的时刻思考事实，而不是仅仅先验地从结构内部推断出神话文化的自洽性。

形象结构主义的认识论模型的演变

杜朗的认识论虽然发生过很有意思的演变，超验的结构维度却一直没有消失。1960 年，步荣格之后，形象原型学打上了生物心理学，
132 即通过原型学结合起来的反射学和深度心理学的印记。随着时间的推移，杜朗从两个方面逐渐扩展结构：一是通过一种在福音传道意义上的形象本体论。这发生在他读到高尔班的诺斯替主义之后："随着工作的推进……我们发现，我们当初所说的'结构'和从 1960 年起称之为'规制'的东西，不过是图像的显现而已，它是想象域及其宏大的区域，其中有因表意目的而与之不可分割的形式和内容。"[1] 二是通过重新纳入一种与勒内·托姆的突变论相关的代数方法。在科尔多瓦[2]和新的科学精神的促使下，诞生于 1960 年的科学形式主义被重新提上日程。它涵盖一个广泛的谱系，其中想象界的纯诗性与数学、控制论和计算机科学的认识域并行不悖。杜朗强调："为了表达得清晰，人类的任何'意义'都需要精确的代数式的形式系统和准确的历史文化定位。"[3] 于是，

① 杜朗．虎纹灵魂．巴黎：德诺埃－贡梯叶书局，1980：140.

② 得名于在西班牙科尔多瓦镇举行的研讨会。这个著名的研讨会聚集的自然科学和人文科学的研究者都关心物理学、心理学和形而上学之间的关系。参见：科学与良知．巴黎：斯多克出版社，1980.

③ 同① 146.

他采取了托姆本人为之辩护的有关想象域的路向[①]。

自 20 世纪 90 年代开始，我们看到，有关结构在历史上的历时演变的研究越来越得到重视，“神话方法学”得以形成，成为一门研究文化变异和文化中的神话的周期性兴衰的科学：“我们通过实验逐步看到，从我们的观点来看，解释学的结构主义及其想象界的场域更多地要求地理的隐喻，而不是几何的或历史的隐喻。”[②]因此，依照文化 133
的时代和领域的不同，杜朗将对于神话的兴趣焦点从不变结构转移到神话的时空转变。范畴的这种地理化和空间化因而立足于重新评估拓扑分布（区域、流域）的变化，而不是像组合论结构主义那样基于抽象变化或时间承续。杜朗在处理形象的丰富含义时指出：“这将是一种名副其实的拓扑结构，不仅如列维－斯特劳斯所说的事关‘位置’，而且涉及同位状况和转化；例如，按照内在的结构是否相似，个性化主体会集中于这样或那样的想象界的场域，互为映照，一如地理学家在野外凭物体的聚集和适应的程度来理解和补充定位工作。”[③]这样，杜朗就加入了一股倾向于用地形隐喻取代冷冰冰的形式结构的认识论思潮，空间从而成为一种比时间更重要的先验的逻各斯的形式，时间化的叙事性因此获得了一个外延心智（mens extensa）的拓扑学支持，其适切性看起来在当今的认知科学中得到了证实。

---

① 托姆 . 象征的生物学根源 // 马费索利 . 想象域的银河系：吉尔拜・杜朗著作的余波 . 巴黎：伯格国际书局，1980.

② 杜朗 . 虎纹灵魂 . 巴黎：德诺埃－贡梯叶书局，1980：141.

③ 同② 149.

从结构到历史：神话方法学的转变

由于多变的经验性决定因素（马克思主义大加利用），想象域的结构演变不仅源自外部，而且本身由于图像的极性预先决定，也出现在一种内部的周期性之内。这样就开启了对于作品里的神话和神话系列的表达方式的研究，这些作品和系列本身是可以测量和量化
134 的。由此，想象域的历史性产生了一种新的智能活动，它超出了分析和列维－斯特劳斯的结构主义的关系——根据一个形态发生学模式，可用河流来比喻（即面对河流，描述流程各个阶段的图像，从源头到三角洲，包括加固的堤岸和河水尽头的分流）——并且随着与同一个神话核心的地理文化变化相对应的语义区域和流域的增多而增多[①]。

因此，神话除了经久不衰的特点以外，还要特别考虑通过派生（根据皮特林·索罗金重视的模型）和损耗（在熵的意义上）发生的变化。变化过程是非随机的、非应时的，处于有关转换过程的先验的逻辑当中，这种逻辑使得特定文化可以有个体化的载录。非历史的结构主义于是被修正，向一种周期性逻辑倾斜，载录在一个先验的想象域里，而真实的社会文化史只是它实现的场所。杜朗因而很接近周期和节奏分析的思想，以及巴什拉和卢帕斯科已经勾画出来的有关时间延续的辩证法，尽管对于后者的参照没有得到明确的阐述。这样一

① 参阅我们对杜朗所说的巴洛克风格的分析，收入：乌南伯格．图像的生命．格勒诺布尔：格勒诺布尔大学出版社，2002：229.

来，我们觉得，神话分析试图同时调和不变与变、历史与地理、内部变化的逻辑，也包括外部因素和经验性条件，这些都会影响到结构，从局部和时间上将之个别化——虽然不是其肇因。

同列维－斯特劳斯一样，杜朗一直没有停止验证他的进化模型，
无论是通过文献里采用的案例研究[①]，还是通过语言学研究（见他对乔 135
治·戴密微有关罗马和印度的著作的评论）[②]，抑或在例如伊夫·杜朗的工作的基础上，通过建立实验模型。后者根据《想象域的人类学结构》阐述了一种实验测试法（即 AT9）。在这方面，社会文化结构或规制受益于某种更具心理学意义的移位和验证，因为个人想象域被视为与文化想象域彼此对应。

对于列维－斯特劳斯的结构主义的批评要点

在结构主义和解释学之间、形式与意义之间的张力的大背景下，始于 20 世纪 60 年代的杜朗和列维－斯特劳斯的认识论之争，连同二者的相近之处和差异，有助于我们把握有关文化和想象域的人类学的

① 他的国家博士论文补篇研究的是司汤达的《帕尔马修道院》里的神话装饰，接下来是评论波德莱尔的诗篇《猫》，从此展开了与列维－斯特劳斯的结构主义的争论。参阅《神话形象和作品的面孔》（巴黎：伯格国际出版社），后收入吉尔拜·杜朗《走出 20 世纪》（巴黎：国家科研中心，2010）一书。

② 作为乔治·戴密微的思想的延伸，他于 1976 年在《埃拉诺斯年鉴》上发表了研究报告《王国的城邦和分裂》；另见他对让－皮埃尔·斯浩诺的评论，收入《想象域的银河系》（马费索利．想象域的银河系：吉尔拜·杜朗著作的余波．巴黎：伯格国际书局，1980：93 等）一书；另见他于 20 世纪 90 年代因循布罗代尔的“长时段”及其各阶段之说，对于方济各教义的研究，收入《神话导论》（巴黎：阿尔班－米歇尔书局，1996：87 等）。

若干根本问题和原则性分歧。以下仅举数例。[1]对于研究文化的文本和图像的两种方法，杜朗很早就采取了一种综合的立场：一种方法关注文本和图像的隐性秩序，可供形式化处理甚至计算；另一种方法关注叙事和/或象征的含义如何充实形式，这使之成为表达和转达价值观和信仰的媒介。就像利科本人先在有关隐喻的工作，后在有关叙事的工作中所
136 尝试的那样，解释结构与解释学理解如何结合？解释学和现象学之间是否有一个通览全景的连续体？杜朗尝试了这种交集，办法是通过一种新柏拉图主义的和秘教（特别是被高尔班当作创造性想象力的原型进行研究的伊本·阿拉比的苏菲派）的解释学，同时，在代数的正面知识与一些深揭想象活动中的意义的主观实践之间，也尽力保持二者共存。我们从中看到的不仅是方法论方面的综合处理，还有一种在人文学科当中把客观性和主体性结合起来的新颖而大胆的方式。诚然，直觉的意识脱离科学的客观化，因其本是对于被采用的信念的一种先期理解。但是，既然列维－斯特劳斯的民族学恰恰指向意念生产的唯物主义表象，那么用意义包裹神话的纯粹的形式化方法是否因而也脱离了预设条件呢？

结构主义预设一些孤立的实体，以象征手段或叙事集合的形式出现，作为我们的表象的基本单位，这些实体靠一种具备与其位置和关系相关的逻辑功能的形式得到调节。那么，我们能否从心智的表象反溯到虚空的形式结构呢？图像是心智活动的原初表象，难道不应该在此驻足（或滥觞于此）吗？于是，选取形象结构主义成为现象学的认识论的

① 还应提到列维－斯特劳斯和杜朗的方法的其他一些不同点：共时与历时的交集、如何考虑结构的病理层面，以及二人关于物质和精神的关系的对立的哲学观。

延伸，从让－保罗·萨特到巴什拉，中经莫里斯·梅罗－庞蒂，都择取图像作为唯一的描写性现实。结构在某种意义上削弱了一门语言里或实际感知当中的有血肉的图像，对之做出抽象有什么益处，需要付出什么代价？如果忽略对图像的体验及其情感余绪，忽视与类同物及其诱发的隐喻——或者根据它在一种文化里的用途重新运用——相关的象征配价，那么还能理解想象域吗？杜朗无疑择取了一种完全象征化的图像， 137
拥有一个向存在主义甚至形而上学的深度开放的维度，这个维度，当代许多图像现象学都没有提出过。另外，对于图像的这个至少具有美学意义的——因而也是经验方面的——时刻，列维－斯特劳斯令人奇怪地似乎不以为然，尽管在不那么“学术”的撰述里，他认为图像的地位至关重要。跟想象域一样，图像制作无疑也可以从形式上解说，这一点符号学已经证明，何况指号学（sémiotique）。然而，一如神话，造型作品呈现的首先是一个感性与可知性的资质相结合的天地，其隐含的形式结构可能更像脚手架，而不是房屋本身。至于搭建结构所需的参照系，在列维－斯特劳斯那里跟人文学科的语言转向密切相关，即由于放大了索绪尔的语言学模型，解释力固然能够得到显示，但是并没有因此永远能够证明双重关联的语言范式的排他性。那么，想象域是应该屈就语言的构成逻辑，还是应该避免不顾图像结构的多维度性的语言帝国主义？图像无论是分离还是相连，不都是依据其他类型的关系组织起来的吗？ 这如同对立不会降低为抵牾，极化不可混同于逻辑对立。总之，如果我们的图像网络必定有隐性结构，那就应该用多个解码模型来揭示，从而取得跟逻辑同样重要的建构或解构象征性的功效。从这个意义上看，由于一种极为西方式的理智主义、一种大脑机能论，甚至是代数癖，列维－斯特劳斯的结构人类学难道不是至少牺牲了情感现象的结构化功能吗？精神分析同样只凭这种功能来破译幻觉和梦境。尽管杜朗并未始终把握好感性和知性之间、形式和意义之间、情感和表象之间的要点和侧面，
138 但其方法的优点不正是有志于成为一种全面的方法吗？对于杜朗来说，由于立足于图像的原生积层、情感因素，以及象征性地超越了语言学，而不是简化为符号学的逻辑，唯有一门图像哲学才能扭转现代语言学的转向，返归赫尔墨斯神智论传统中的人文科学，并使想象界的研究具有可操作性[①]。

最后，结构主义的局限不正是将结构与功能分离吗？例如，仪式延伸了复杂的个人和社会行为方面的神话实践，没有仪式还能研究神话吗？偏重形式的结构主义难道不是过多地把神话制作封闭在认知活动里了吗？它忘记了，想象的叙事首先是一些动作和行为，通向各类实践的天地。杜朗虽然没有发展出一门有关象征性仪式的人类学，反倒引入了一个实用的想象力维度，将其连接到一台语言的引擎上，这种语言即语法意义上的“动词”，它正是语言实践的本源，而不是只跟名词相关的单一表象的来源。这样一来，图像就不仅有实际的效果，而且是承载着规范和价值，并且把伦理视野跟审美的领域联系起来，这一点杜朗本人说得很明白。因此，想象域是一个精神和元心理学表象的场所，与个性或本己性的伦理学分不开。对此利科亦曾运用神话解释学的方法探讨过。

① 杜朗．人学和传统：人类学新思路．巴黎：斯哈克出版社，1975.

列维－斯特劳斯何以摒弃精神分析[①]

安德烈·格林（精神分析学者，作家）

① 这是一次研讨会讲座的题目。“象征的世界——致敬克洛德·列维－斯特劳斯”巴黎研讨会于 2008 年 11 月 21—22 日举行，共同主办方是法国与挪威社会和人文科学合作中心和费迪南·德·索绪尔研究所。此文首次在线刊布于：Texto：XIII 卷 .2008（4）.

列维－斯特劳斯和他的同代人

克洛德·列维－斯特劳斯的著作数量相当可观，本文只从摒弃精神分析这一有限的角度展开讨论。这个问题有两个方面：一是列维－斯特劳斯跟西格蒙德·弗洛伊德的关系[①]，二是他跟雅克·拉康的关系[②]。在写作之初，列维－斯特劳斯承认弗洛伊德和卡尔·马克思是他的两个老师，并且感谢他们肯定了意识的作用是自我欺骗。无意识结构在揭示人类精神的真实信息方面将发挥作用。后来在研究图腾时，
140 列维－斯特劳斯再次发现了弗洛伊德，却与之分道扬镳，同时阐发了一个他后来一直坚持的论据。他写道："与弗洛伊德赞成的观点相反，无论就起源还是持久性而言，虽然社会制约有积极与消极之别，但是用性质永远不变的冲动或者情绪的影响都无法解释历经千百年的众多不同的个人。"他还说："冲动和情绪的确什么也解释不了；它们总是要么产生于体魄之力，要么来自精神的无能。"在这两种情况下，它

① 关于这个主题，可参见：戴利约．弗洛伊德的读者列维－斯特劳斯．巴黎：人类学出版社，1999.

② 列维－斯特劳斯，埃里蓬．近观与远眺．巴黎：奥蒂尔·雅各布书局，1988：107-108.

们都是结果，从来不是原因。**原因只能在有机体里寻找，正如只有生物学知道如何去做那样，或者从智力里寻找，这是提供给心理学和民族学的唯一途径。**[①]

其间，拉康试图接近列维－斯特劳斯，想说服他加盟。尽管个人关系相当密切，可是列维－斯特劳斯没有应许邀约。他没有同意与拉康结成统一战线，也许是因为拉康的结构主义与他的结构主义差别太大。直到1985年，拉康去世四年后，列维－斯特劳斯才决定在《嫉妒的制陶女》里说明对精神分析的看法。他对弗洛伊德有所指摘。这个话题我们下文再谈。其实，列维－斯特劳斯此前便澄清过立场：

> 真正的结构主义所寻求的，首先是把握若干类型的秩序的固有属性。这样的属性不表明它们以外的任何东西。或者说，假如一定要它们向外参指，那就必须转向按照一个网络设想的大脑组织，其五花八门的观念体系反映出个别结构的这样或那样的属性，而且以各自的方式呈现出一些互相连接的模式。[②]

这段引文表明了列维－斯特劳斯的思想底蕴，即除了人类学思想 141
的论断以外，一种仅以大脑组织为参指的唯物主义。它希望看到唯一配得上科学之美名的人文科学和物理科学合为一门科学。

---

① 列维－斯特劳斯．今日图腾崇拜．巴黎：法国高校出版社，1962：100，103.（黑体为笔者所加。）

② 列维－斯特劳斯．裸人．巴黎：普隆书局，1971：561.

那么拉康呢？

在《裸人·终乐章》里，列维－斯特劳斯对包括精神分析在内的多种观念形态做出了清算。在这方面，尽管未直接征引，但列维－斯特劳斯提出的一条批评看起来是针对拉康的："因此，在这些全新色彩的背后（他批评的色彩），只能是偷偷摸摸地重新引入主体。"[①]他指出："我们觉得没有任何理由去纵容这种左手冒充右手的蒙骗做法，这是把据称从桌面上抽走的东西在桌子底下还给了最糟糕的哲学。这样一来，只需用他者取代自我，把欲望的玄学塞到概念的逻辑下面，就能把基础抽空。"自我，他者，欲望的玄学，除了拉康，还能指谁呢？列维－斯特劳斯没有点明反对他的立场的人究竟是谁，这也许说明他感到为难，因为他与之保持着友好的关系[②]。回归主体是列维－斯特劳斯无论如何不希望的，拉康和索绪尔却不愿舍弃，原因难道不是列维－斯特劳斯坚持把彻底的唯物主义作为终极参照吗？索绪尔和拉康之所以继续提出主体问题，说明他们依旧忠实于人的维度，列维－斯特劳斯却盼它寿终正寝。

142

俄狄浦斯

通阅列维－斯特劳斯的作品，读者不会不感叹俄狄浦斯神话出

① 列维－斯特劳斯．裸人．巴黎：普隆书局，1971："终乐章"563.

② 列维－斯特劳斯，埃里蓬．近观与远眺．巴黎：奥蒂尔·雅各布书局，1988：107-108.

现之多及其涵盖的范围之广。这个神话是精神分析学的核心主题。列维－斯特劳斯的研究材料是无文字的文明，其中没有任何东西表明引用这个神话的适切性。

列维－斯特劳斯只把弗洛伊德看成一个神话变体的作者。弗洛伊德之所以提出俄狄浦斯，只为得出一个结论：俄狄浦斯式的童年记忆带有恋母力比多的所有迹象和弑父欲的迹象。列维－斯特劳斯则谨慎得多。他只满足于为《神话学》的收官之作《裸人》写下这样的题词："献给我年届 85 岁的母亲，缅怀我的父亲。"在找到摆脱办法之前，俄狄浦斯的参照一直困扰着他。这个办法他找到了。对他来说，俄狄浦斯王的悲剧性不过是一个偶然而已。这位欧仁·拉比什的粉丝居然把索福克勒斯的《俄狄浦斯王》和《意大利草帽》[①]相提并论，令人不禁失笑。

贬低精神分析的另一个标志是，列维－斯特劳斯说，弗洛伊德像博罗罗人那样思考，他什么也没发现，这一点只要看看神话已经有的东西就能明白。那么，列维－斯特劳斯分析神话的时候，如果不按照神话那样去思考，还能有别的什么做法吗？

由于俄狄浦斯神话介入，如果深究列维－斯特劳斯与精神分析的清算说明了什么，就必然会得出一个印象：结构主义者寻求破解神话，把它从俄狄浦斯神话跟精神分析理论的联系当中解放出来。列维－斯特劳斯寻找满意的解释寻找了很久。1985 年，这个解释终于出现在《嫉妒的制陶女》里。他跟索福克勒斯与拉比什的类比拉开了一段距离，但

① 《意大利草帽》是欧仁·拉比什（Eugène Labiche）和马克·米歇尔（Marc Michel）创作的五幕喜剧，1851 年首演于巴黎，后曾拍成电影。——译者注

是提出了其他论据。在精神分析学的解释里，性别代码有独特的作用，这正是列维－斯特劳斯用晚年的精力与之较量的重点。索福克勒斯的
143 《俄狄浦斯王》和拉比什的《意大利草帽》之所以被归入同一类，是因为二者归根结底同属一个独特的概念程式，即警探谜团。然而，在《俄狄浦斯王》里，调查者发现罪魁祸首正是自己，一如精神分析的主体最终确定自己有罪，这又应该怎么说呢？

然而，真相要求列维－斯特劳斯说明这种“崇高的悲剧”与“滑稽的消遣”之间的对立。他的结论是：所谓表达意义，就是在词项之间建立某种关系，向来如此。①

可是，正如弗洛伊德所认为的，每一位听众起初都是俄狄浦斯。他把这种童年的结构（正值无法想象此类推论的年龄）与这位成年人的罪行（饱受明证的煎熬，深感无力解谜）进行比较，这样看问题难道不正是在词项之间建立关系吗？

感　受

相隔数页，列维－斯特劳斯写道：“人们责备我把精神生活简化为一场抽象的游戏，说我用一通消毒作业取代了有热度的人类灵魂。冲动、情感、激越的情绪，这些我都不否认，可是我不认为这些情感的湍流享有优先地位：它们出现在一个搭建好的舞台上，然而这舞台

① 列维－斯特劳斯．嫉妒的制陶女．巴黎：普隆书局，1985：268.

是用精神制约搭建的。”[1]列维－斯特劳斯重提他的取舍。后来最招致诟病的却是使用陈旧过气的心理学概念。

不过，这事关感受（l’affect）的概念，还是其夸张的讽刺画？要提出不变量的假设，首先必须把感受放进缩小的模具里。他写道：“如果把嫉妒规定为一种保留被剥夺的东西或存在的欲望，或者一种 144
拥有人所没有的东西或存在的欲望，那就可以说，当存在分离的状态，或者可能出现分离的威胁时，嫉妒往往要维持或制造一种连接的状态。”[2]

列维－斯特劳斯似乎不知道，嫉妒其实有多种形式。其简单形式属于人类普遍共有的体验——其源头即童年俄狄浦斯的语境——或者在某些人身上留下烙印，腐蚀他们的生命，将其抛入万劫不复当中，甚至发展到极度狂妄的形式，使人屈从于疯狂和谋杀。所有这些分际都被抹去，只剩下一种抽象的、概念性的嫉妒。

列维－斯特劳斯如此化简嫉妒的体验——简单的或谵妄型的嫉妒——能够给予我们哪些启发？对于我们的悟性来说，无论是奥赛罗的疯狂还是斯旺的爱情，抑或在同性恋困扰下的马塞尔对艾伯汀[3]的爱情，如何变成可知的？嫉妒者出于嫉妒的攻击乃是一种折磨。最后一点，认为艾伯汀就是阿戈斯蒂内利未能大事化小，普鲁斯特也没有为了将二人写进小说而向后者索取曾经写给他的信件。在列维－斯特

① 列维－斯特劳斯．嫉妒的制陶女．巴黎：普隆书局，1985：264.

② 同① 229.

③ 斯旺和艾伯汀是小说《追忆似水年华》里的主要人物。马塞尔即作者马塞尔·普鲁斯特本人。——译者注

劳斯的著作里，一切细微差异都为讲求科学性而被抹去，只剩下可供把玩的概念程式。

逆历史而动

我们能否确定这种新的观念形态的出现时间？我觉得，出现的时间恰逢人文学科的历史观点衰落。换句话说，正逢历史唯物主义开始
145 衰落，尽管路易·阿尔杜塞努力试图挽救它。列维－斯特劳斯积极参与了这一转折。《野性的思维》第九章“历史与辩证法”，对比了结构主义和辩证法的观点，质疑让－保罗·萨特，宣告已经统治思想界很久的一个幻想结束。列维－斯特劳斯坚决反对“那些认为时间维度享有特殊地位的人，似乎历时性是某种可知性的基础，其贡献不仅高于共时性，而且在人类的特定范畴里特别优越”[①]。他补充道：“事实上，历史与人并非密切相关，与任何特定的对象也是如此。”[②]况且，结构主义的成功并不切合列维－斯特劳斯，因为他得跟路易·阿尔杜塞、罗兰·巴尔特和雅克·拉康分享声望，而他与这些人关系疏离。对他来说，结构主义是一种方法，使他能够更严谨地对待他向往的学术前景。某些原理对他颇有启发，特别是索绪尔的语言学。第二次世界大战期间，在美国结识罗曼·雅各布逊强化了这一选择。拉康也许本想成为鹬蚌相争的渔利者，这一点雅各布逊向列维－斯特劳斯证实过，

① 列维－斯特劳斯．野性的思维．巴黎：普隆书局，1962：339.

② 同① 347.

他却保持了沉默。我们已经看到，《裸人》如何完结了这个幻想。

《普通语言学文稿》收录了索绪尔在日内瓦语言学会的第一次演讲，语言学的历时性层面得到大力肯定[①]。他后来为较为不同的观点做过辩护。不过，他对历史的影射指的是语言在时间过程中的变化。[②]

列维－斯特劳斯的无意识 146

如果说列维－斯特劳斯拒绝无意识，倒不如说他更希望把他认为导致无意识走了样的成分清除出去：主体，俄狄浦斯，感受，历史参照。那么，这样的无意识是个什么模样呢？它或许很像索绪尔所说的无意识：自发，未经思考，潜移默化地影响着语言。这正是我们从《普通语言学文稿》中得出的，这个问题我们回头还会谈到。索绪尔身后大约十年，弗洛伊德在《释梦》里提出了他的构想，他做出的选择与此相反。弗洛伊德依据的是另一种主观意识，即梦想，同时指向审查制度，即在一股动能即冲动的驱使下的压抑，带着童年的历史印记。他把基于避免不愉快、寻求快感等等的感受也纳入其中。这样一来，弗洛伊德就赋予了无意识一个更完整也更复杂的结构，而且绝不限于智力。以上所有这些原因或许能够解释，他的想法为什么招致更多的抗拒。下文将细究索绪尔的无意识与弗洛伊德的无意识的关系。

① 索绪尔 . 普通语言学文稿 . 巴黎：伽利玛出版社，2003：149 等 .

② 索绪尔 . 关于语言的反历史性 // 普通语言学文稿 . 巴黎：伽利玛出版社，2003：216.

拉康的象征范畴

拉康把许多批评推卸给了弗洛伊德，而且想改正他的错误。他不认为性欲是象征性的（即经过伪装的），而认为象征的范畴及其施指才是最优先的。象征性占据一些表象，寄存意义于此。它的首要地位是靠语言行为的方式保障的。任何行为（乱伦，弑父）都不扮演创始的角色。我们看到，象征性的根源既在语言行为当中，特别是在他
147 对索绪尔主义的理解里，也在人类学当中，尤其是在他直接参照的列维－斯特劳斯版的人类学里①。

列维－斯特劳斯认为，象征性属于语言行为的范畴，其前提是把亲属关系和财产交换延伸至语言行为。拉康还拓宽了语言行为和意义的概念，把凡是形成了一场对立面之间的游戏，而且具有某种自主性的东西都囊括了进来。

在弗洛伊德看来，前意识（préconscient）－意识的系统包括那些可变为有意识的无意识的事物的表象，配合着与之相应的词语表象。无意识的系统包括无意识的事物表象，即客体的唯一真实的投入。清晰标显的区别在于：在弗洛伊德那里，词语的表象系统可以是有意识的、前意识的，但从来不是无意识的。索绪尔的语言系统以符号的生命为研究对象。弗洛伊德与索绪尔有同样的关切，但是他明确区分了词语（符号）和事物（对象），一如前意识系统和无意识系统之分。

---

① 拉康．文集．巴黎：瑟伊出版社，1966：285. 索绪尔．普通语言学文稿．巴黎：伽利玛出版社，2003.

弗洛伊德永远不会忘记它们的分际。在精神分析理论中，悼亡理论包括对象的丧失，但绝不可与丧失词语表象相提并论。

弗洛伊德感兴趣的是心理机制，连同与冲动和对象的关系，即精神生活的基础、变化和形式。索绪尔感兴趣的则是符号的生命。

“对象”在这里指作为母亲或主体的身体之一部分的客体，是快感的来源、冲动的表象的客体。后来，对象则直接绑定在作为其对象的冲动上。由此可见，弗洛伊德的特点在定义当中有所反映，这是很难摆脱的。

联　想 148

精神分析师如今不再盯着象征不放，而是倾听分析对象表达想法，谨守基本规则，把听到的内容交给规范联想的规则进行筛查。联想最要紧，只有这样才能找到思想分析的主要参数。分析的耳朵必须辨识关联，有时还得解读。有价值的特征哪怕极其细微，也可能十分珍贵，极其显豁的关联也许意义并不大，虽说确定这种联想中的兴趣点对于分析师而言很有必要。与欲望、压抑、焦虑、身体等等相关的联想的益处正是从这里找出来的。在深掘心理机制的过程中，弗洛伊德在其底部遇到了冲动的首要内容：意义和身体的关系，例如快感的身体、表象的来源、与对象的关系等等。不过，让我们言归索绪尔。

《普通语言学教程》的不同面孔

有一个鲜为人知的故事，讲的是索绪尔思想的不同面貌。这个故事须待鲁道夫·恩格勒、西蒙·布恺和弗朗索瓦·哈斯梯叶三人之助才得以扬名。个中滞碍曲折则得读布恺的提示。索绪尔的文稿《语言的双重实质》是 1996 年发现的，直到 2002 年收入《普通语言学文稿》一书才发表[1]。其中有一部关于普通语言学的书的底稿，是索绪尔本人失落的。在这之前，索绪尔的思想一直是通过《普通语言学教程》传播的，这部著作的底本是查理·巴利和阿尔贝·薛施霭两人搜集的课堂笔记，
149 可是不少地方走了样。失落多年的索绪尔手稿得以重见天日，效果是爆炸性的。人们发现了一个跟以前流行的虚妄全然相反的真实的索绪尔。凡是以这部教程为根据的人，也就是说，这本书 1996 年以前的所有读者都追错了目标。谢天谢地，列维－斯特劳斯修正了射击路线。

语言的语言学，言语的语言学

正在兴起的新索绪尔主义支持不可割裂的二元性：语言的语言学和言语的语言学。二者相辅相成，这是自 1890 年以来就得到肯定的。按照布恺的说法，这个观点被巴利和薛施霭过度遮蔽了。1912 年去世之前不久，索绪尔写道：“（语言学）由两个部分组成，一个更接近语

① 拉康 . 文集 . 巴黎：瑟伊出版社，1966：285. 索绪尔 . 普通语言学文稿 . 巴黎：伽利玛出版社，2003：273.

言，是一种消极的存储，另一个更接近言语，是积极的力量，它是在另一半的语言行为里逐渐看到的现象的真正来源。”[①]那么，神话在哪儿？！

语言的语言学可以说深受逻辑语法的启发，哈斯梯叶则建议，语言的语言学不妨叫作修辞解释学。索绪尔的提法将它们合二为一。可是，巴利和薛施霭的扭曲却导致了一种独特的逻辑语法理论，列维－斯特劳斯的神话思想便与之为伍。

因此，拉康从索绪尔及其语言学里寻找灵感，连列维－斯特劳斯也是如此，但是只会落入逻辑语法的单一极点。在同一个目标下，二人在感受和主体性方面都是毫不容情的对手。列维－斯特劳斯的动作甚至有些过分，对于一个享有他这种地位的思想家来说，这是难以原谅的。例如，他争辩说，被叫作焦虑（？）的神经症伴随着乳酸衍生物陡增[②]。可是，这个 150
观点在研究感受的文献里从来没有出现过。越想多证明，就越……真相是，感受问题不难说明，从语言行为和心理机制方面，刻意否认感受的影响反而导致一种对于情感生活的天真观念，它如今已经被一切否定。

无意识有一个还是有两个？

索绪尔承认语言现象很像出自意志的行为，但他补充说：“不过，必须立即补充一点：正如我们所知道的，有意识的意志或无意识的意志还分许多已知的层次［当时（1891 年），弗洛伊德尚未把无意识的

---

① 拉康．文集．巴黎：瑟伊出版社，1966：285.

② 列维－斯特劳斯．裸人．巴黎：普隆书局，1971：“终乐章”588.

概念理论化]。因此，索绪尔关注无意识是不可否认的，不过他的设想与弗洛伊德在这个名称下的理论显然距离不小。布恺曾转告我，索绪尔曾经说过下面的话：

> 从许多不同的观点出发，人们尽可反对更新语言学的这两大推手[①]。例如他们说，第一个代表着言语的物理和生理方面，第二个回应同一行为的心理和心理方面；他们还说，第一个是无意识的，第二个是有意识的，他们老是提醒自己，意识是一个相对性极强的概念，所以这件事只跟意识的两个层次有关，其中最高的层次若跟伴随着我们大部分行为的思考程度相比，依然是纯粹的无意识。[②]

151 在这里，无意识被拿来跟并非有意识的物理性和生理性相提并论。正像布恺所指出的那样[③]，“如果确实无法指责索绪尔没有一个‘无意识’的精巧概念，那么也不能指责弗洛伊德没有一个关于语言差异的‘符号学’的精巧概念”，结论仍然是：这不是阐述得多么精巧的问题，而是关于无意识的两个全然不同的构想。在这方面，索绪尔和列维－斯特劳斯之间的差异小于他们同弗洛伊德的差异。当今的解读不可能得出别的结论。[④]

---

① 指语音变化和类推变化。

② 索绪尔．普通语言学文稿．巴黎：伽利玛出版社，2003：159.

③ 个人之间的沟通。

④ 布恺还转告了我索绪尔另外一些谈及无意识的话。立此为据。如果这些引语是指联想活动，那么“潜意识活动”仍旧保留着他所说的“未经思考的活动”的含义，即使这是指联想。这是把索绪尔与弗洛伊德进行比照的一个极端的情形。

总之，弗洛伊德所说的是一种意向方面的无意识，它服从内在的因果关系，跟一个拒绝意识的心灵系统相联系。让我稍作提醒。弗洛伊德对于符号——无论是否为意识所觉察——不那么感兴趣，他更感兴趣的是心理生活及其一切表现，包括最禁忌的和最具创伤性的表现方式。其中若干种类都能够证明这一点，例如丧失对象和丧失与现实的关系。虽说拿他的无意识概念与索绪尔（或列维－斯特劳斯）的概念相比较可能很有意思，但二者不容混淆。这一限度不应该妨碍继续比较这两种无意识。因此，我们才把《普通语言学教程》里的伪索绪尔跟《普通语言学文稿》里的真索绪尔相互对照。布恺断言，这一发现可以让我们“重新评估语言学中的结构主义范式，打破导致其衰落的理论僵局，进入未探索的研究领域”。这一澄清使我们能够从新的角度考虑句法理论在 20 世纪下半叶的进步，这种理论有望成为有关语言行为和意义的一般性理论。

最后，一般性原则为篇章语言学和文本语言学补上了二者缺失的 152
衔接语言和言语的认识论。以之为基础，它们的成果如今可以在新的思想框架内得到利用。[①]

大脑组织

关于列维－斯特劳斯的深层观念形态，上文曾予以搁置，现在可

① 布恺 . 费迪南・德・索绪尔原稿中的语言学本体论和认识论 . 索绪尔研究所原稿丛刊，2008，18（3）.

以谈谈。确切地说，他只相信有关大脑组织的学问，认为它是一切知识的最终根源和必要的基础。

什么是“大脑组织”？一个思想家每次提出科学一词时都会冒相当大的风险。因为科学并不存在。科学只有一些标出时间的状态。我们会问：什么时候、谁的大脑组织？让－皮埃尔·尚茹、让－迪迪叶·万桑、弗朗西斯·奎克、钱拉·埃德曼、安东尼奥·R. 达马西奥、约瑟夫·勒度、雅克·潘克塞普等等？的确，那些当年提出大脑组织的人反映了一种观念形态，即只重视体现所谓“认知”活动的左脑，全然不顾右脑的贡献，即忽视人体图解、感受和所有不属于概念的东西做出的贡献。左右脑的协作情形目前尚不清楚。尽管有过等待，但转向还是发生了。我们随后亲历了一场大彻大悟，终于把一直遭拒的地位给予了感受。其中达马西奥的工作扮演了重要角色，研究人员随后睁大眼睛观察这块模糊的大陆，如今有勒度和潘克塞普等人
153 处理它。到列维－斯特劳斯的参考书目里去寻找这些名字吧。他们都没有被列出，跟有关“大脑组织”的参考文献的作者一样缺席。还有更明显的证据能够证明这种观点更多地属于一种信仰，而不是任何科学吗？如今任何人要谈论大脑组织，都必须以文本、理念或概念的作者作为凭借，而不是单靠某个先验的论点。

这个变化，让－克洛德·阿梅森在一本书里[①]提到了。他引用弗朗斯·德·瓦尔的话说：“情感是我们的罗盘。”他以研究感受的先驱达马西奥为根据，断言“没有情感的参与，就没有真正的理性选择”。

① 阿梅森．光与影：达尔文与世界剧变．巴黎：法雅－瑟伊出版社，2008：453.

立此为证。

在本文结束之前，还有一个问题：我们已经批评了列维－斯特劳斯的选择，那么其根源能否追溯到索绪尔呢?

在弗洛伊德的理论中，体系的各个阶段始于最深层的阶段，理论最终与一个设定相遇：冲动。冲动是心理机制的首要形式，与身体紧密结合——这个身体又同满足、快乐，再到欲望、心愿联结起来。从冲动的满足到心愿，很像一个梯次序列。其中每一个阶段都是我们所说的爱神之链，所以遵循这一过程十分重要。与之相反，在索绪尔的程式中，构成它的成分是同质的，形成这一整体的永远是符号。总之，语言符号系统产生于分化作用，仅保留了整体对于语音的参指，而且添加了一个无物理基础的语音维度。

第三部分

交换和结盟：模型、规则和实践

与他者共存：列维－斯特劳斯的对等性和相异性——从毛斯、皮尔斯和维特根斯坦谈起

马塞尔·埃纳夫

（加利福尼亚大学圣迭戈分校）

列维－斯特劳斯和他的同代人

在克洛德·列维－斯特劳斯的全部作品里，有一个贯穿始终的问题；它出现在关于亲属关系的第一部巨著的核心，列维－斯特劳斯用了整整一章专门讨论它；它在《神话学》里有力地再现①，仿佛一种对位配合，而且在列维－斯特劳斯的最后几部讨论美洲印第安神话的书里频繁返场。这就是对等性（réciprocité）问题。它从来没有跟另一个问题即相异性问题分离——也许根本就分不开。换句话说，只有清楚地区分了自我和非自我，才能想象对等——这个分际既是本体论意义的，也是逻辑的和伦理的；它在亲属关系的体系里，在社会分类里，在我们称之为神话的复杂形式的叙事里，都得到了完美的实现。

然而，就一个特定时期的部分著作，即从 1950 年到 1960 年约十
158 年内的著述而言，列维－斯特劳斯似乎从《亲属关系的基本结构》一书所取得的进展中后退了。对等性和相异性的概念看起来被沟通的概念冲淡了。我们认为，这里头有他阅读美国当时出版的博弈论、信息

① 列维－斯特劳斯．神话学．巴黎：普隆书局，1964—1971.

论和控制论的书籍的直接影响。尽管如此，列维-斯特劳斯从未把这个变化明确地上升为理论，甚至似乎没有注意到。不过，显而易见，这一方向并没有持续下去，而且自《今日图腾崇拜》和《野性的思维》出版（均在 1962 年）以后，列维-斯特劳斯至少悄悄地重新回到了当初的直觉。因此，我打算首先对这个过程追本溯源，同时特别要对它重新做出评估，进行一番讨论，为此特邀以下思想家作为杰出来访者参与其事：马塞尔·毛斯、查尔斯·皮尔斯和路德维希·维特根斯坦。我还邀请到万桑·戴贡博为之做出贡献。我们希望能够更好地理解个中关键，即这个问题不单单涉及如何就列维-斯特劳斯的立场旁征博引，而且是以某种方式对社会关系和某种与他者的关系做出伦理学界定。

对等性与乱伦禁忌：相异性的语义场

让我们进入核心问题。在这方面，《亲属关系的基本结构》的最后几行著名的文字堪称经典：

> 直至今日，人类一直梦想能够抓住一个瞬间不放，此时便可相信，可以与交换的法则耍计谋，只赢不输，只享受，不分享。在世界的两头，时间的两端，苏美尔人关于黄金时代的神话和安达曼人关于未来生活的神话互相映照：一个把原始幸福的结束放 159
> 在语言混乱导致词语变成百姓之事的时刻；另一个说彼岸的至福

> 是不再交换妇女的天堂，这意味着把社会人总也达不到的个人小天地的甜蜜生活甩给了无法企及的未来和过去。[①]

这些话是这本书的结束语。书中所有的调查和演示都是要向我们展示一点：人类群体迫切地一致感到，必须拒绝只生活在个人小天地里的诱惑，接受以不同方式与他者生活在一起。我们得明白，这并不意味着拒绝一种局部的生活，连同其原始语言、信仰、仪式、叙事和特殊习俗，而是更多地从本质上关涉生命繁殖的社会形式，也就是男女之间的关系，这意味着与生命有关的性行为，生命不能简单地在群体内部繁殖，而必须以某种方式来自外部。亲属制度的根本意义就在这里。

我们知道，对于列维－斯特劳斯来说，这一要求可以概括为一个说法：乱伦禁忌。我们在这里不必重温一条众所周知的论证，即这种禁忌被视为自然和文化的衔接点，正如规则作为规则出现一样；简而言之，一如制度的起源。从我提出的问题出发，我觉得最重要的是把这一禁忌视为人群之间要求对等的根本体现。一如作为其扩大的社会表现的族外婚制度，乱伦禁忌是一条对等规则。你不要的和不给你的女人就是这样提供的。那么，提供给谁呢？有时给一个被制度界定的群体，有时则给一个不确定的、永远开放的集体，这个集体只在排除近亲方面受限，我们这个社会正是这种情形。[②]

① 列维－斯特劳斯．亲属关系的基本结构．巴黎－海牙：穆桐－德·库伊岱书局，1949：569-570.

② 同① 60.

总之，这一禁忌的头一个目的是使血亲群体变成实行族外婚的群 160
体——换句话说，迫使他们乞助另一个群体来实现至关重要的目标：群体的繁衍。所以他们才会摈弃与所在群体的妇女通婚，其条件和直接的保证是另一个群体也照样去做。根据什么逻辑？答案是：一个人类群体只有通过联姻，对自己的界定才会存在。在某种意义上，子嗣关系体现在生命的过程中，如果选择配偶服从同一个逻辑，这个群体就会停滞在自我封闭当中。禁忌跟催生社会是一回事，是一种比血亲群体更大的建制：它始于联姻。这就如同说：咱们和他们之间有个约定。联姻是把不同的东西放在一起，“放在一起”从字面上看就是 sym-ballein，即 sym-bole，彼此契合的意思。我们于是也许更能理解列维－斯特劳斯的说法：不寻求象征性的社会起源，而是解释社会的象征性起源①。

然而，这种联姻是为了对等地交换妻子而产生的，是毛斯在《论馈赠》里阐明的礼仪性赠予关系的一个专门示例。列维－斯特劳斯承认，他的关于亲属关系的工作的全部灵感都来源于毛斯的这本书。有鉴于此，我们必须跟这两位作者一道，把这种公开的、对等的礼仪性赠予搞明白，以之作为另外两种赠予的基础。另外两种赠予的类型遵循不同的逻辑，一种是单方无偿赠予（don gracieux unilatéral）（因而不是对等的，可能是公开的），另一种是互助赠予（don solidaire）（以实用的而非贵重物品相助为目的）。礼仪性赠予首先是一种确保两个群体彼此认可的给予；关系依然是竞争性的，事关合作伙伴的威信

① 列维－斯特劳斯．马塞尔・毛斯著作导言 // 毛斯．社会学和人类学．巴黎：法国高校出版社，1950：XXII.

和荣誉。在毛斯研究的所有这些形式当中，联姻——这一点他谈得不多——实际上是最具决定性的，因为它关涉群体的生活，及其在利害
161 攸关的世代运行当中的延续。从这个角度来看，依然如列维－斯特劳斯所说："认为我们交换或赠送女性，同时交换或赠送礼物，这个说法是错误的。因为在只能以对等的礼物的形式获得的礼物当中，女性本身不过是礼物之一，顶级的那种。"[1]他在最后几页里补充道，乱伦禁忌"归根结底是最典型的赠予规则"[2]。

但是，首要的是点明我认为至关重要的论点的一个方面：这种交换必须有相异性因素的参与才能进行。这个因素通过性本能得到表现，即列维－斯特劳斯所说的"唯一需要有他人的刺激，才能定义自身"[3]的本能。但是，这只是一个初步条件，可将这种关系放在性结合的层面。唯有联姻能把这种生物学的必要性转化为社会现象。女性之所以扮演着这种核心角色，是因为她们自身有延续生命的能力，同时也由于她们在群体里直接代表着跳出群体本身的可能性。因此，这一点对阿道夫・P. 艾尔金[4]研究的部分澳大利亚居民里的夫妻关系来说至关重要，因为它能够揭示女性在群体中的矛盾地位：

---

① 列维－斯特劳斯．亲属关系的基本结构．巴黎：拉埃叶书局，穆桐－德库里耶尔书局，1949：76.

② 同① 552.

③ 同① 14. 问题在于"克服从两个互不相容的方面看待同一个妇女的矛盾做法，即一方面视之为出于性本能本身和诱发亢奋的欲求和占有的对象，另一方面又视之为欲求他者的主体，即通过联姻与之结交的一种手段"（列维－斯特劳斯．亲属关系的基本结构．巴黎：拉埃叶书局，穆桐－德库里耶尔书局，1949：569）。

④ 阿道夫・P. 艾尔金（Adolphus P. Elkin，1891—1979），定居澳大利亚的英国人类学家。——译者注

> 唯一的原因是她（女性）甚至必须（从而能够）成为另一个人。一旦成为另一个人（通过归属作为其另一半的男性），相对于作为其另一半的男性，她就有资格在伴侣身边扮演本属于她的角色了。在飨宴上，交换的礼物可以是相同的；按照科帕拉人（kopara）的习俗，进入交换的女性可以跟原先提供的女性相同
> （平起平坐）。对于双方来说，只要把相异性标识出来便足矣，相 162
> 异性是在一个结构里的某种地位导致的，并非先天性格所造成。[①]

然而，在某种程度上，这种被视为禁忌之必要条件的重要的相异性变成了一种价值，辐射到各种各样的行为、情境、关系——总之，它在众多情境中形成了一个隐含意义的巨大网络。列维－斯特劳斯借助分析一个关于马来西亚森林居民的例子，已经指出了这一点，留给人强烈的印象。这些居民认为，一些严重的错误会引发狂风暴雨。被他们列入清单的错误看起来鱼龙混杂：近亲结婚；父亲睡得离女儿太近，母亲睡得离儿子太近；说话不经思考；出言不逊；小孩子玩耍时喊叫；模仿某些动物的叫声；照镜子时看着自己的脸发笑；把猴子装扮成人；嘲笑。这些错误所囊括的行为，它们之间是什么关系？对于这个问题，当地人给出的解释很有趣：不能嘲笑镜中自己的形象，因为镜子不会自我保护；换成另一个人反而可以这么做，因为他有这种自我保护的能力。对于穿上衣服的猴子也可以这么做，因为它跟人相

① 列维－斯特劳斯. 亲属关系的基本结构. 巴黎：拉埃叶书局，穆桐－德库里耶尔书局，1949：133.

似，虽然没法像人一样行动。同理，模仿虫鸣鸟叫是僭用它们的语言和地位。大声说话或喊叫同样是对言语交流的离谱的使用。总之，无论哪一种方式，要么是忽视与对方的相异性，剥夺其回答的权利，要么是糟蹋交流和沟通的手段。这是因为，词语不仅是一种中性的交流媒介，而且承载着价值；出自我们，给予别人。列维－斯特劳斯从而
163 得出如下结论：所有这些禁忌都归结于一个共同点，即语言的滥用，因而属于乱伦禁忌，或者令人想到乱伦行为。如若不是表明妇女被当作符号对待，不把符号的专属功能即传情达意赋予她们，而是虐待她们，那么这些还能表明什么呢？[①]不过，我们知道，这些禁忌是相异性的符号，姻亲的保障。概括起来，说话、结婚、与他人或其他存在发生联系总是令人质疑，只有对等并且承认任何他者——无论是不是人类——的相异性，一种关系才是公正的、有尊严的——避开了滥用和鄙视。

列维－斯特劳斯还提出了一些这种逻辑的例子。关于波利尼西亚的礼仪式交换，他指出："只要有可能，财产就不被允许在父系亲属内部进行交换，而是被运往别的群体和村庄。"不履行这一义务被称作"索里塔娜"(soritana)，意思是"吃在自家篮子里"[②]。这就是列维－斯特劳斯所说的"一种社会乱伦"[③]，从而有了这个提法："从广义上理解的乱伦是获取要靠自己和为自己，而不是靠别人和为别人。"[④]可是，这里有趣的是，正如异族通婚所显示的那样，禁忌不仅首先是

① 列维－斯特劳斯．亲属关系的基本结构．巴黎：拉埃叶书局，穆桐－德库里耶尔书局，1949：568. 着重号为作者所加。

② 同① 67-68.

③ 同① 68.

④ 同① 561.

一条积极的对等性规则，最重要的是与特定的财物相关——例如飨宴上的食物（rich food）——交换的要求的最佳载体是普遍认可，带有相异性的标记；这一点也适用于其他一切贵重财物；它们一开始就被视为社会财物；按照列维－斯特劳斯的论证，这就是说，这些财物必须被拿出来分享、给予或从他人那里接受。这些是贵重财物，而不是实用财物，因为它们有资格成为相互承认的象征物。由于它们跟血亲群体中的女性一样，都是相异性的符号，所以是对等性机制的一部 164
分；由于超越了单纯的生命繁殖，它们被划归联姻的范畴，同时也是社会的范畴：它们被定为一个制度，原因就在这里。

这种要求是否已经从我们的实际生活中消失了？我们是不是丧失了这种强烈的对等意识？看起来没有，列维－斯特劳斯说。为了理解这一逻辑（从而理解乱伦禁忌），他随即提出了一个看似微不足道的当代的例子：他在法国南部的一家简朴的餐馆里看到，坐到餐桌旁用午餐的食客发现，刀叉旁边摆着一小瓶酒，那是菜单上列出的。随后出现了这样的事：每个食客都用自己这一瓶给对面的食客斟酒，交谈于是开始。这种交换看上去很奇怪，因为它是零和。不过，重要的事情发生了：通过这个姿态，每个人都认可和见证了建立关系的愿望。葡萄酒为什么能够导致这样的交流？因为葡萄酒跟只用于活命的食物不同，是奢侈品，有助于向他人表达重视，也是节庆的符号，表达一种重视社会关系的愿望，正如这样做的陌生人那样。他们本可以选择不搭话，然而这种地方性的礼仪提供了一个机会，可以通过友好地打交道，摆脱对坐无言的不适感：

> 相互敬酒恰好能够纾解这个短暂的尴尬局面。葡萄酒可用于确认善意，打消彼此的不确定性，用开始接触取代面对面枯坐。不止于此：有权保持矜持的同桌食客，受到改变态度的怂恿；敬酒须回敬，亲善须报以亲善……接受敬酒导致开始另一种交流：交谈。①

165 沟通理论和商品模式：1950—1960 年的十年

对等性是个重要的概念，它以同样重要的相异性为条件（联姻关系被视为跟礼仪性赠予相关）。令人惊讶的是，在 1950—1960 年的十年当中，在发表于不同期刊上的一系列文章里，这个观念似乎被彻底放弃了，后在《结构人类学》（1958 年）里被重新提出。

我们感兴趣的是涉及人类学和语言学的关系的文本。从《马塞尔·毛斯著作导言》（1950 年）开始，这些文本在很大程度上确立了列维－斯特劳斯的结构主义的理论地位。我们在这里不打算进入这场讨论的细节，只想保留一个明显主导着作者的新提法的概念。这个概念便是沟通（communication）。根据这个概念，任何关系的体系本身都是信息载体，即承载一条讯息；在这种情况下，要谈沟通，首先得把信息定义为一种发送者和接收者之间的关系，无论它们是谁。从 1950 年开始，列维－斯特劳斯在《马塞尔·毛斯著作导言》里提出了有关沟通的一般理论，并且勾勒出了一个完整的计划："社会人类

① 列维－斯特劳斯．亲属关系的基本结构．巴黎：拉埃叶书局，穆桐－德库里耶尔书局，1949：70.

学与语言学结合得越来越密切，终有一天会与之合为一门庞大的传播学，她因而可以期待从语言学的广阔视野中受益，同时借助被应用于研究沟通现象的数学推理。”[1]沟通一词在《结构人类学》里出现得更为频繁，主要是在两篇文章里：一篇写于1952年，题为“社会静力学或沟通结构”，是第十五章的一部分；另一篇写于1956年，为第三章和 166
第四章的后记。两篇都专谈语言和亲属关系之间的关系。列维－斯特劳斯认为，对于更新中的人学来说，沟通是一个“统合性概念”[2]。

为什么是统合性？因为这个概念能够用相似的方式处理三个看起来截然不同的重要领域，即三个主要的系统，涉及集体组织和行为人之间的关系：亲属关系系统、经济交流系统和语言系统。三者完全对应于社会科学中三个成功地接近精密科学的严谨性学科：亲属关系人类学、经济学和语言学。对于这种做法的特性，列维－斯特劳斯没有踌躇，他概括如下：“在任何社会里，沟通活动都至少在三个层面进行：关于女性的沟通，关于财物和服务的沟通，关于讯息的沟通。”[3]1956年，这个论点被表述得更明确：

> 将婚姻规则和亲属关系制度视为一种语言，即一整套旨在确保个人和群体之间某种方式的沟通的运作。“讯息”此时由群体内的女性构成，她们在部族、血统或家庭之间流动（而不像语言本

① 列维－斯特劳斯．马塞尔·毛斯著作导言 // 毛斯．社会学和人类学．巴黎：法国高校出版社，1950：XXXVII.

② 列维－斯特劳斯．结构人类学．巴黎：普隆书局，1958：330.

③ 同② 326.

> 身，流动于个人之间的群体词语构成了讯息），这一事实却改变不了这个从姻亲中观察到的现象在两种情形里的同一性。[①]

不过，在提出这个模式时，列维－斯特劳斯并非毫无保留。他指出：在不同的战略层次，每一种模式都依照自身节奏运行；因此，亲属关系的模式可能运行得非常缓慢，讯息交换的模式反而相当快。此外，在亲属关系的布局中，女性既是符号又是价值，尤其重要的是，
167 她们依然是一些个人。然而，这一模式里有个主导的概念：“流通”。一般来说，它适用于财物和讯息，对此没有人持异议。可是，谈论女性的流通，在某种意义上等于忘记了联姻当中的两个外婚制群体的伙伴关系，抹杀了他们作为对等关系中的行为人的作用。这种关系很密切，因为它每一次都把姻亲群体变为赠予者和受赠者。出让一个配偶关涉群体的自我，正如语言交流中说话者的自我；商业交易却没有自我的这种参与，因为商业交易的目的反而是维持流通中的事物和交易伙伴的中立性。不考虑这条根本的区别就是把联姻与合同混为一谈。

从撰写《亲属关系的基本结构》到《结构人类学》发表，这中间美国出版了三部巨著。我们想知道，它们在多大程度上对列维－斯特劳斯的上述观点产生了决定性的影响。这三部著作是约翰·冯·诺依曼和奥斯卡·摩根斯坦的《博弈论》（1944 年）、诺伯特·维纳的《控制论》（1948 年）、克洛德·沙农和瓦伦·韦弗的《传播的数学理论》（1949 年）。现在我们知道，列维－斯特劳斯关于亲属关系系统

① 列维－斯特劳斯．结构人类学．巴黎：普隆书局，1958：69.

的调节假说未获维纳[①]的任何惠赐，因为《控制论》问世时，他的工作已经完成了。我们也知道，战后不久，著名的梅西系列讲座有力地促进了认知科学的概念和理论的发展[②]。可是列维－斯特劳斯并没有出席。可以设想，从参加讲座的格雷戈里·巴特森、玛格丽特·米德和罗曼·雅各布逊那里，他一定得到过一些反响；加之纽约学术界有支持概念创新的独特气氛，列维－斯特劳斯从中得到的益处比他承认的 168
要多。可是我们的本意不在这里。沟通的概念如何助力于改变形成于《亲属关系的基本结构》里的对等性思路[③]才是问题所在。

1952 年的文章在这方面讲得十分明确，反映出变化的幅度：列维－斯特劳斯认为，协调经济学理论和人类学的时刻已到。他补充道："从毛斯的开拓性工作（1904—1905 年，1923—1924 年）算起，直到马林诺夫斯基的关于库拉（kula）交换制度的著作（1922 年），所有的研究都表明，通过分析经济现象，种族理论揭示了一些值得报备的极佳规律。"[④]此话是指《论馈赠》和《西太平洋上的航海者》二书，正是这两部经典揭示和从理论上说明了礼物的仪式化交换的非经济性质。况且，正是在这两本书的启发下，列维－斯特劳斯才能够描述支配着联姻的对等关系，解释乱伦禁忌——总之，才取得整个理论突破，获得亲属关系领域里的承认。假如根据广义的沟通的新模式，

---

① 胡．列维－斯特劳斯：控制论的一次奇特的接纳．人类，2009（169）．

② 杜布伊．认知科学的起源．巴黎：发现出版社，1994.

③ 不妨提出丹·斯柏伯在《人类学中的结构主义》（巴黎：瑟伊出版社，1973）里提出的异议。他建议对码结构和网络结构做出必要的区分。他解释说，语言规则能够创建语句和规范语言代码。另外，亲属关系的规则并不产生在联姻网络中流通的妇女。

④ 列维－斯特劳斯．结构人类学．巴黎：普隆书局，1958：327.

认为这两部著作主要描写实用财物即用于消费的日用商品的流通，那么他的这些成果都将化为乌有。

这个转变，甚至可以说这种前后不一致[①]，会使人感到惊讶。但是
169 必须指出，这种徘徊并不是第一次，它在列维－斯特劳斯最早的一篇文章里已露端倪。这篇文章的题目是“南美洲印第安人之间的战争和贸易”（1943 年）[②]。令人诧异的是，“礼物”和“商品”无区别地在文中交换使用。然而列维－斯特劳斯从未把这篇文章收入两卷本的《结构人类学》和《遥远的目光》，这三本书都是他的文章汇集。原因大概是此文已经在《亲属关系的基本结构》第五章末尾和《忧郁的热带》第二十八章里被重复收入了两次，然而其解读部分却有特别重要的变化。

文章讲到南比亚克瓦拉人的两个敌对帮派的艰难的会面。先是争吵和各种威胁性动作；随后双方开始一边叫阵，一边品评对手身上的吊坠和各种饰物；接着索要和取得这些物件；最后是更为自由的交易。总之，一连串财物的交换从容展开，列维－斯特劳斯将其描述为一通大规模的换货贸易。列维－斯特劳斯 1943 年的文章重拾自己的分析，用了一个后来经常被引用的说法：“商贸交易代表潜在的战争

① 我曾有机会访谈列维－斯特劳斯，当面向他提出了这些问题，访谈录发表于《精神》杂志 2004 年 1 月第 301 期，第 93~96 页。以下是他的回答要点：“从交换的观点转入沟通的观点，抽象的程度更高；在这个层次上，可以消除前一层次的看起来无法削减的不兼容性。例如礼物交换和商品交换，您的新书为之花费了不少笔墨。从交换的角度，即奥古斯都·孔德所说的‘主观综合’的角度来看，这么说没有错，但是若从沟通的角度看，就不是这样了。因为商品交换跟礼物交换一样，只代表一些可用一种共同语表达的方式。”（第 96 页）我们看到，列维－斯特劳斯依然如故。

② 列维－斯特劳斯．南美洲印第安人之间的战争和贸易．复兴，1943（1-2）：122-139.

终获和平解决，战争则是交易失败的出路。”[①]但是，值得注意的是，在 1949 年的《亲属关系的基本结构》第五章涉及对等性的末尾两页，列维－斯特劳斯重提 1943 年的分析，彻底放弃“商贸”一词，但是 170
沿用了词义更宽泛的“交易”。他进一步补充说：“这些都是礼物，不是商业操作。”[②]然而，1955 年的《忧郁的热带》（即在沟通理论主导下的十年的中途），他在很大程度上又回到了商贸假说。

诚然，互换礼物预示着实惠的商品交换，强调这一点没有错；可是，把后者说成前者的目的却非常值得商榷。毛斯已经说得很明白：互换礼物确实能够安保和平，因为这样做表达了最重要的东西，即给予尊重、确认声望、维护荣誉。它关涉群体之间，而不是企业之间的相互肯定。

这种解读上的不确定性，另外一些 1950—1960 年间的文本也可以证实。因此，我们不得不留下这样一个印象：列维－斯特劳斯为外婚制联姻极为出色地界定了公开的礼仪性的对等赠予的机制，可是当涉及物质财物而非个人财物时——比如联姻中的妻子——他却没有看到这一机制，或者看得不是那么清楚。列维－斯特劳斯的高妙的直觉似乎杳然无踪了；陌生人因互斟瓶中酒而变为同席食客，这个对等性

① 列维－斯特劳斯．南美洲印第安人之间的战争和贸易．复兴，1943（1-2）：136.

② 列维－斯特劳斯．亲属关系的基本结构．巴黎：拉埃叶书局，穆桐－德库里耶尔书局，1949：78. 在同一本书的开头，列维－斯特劳斯说得很决绝。他称赞毛斯道：“首先，交换活动出现于原始社会，其形式是交易少于互赠礼物；其次，互赠礼物在这些社会里的地位远比在我们的社会里重要得多；最后，这种原始的交换形式虽然具有经济性质，但实质上并不是经济性的，而是让我们面对一个有幸被他［毛斯］叫作‘全面的社会现象’的现象，也就是说，它兼具社会和宗教、巫术和经济、功利和情感、法律和道德的含义。”（第 61 页）“这里涉及一个普遍的文化模式，甚至可以说这种模式在任何地方都得到了同样的发展。”（第 62 页）

和彼此认可的令人称羡的例子好像多少被忘记了。对于这个问题也许不得不另寻办法。

171

赠予、相异和对等：皮尔斯和维特根斯坦的教益

消失（至少暂时地）的条件看起来是相异性，它是对等性关系的必要条件。我们可把它理解为两个伙伴之间的关系，这种关系既不是偶然的，也不单纯是外部的。为了从理论上更好地理解这一要求和界定这种关系，皮尔斯的三价体的概念对我们来说十分珍贵：皮尔斯区分了单子（la monade）和二价体（la dyade）。

这里涉及三个命题。他把第一种关系命名为单子（如“墙是白的”），对应于一个赋予资质或规定地位的语段，其中只有一个逻辑主语［或命题的行动位（actant）］。第二种关系叫二价体，因为它涉及两个逻辑主语（如“张三杀死李四”），而且要求有及物动词。主动转为被动表明行动至少是潜在地有意为之（因为杀人可能出于意外）。第三种关系是皮尔斯所说的三价体，这里有一个层次上的变化，甚至是范畴的变化：意向此时是明确的；词项之间的关系是所谓心智关系（不同于单纯的物理关系）；意向与行动是相关的；命题包含三个逻辑主语（如“皮埃尔给保罗带来锤子”）。双宾语动词是这方面最好的例子，因为这类动词都有一个直接宾语和一个间接宾语，语法学者称之为三价动词。它们要么是表示言说的动词（如“肯定”“宣布”“告

知”)，要么是表示给予的动词(如“带来”“给予”“提供”“商议”“颁发”“委托”“转让”“建议”“赐予”)。这一类动词是在十分宽泛的意义上被称为“给予”动词的，它们的清单里还包含“出借”“支付”和“出售”义的动词。

之所以说三价类的命题有范畴的变化(在帕斯卡所说的意义上)，是因为给二价体添加一个价项绝对无法构成三价体。三价体打开的是另一个空间，即多元关系：它实际上只是一个多价体的开始。二价体 172
依然是照实记录，三价体却干脆表明词项之间的终极关系。不可能从中把单子和二价体分离出来。“任何对二价素材的描写都无法解释一个意向性的三价现象。”[①]戴贡博评论说。他还指出，勃特朗·罗素与皮尔斯在这个问题上的立场的平行现象很有说服力。在《意义与真理》[②]里，罗素建议将复杂命题(正如可用三价动词表述的命题)析解为小命题。因此，以语句“A 把一本书 B 给 C”为例，它可以分解为两个单位：“A 给出 B”“C 接受 B”。罗素承认，他的提法是“现象论的”，因为它等于将这个行为呈现为两个物理现象的累积，任何意向都不见了。总之，这无异于“规定人与物的关系，而不提人与人的关系。把赠予者和受赠者的关系变成了相对于对象的两种接续关系的一个单纯的逻辑结果”[③]。于是，罗素便与皮尔斯的立场截然相反了。皮尔斯认为，语句“A 把一本书 B 给 C”所包含的意向性是任何物质的描述、任何素材的累积都解释不了的。他在写给维尔比夫人(符号学先驱)

① 戴贡博．意义的建制．巴黎：子夜出版社，1996：236.

② 罗素．意义与真理．法译本．巴黎：弗拉马利翁书局，1959(1940).

③ 同① 239.

的信里正是这样解释的：

> 拿任何一个普通的三价关系来说，你会发现里头永远有一种
> 心智的成分。原初的动作属于二项范畴，任何心智状态都包含一
> 个第三项。试分析一下例如“A 把一本书 B 给 C”里包含的关系
> 吧。我们究竟能得出什么？事情并不在于 A 给出 B，随后 C 接受
> B。随便某一物质的转移不是非发生不可。给予的意义在于 A 依
> 照法则使 C 成为 B 的拥有者。在问题涉及无论什么样的馈赠之前，
> 173 法则就必须以这种或那种方式存在——即使它是强者的法则。[①]

这段文字之所以引人瞩目，不仅因为它提出了任何赠予关系的先决条件，还因为它揭示出任何按照社会关系理解的人际关系的内在逻辑。不过，仍需正确把握皮尔斯所说的法则是什么。按照我们随即的理解，对他来说，这个法则的理念与已经阐明的维度是分不开的：赠予关系属于精神的东西，也就是说带有意向性，因而无法被还原为原初的行为，而且有一个统摄的要素，即三价体各项之间的终极关系。“法则”在这里的意思是三价体的三个单项之间有必然的联系。这就意味着无法将关系成对地分离出来，因为每个单项（不论管它叫主体还是行动位）依据位置的不同都是另外两个单项的媒介；人与人之间的关系跟人与物的关系是分不开的。然而这引出了另一个维度，同时也是一个必要条件：相异性。在这方面，我们可以求助于维特根斯

① 皮尔斯．论文集：卷Ⅷ．戴贡博，译．哈佛，1958：225-226.

坦。戴贡博提醒我们跟这场辩论有关的一段珍贵文字：“我的右手为什么不能给左手钱？右手可以把钱递给左手。右手写下捐赠契约，左手写下收据。可是随之而来的实际结果却不是捐赠。”[①]维特根斯坦进一步说，的确应该问：“那么接下来如何？”[②]答案必然是：没有任何下文。赠受关系只会发生在真实的自主的个人之间。而这正是纯粹的社会关系。发生这种关系不是因为有他者的表象（主体之间的关系却可 174
以是这种表象），而是因为有他者本人。正是在这一点上，维特根斯坦关于两只手的说法（我的右手给左手）极为重要。只有假定存在着赠予者和受赠者的个人分界，皮尔斯所说的“给予”才有可能。我不可能成为一项馈赠（或一般性的供给）的受益者，除非赠给我自己。

当交换成为法则

至此，我们掌握了两条教益良多的论据，便于我们回到列维－斯特劳斯。它们既与对等性有关，也与相异性条件有关。

让我们回到第一个问题。可以说，列维－斯特劳斯运用的模式与皮尔斯的三价关系完全对应。[③]在《马塞尔·毛斯著作导言》里可以看到对于这个模式的阐述。这篇导言回应了他已经在《亲属关系的基本结构》里阐述过的提法。让我们从讲得最明确的这篇导言开始。列

① 维特根斯坦．哲学研究 // 皮尔斯．论文集：卷Ⅷ．戴贡博，译．哈佛，1958：241-242.

② 同①．

③ 很奇怪，戴贡博没有注意到这一点，尽管他本人的《意义的建制》一书第 18 章“关于馈赠的论述”大多用于讨论和反驳列维－斯特劳斯对毛斯提出的异议。

维－斯特劳斯在文中重提《论馈赠》的中心问题，即回礼的义务［用有关毛利人的“豪”（hau）的著名理论说明，在土著人的头脑里，礼物的这种灵力似乎是必须回赠的缘由］。列维－斯特劳斯首先称赞毛斯懂得“交换活动是一大批看似驳杂的社会活动的公分母。但是，他没有做到从事实中看出这种交换。经验观察并没有把交换提供给他，而只提供了——正如他自己所说——‘三项义务：给予、接受、回报’。
175 他的整个理论要求有某种结构，经验只能提供一些碎片、一些分散的肢体，或者更恰当地说，一些成分”[1]。

毛斯在某种意义上指示了缺失的解释。列维－斯特劳斯的回答是：“交换才是原始现象，而不是分解社会生活的零碎操作。”[2]这个提法正好对应于二价关系的现象和三价关系的现象之间的区别。列维－斯特劳斯所说的交换是一个关系的整体，从一开始就应当被理解为统合着构成它的时间和要素，是一个“经验只提供其碎片的结构”。这对甥舅关系同样适用：“没有必要解释舅父如何进入亲属关系的结构：他不出现在里头，而是立即给定的，是结构的一个条件。”[3]跟联姻一样，交换当中有一个必然将其所有部件立即连接起来的结构，或者按照皮尔斯的说法，是一种依循法则的关系。这就是交换的概念在列维－斯特劳斯那里的基本含义：他首先界定了对等关系（很少人理解）。这个交换的概念使他比皮尔斯走得更远。问题不在于简单地理

① 列维－斯特劳斯．马塞尔·毛斯著作导言 // 毛斯．社会学和人类学．巴黎：法国高校出版社，1950：XXXVII-XXXVIII.

② 同①．着重号为作者所加。

③ 列维－斯特劳斯．结构人类学．巴黎：普隆书局，1958：57.

解构成三价体的“赠予者 / 受赠者 / 赠予物”之间的意向性关联，而应该在第二个层次上理解另一种意向性，它包含接受赠予物，特别是做出回报（二者并非一码事，也用不着立即回报）。正如三价关系不可分割那样，在一个更复杂的层次上，作为对等运动的交换同样是不可分割的。交换由三个时刻组成：给予、接受、回报。在这方面，它有一个类似于双人游戏的结构。这一点至关重要，有了它就能理解什
么是义务：接了球就有打回去的义务，不是基于道义，也不是因为不 176
这么做就算违规，而仅仅是为了不出局。这样一来，对等性首先意味着服从接受一条或一套规则所蕴含的内在逻辑（这无疑是毛利人的灵力“豪”的逻辑，也是一切奢靡的呈献仪式的逻辑）。从这个角度（通道由皮尔斯和维特根斯坦建立）看待事物，才有可能重新解读《亲属关系的基本结构》里的知名段落，这段话重温了被视为普遍存在的交换活动的“心智结构”：

> 看起来，它们（心智结构）有三种：把规则当规则的要求；被视为最直接的形式的对等性概念，自我与他人的对立可以在这个形式下整合；礼物的综合性特点，即某种价值从一人到另一人的被认可的转移把两人变成伙伴，同时给被转移的价值添加了一种资质。[①]

① 列维 - 斯特劳斯 . 亲属关系的基本结构 . 巴黎：拉埃叶书局，穆桐 - 德库里耶尔书局，1949：98.

有了“把规则当规则”，我们就进入了惯例，进入了一份不明言的协约；有了“对等性概念”，我们就直接进入了一个三价关系的结构；有了“礼物的综合性特点”，我们就获得了有变为象征的财物做担保的承认。

准确地说，现在摆在我们面前的是相异性的先决条件。维特根斯坦所说的做不到的事情——给自己送礼——其前提是赠予必有一个真实的接受者，即另一个人；然而，在建制层面上，这个先决条件完全对应于一个群体走出自我，与另一个有足够差别的群体结盟的义务［例如，继嗣关系跟平表亲（cousin parallèle）不同，交表亲（cousin croisé）的义务永远有别于自我的义务］。我们看到，超越血亲群体的
177 社会由于走出自我才得以确立。社会正是这样从联姻开始的。走出自我是乱伦禁忌当中的一项义务。于是，我们再次回到了本文开头探讨的语义场，它涵盖把隐指乱伦的意义分派给各种实践，重复同一做法的态度[①]，自我封闭，忽视他人，个人耗用集体财物。相异性的这个先决条件因其亦是对等关系的条件而更为严格，因而也是可能存在一种交换活动的结构——在回应的强烈意义上——的条件。然而，看起来这种建构的对等性和相异性正是沟通模式所没有的。伙伴之间的争斗关系被抹平了，消失在两个极点的技术性形象当中：发送者和接收者。这是这一理论的概括（概括过度）迷惑人之处。值得庆幸的是，时隔不久，它就遭到了富含经验的民族学材料的质疑。从《今日图腾

① 此处应讨论弗朗索瓦兹·艾利梯叶就这个问题提出的一篇出色分析：艾利梯叶．乱伦及其禁忌的象征 // 伊扎德，史密斯．象征功能．巴黎：伽利玛出版社，1979：209-244.

崇拜》和《野性的思维》开始，人与物的分类体系、差异巨大的群体的社会运转等都要求重新反思对等性的形式。

可是，特别是在《神话学》中有大量叙述，涉及社会生活的方式，以及有关保持适当距离、对别人守礼、必要的回馈、分担活计等等的要求。《从蜂蜜到烟灰》和《餐桌礼仪的起源》里主要就是这方面的故事。其中既有宇宙观，又有社会秩序，也包含对于性别差异的肯定和道德观。

有关蜂蜜和烟草的一系列神话也是如此。两种比喻性的烹饪方式被拿出来对比。一个是蜂蜜，这是一种被认为极美味的食品，以某种方式自然而然地“熟了”，因而消费可以无须准备，不必经由什么仪式或人类活动。就这一点而言，蜂蜜是危险的、诱人的：它仍然属于 178
未加工物（“天然的”）的范畴，却给人以加工品（“文化”）的假象。于是有了那个贪吃蜂蜜的女孩，对这种天然食物痴迷，独自贪吃未经烹饪的蜂蜜，把一切社会调解办法忘在脑后，由于没做必须做出的祷告，最后自己被消费了。另一个是烟草。烟草的地位与蜂蜜相反：只有“熟过头”才可消费，即先得干燥（在阳光下晒），最终变成灰烬；可是，“熟过头”也不能提供食物，而只提供烟气。我们在这里处于一种过度的文化当中：这就是烟草与精神和无形的世界有关的原因。蜂蜜总是在烹煮之下，烟草在烹煮之上。在两个极端之间，神话发明了各种各样的中介形象，形成了众多叙事变体。作为表达过度的手段，蜂蜜和烟草之所以可让人们“代入”各种行为，把社会学与风尚衔接起来，就是这个原因。作为一种天然的、无须烹煮的食物，蜂蜜于是便被拿来跟引诱人的女性形象相提并论。痴迷蜂蜜的女孩提供了一种未经联姻的配偶关系，即把本应属于制度的截用为私人的。于是得靠人们向另一个方向拽拉以恢复平衡，拉向过度烹饪，即烟草消费。但是，这里之所以把受怀疑的对象指认为一个女性形象，恰恰因为要靠女性继续充当这一“相异性的符号”，也就是联姻的中介和关键。女性于是进入厨灶之主的角色，负责调和极端的情形，一身尽兼其所有方式——从烤架到煮锅，一切状况，一切组合，熟与生，熏与煮，使得人类能够调剂与周围世界的关系、食物来源、同他人的关系；生命于是得到组织、繁衍，有时是庆祝。

我们知道，通过南北美洲土著社会的许多神话叙事的材料，列
179 维－斯特劳斯找到了对等性的先决条件，这些条件是亲属关系制度的核心，乱伦禁忌为其最重要的证明。1950—1960 年间他曾尝试把联姻关系省约为女性的沟通、财物和服务的沟通、讯息的沟通，即根据信息论模型将其归结为一个沟通活动的结构；争强斗胜的礼物交换与唯利是图的商品交换几乎被混为一谈。这方面的诱惑看起来已经驱除；研究的现象于是确定，尽管作者本人从未明确承认这一转变。①

结论：与他者一起生活，或曰野蛮人的教训

重读《亲属关系的基本结构》的最后几行文字，列维－斯特劳斯

① 列维－斯特劳斯未亲自澄清立场，应当承认这是有极大损害的，招致了不少误解。1950—1960 年的文字被拿来与在此前后的文字对照，经常造成曲解，尤其是对于“交换”一词。

提醒不可“与交换的法则要计谋，只赢不输，只享受，不分享”，就能够清楚地理解，这不是关于财物或贸易的简单流通的法则。它是承担结果——就送礼 / 还礼而言——的法则，以及对等性即懂得还礼的法则。社会关系既不是孤立的个人之间的交叉，也不是被制度机制简单规定的群体的成员之间的运动。这首先是一种各异而自主的行为人之间的关系，他们打交道、起冲突，不得不协商解决他们的相异性，而且有义务在对等性制约之下这样做。

因此，结果不仅是“小圈子生活”，也不仅是封闭在“一模一样”的圈子里，而且在于忽略了与他人保持适当距离（太近），或者是过 180
于疏远，成为家里的陌生人（太远）。从这个观点看，《餐桌礼仪的起源》里题为“处世之道的规矩”的最后一部分举出大量例子，以说明礼尚往来和美洲印第安人神话很重视的平衡外界关系的义务。这本书末尾的反思似乎回应了本文开头提到的《亲属关系的基本结构》的最后数行文字。这几页对我们的文明的批评甚为严厉，可视为恳切地呼吁最终学会与他人共同生活：

> 神话的内在伦理恰恰跟我们当今的伦理相悖。无论怎样，这种伦理告诉我们，一种如“他人是地狱”这样的在我们这里极为走红的说法不是一个哲学命题，而是一个文明的民族学见证。当野蛮人反而宣称“我们是地狱”时，他们是在给我们上一堂如何保持谦逊的课，他们宁愿认为我们能够聆听。本世纪，经历了如此多的其丰富性和多样性构成远古时期最清晰的遗产的社会之

> 后，人类致力于摧毁数不清的生命形式。也许从来没有必要说，正如神话告诉我们的那样，一种讲究次序的人文主义并非始于自我，而是把世界置于生命之上，把生命置于人类之上，把尊重别的生命置于自爱之上。[①]

列维－斯特劳斯警告我们，须警惕“与交换的法则要计谋，只赢不输，只享受，不分享”[②]，我们于是对交换一词在他眼里的含义就有了更好的理解：既受到调节，也未必真实的关系的游戏将共同生存编织起来，在这场游戏里，接受了他者——无论他者是不是人类——的好处之后，当予回报。

① 列维－斯特劳斯．餐桌礼仪的起源．巴黎：普隆书局，1968：422.

② 列维－斯特劳斯．亲属关系的基本结构．巴黎：拉埃叶书局，穆桐－德库里耶尔书局，1949：569.

树木和格栅：关于结构人类学的转换的概念

菲利普·戴考拉

（法兰西公学自然人类学讲席教授）

克洛德·列维－斯特劳斯在著述里多次指出，转换的概念是他践行的一类结构分析的基石。他从语言学借用了按照区别性差异的系统理解的结构，同时赋予这种系统一种分析的活力，因为他能够把同属一组的模式之间的有规律的转换组织起来，即应用于同一组现象。结构不能简化为系统——换句话说，不能简化为由要素和把它们结合起来的关系所组成的简单集合；这是因为，按照他在迪迪叶·埃里蓬对他的访谈中的解释，要谈结构，“成分与数个集合的关系之间必须出现不变的关系，这样就可以通过转换从一个集合过渡到另一个集
182 合”[①]。他坦言，转换的概念源自战争期间他在美国阅读的生物学家达尔西·温特沃斯·汤普森的杰作《成长和形式》[②]。然而，为了说明这种方法的孕育力（fécondité），他给出的并不是神话分析的例子——例如他在“阿斯迪法尔的武功歌”里将其提升到顶级的系统性——而是对亲属关系系统的研究：“如果要我提出一个单一的原则，妇女在

① 列维－斯特劳斯，埃里蓬．近观与远眺．巴黎：奥蒂尔·雅各布书局，1988：159.

② 同① 158.

社会次群体之间的流通，为了说明婚姻的所有规则，这些依时地变化的规则，应当归结到同一种转换的状态。”[①]这个参照仍然令人感到意外。确实，《亲属关系的基本结构》里不仅没有出现“转换群”的提法，而且列维-斯特劳斯本人运用转换时也有很大差别：先是作为一个初始关系的变体，随后在神话分析里变为“转换群”的概念。本文要探索的正是这个差别和列维-斯特劳斯对于转换的两种不同含义的运用，因其涉及形态发生学的两个不同的传统。[②]

在《亲属关系的基本结构》里，交换妇女是不变的关系，这是对等原则的表现，这条原则本身又是乱伦禁忌的一个正面的形式。因为，我们知道，群体内部禁婚，是因为必须把女人嫁给别的群体的男人，换来他们的妇女。在《亲属关系的基本结构》里，列维-斯特劳斯分析的所有婚配形式都是这一初始原则的转换，相对于能够赋予对等原则的最简单的社会学形式，即二元组织（organisation dualiste），他研究的这些形式越来越复杂。二元组织实际上由两个依外婚制规则 183
交换妇女的层级（classe）组成；在列维-斯特劳斯看来，这个制度却不是派生出其他一切组织的最原始的组织形式，而是对等的最小组织形式，无此，任何社会生活都谈不上。

二元组织的第一次转换是在由并非两个，而是四个或八个分级组成的亲属制度里完成的，因为迎娶和嫁出妇女的群体由于不再生活在

① 列维-斯特劳斯，埃里蓬．近观与远眺．巴黎：奥蒂尔·雅各布书局，1988：159.

② 在一篇关于结构主义的形态学起源的出色论文里，让·波迪杜回顾了列维-斯特劳斯使用过的一些该领域的资料，但是没有对列维-斯特劳斯的运用特点做出对比，这正是我希望在本文里做的。参见：波迪杜．结构主义的形态学谱系．批评，1999（620-621）：97-122.

同一地点而重新区分。这种转换本身被安排为两个序列，一个转换为另一个。第一个序列以卡瑞拉（Kariera）和阿朗达（Aranda）类型①的亲属关系制度为特点，粗略看来，这是二元组织的直接转换，只是给原群体回送妇女的时间会延迟。例如，在四个分级的形式下，妇女由 A1（半族 A 的第 1 部分）给 B2（半族 B 的第 2 部分），B2 给 A2（半族 A 的第 2 部分），A2 给 B1（半族 B 的第 1 部分），B1 再给回起始点 A1。因此，交换当然总是在两个分级之间进行，可是每个分级都细分为两个部分，这便是列维－斯特劳斯所说的有限交换。四分制家系依赖于两分制的说法其实有误导性。列维－斯特劳斯指出，实际上，卡瑞拉和阿朗达系统的有限交换不仅不是二元组织的一种进化，即按照从简单到复杂的模式，而且是对复杂的默尔金（Murngin）系统的一种简化的转换，因为虽然从子嗣来看，默尔金系统有四个分级，但是从婚姻的角度来看，却是按照八个分级运转的。有鉴于此，交换就不是直接对等的，而是定向的：妇女由 A 给 B，B 给 C，C 给
184 *n*，*n* 再给 A。这就是普遍交换。不过，尽管表面上复杂，普遍交换却是原始的逻辑结构，因为这种结构最完整地发展了原始不变量的可能性，即对等性的义务。克钦人（Kachin）②的系统带来了一场新变革，即普遍交换与买卖婚姻相结合：妇女由 A 给 B，B 给 C，C 给 *n*，*n* 再给 A；不过，B 也给 A 财物，它虽然从 A 接受妇女，却不回送妇女给 A；从 C 那里，B 既接受财物，又给予妇女；等等。这样一来，就

① 分别得名于初次得到描写和理论化的两个澳大利亚社会。

② 缅甸的山地居民。

出现了财物和妇女的两股流通，每一股的方向都与另一股相反。买卖婚姻会增加群体所承担的风险，即虽然出让妇女，周期结束时却并无找到另一个妇女的保证。这是普遍交换的一次转换，即在维护原则的同时，将历史偶然性纳入了人员流动的机制，并且通过用财富换妇女，保证了普遍交换的长周期能够持续下去。列维－斯特劳斯的这部关于亲属关系的杰作的最后一部分针对的是中国和印度，二者均提供了有限交换和普遍交换的各种组合，即对等性的原始结构的复杂转换的例子。中国混合了农民的有限交换和贵族的普遍交换，而印度正在经历从普遍交换进入高贵种姓的同层或攀高婚姻的双重演变，并走向低种姓在有限交换系统内部的关闭。显然，依照《亲属关系的基本结构》的方式来理解和运用的转换，在不少方面跟达尔西・汤普森所阐发的转换不同，也有别于多年后列维－斯特劳斯本人所说的在分析婚姻交换的类型时对他很有启发的转换。婚姻形式的这张树形图其实更 185
像歌德的“原形式”（Urform）的有序变化，也就是受对等原则支配的妇女交换，列维－斯特劳斯展示出结亲在多种形态下的所有的逻辑结果。歌德梦想终有一日能够发现“原型植物”，即通过对所有植物物种——不光是现今所有的，也包括逻辑上可能的[①]——的全部特性系数进行改造便可获得的原型。跟他一样，列维－斯特劳斯在对等原则当中也看到了一切可能的婚姻形式的源头，并且提出了其发展的法则。歌德反对卡尔・林奈的植物学观点，因为他摒弃了无论多么详尽的静态的属性图表，反而从最初的复杂组合里推演出生物形式的转换

① 歌德 . 试解植物变形 . 戈塔：C.W. 艾丁格出版，1790.

的原则。跟他一样，列维－斯特劳斯在社会形态领域里也摆脱了阿尔弗雷德·拉德克利夫－布朗，因为在他看来，能够将对等原则的逻辑可能性最大化的结构才是原始的，而不是留取派生出复杂形式的最简单的婚姻形式作为起始点。

歌德的这种构想把变化视为从一个复杂原型而来，也就是列维－斯特劳斯运用于社会形态学研究的转换的模型。与之形成反照，达尔西·汤普森对于变化的设想则强调转换的格栅的几何简单性，它可使一种生物形式过渡到另一种生物形式，而不必考虑某个可派生出所有其他生物形式的复杂的原始形式。这也是列维－斯特劳斯的立场，不过用于一个完全不同的形态领域：神话分析。这是因为，不计他在与
186 迪迪叶·埃里蓬的谈话中对达尔西·汤普森的赞扬，也排除他在对婚姻形式的研究里有关转换的观念的例证——正如我们已经看到的，更接近歌德而不是达尔西·汤普森——他对达尔西·汤普森的另一个重要参指是在《裸人·终乐章》里，这一次他相当汤普森式地明确解释了这种方式：在分析神话的过程中，他据此运用了“转换群”的概念。[①]

让我们简单回顾一下，“转换群”在应用它的列维－斯特劳斯那里是个什么概念。狭义地看，首先可以说，它指一个神话的所有变体，保持着同一个结构，包括倒置的变体。“它是指同一个神话的所有情形，”列维－斯特劳斯写道，“以及各个版本的表面分歧应视为同一

---

① 列维－斯特劳斯．裸人．巴黎：普隆书局，1971：604-606. 列维－斯特劳斯另有两次附带地提到了达尔西·汤普森，一次见于《结构人类学》(巴黎：普隆书局，1958：358)，另一次见于《从蜂蜜到烟灰》第 74 页的注解。不过，这两处都没有头两次提及那么重要。

群组内的转换的产物。"[①]在更一般的意义上，也可以说，一个转换群是由所有可证明通过互借神话素而互为转换的神话组成的。它们会颠倒神话素的动机，置换功能或更改形式与内容之间的关系。结果是，在法则上，这些可从其内部找到这些操作的神话的整体就是一个转换群。转换群可以由相邻社会的神话组成，而且由于彼此了解，它们会故意在置换上做文章。可是，构成转换群的也可以是一个大得多的神话集合，只要它们之间仍有转换的可能。从这个角度看，可以说，南北美洲的神话为列维－斯特劳斯组成了一个巨大的潜在的转换群[②]。

我手边的一个例子可以提示最简形式的转换群是如何运转的，这 187
是一个将相邻社会的神话加以倒置的形式。例子借自列维－斯特劳斯，他把英属哥伦比亚地区的两个部落的神话[③]联系起来，以极高的技巧展示了神话的内容和技术－经济背景如何互为颠倒。贝拉贝拉人（Bella Bella）是海岸居民，他们流传着一个吃人女妖绑架孩子的故事，讲述孩子如何在保护人的建议下，历经千难万苦，终于恢复了自由。孩子的父亲随后去找绑架者，取走了她的所有财富——铜板、皮草、鞣制皮革、肉干……他把它们分发给周围的人，于是有了炫富宴的来源。孩子摆脱女妖的方式很有原创性：他捡起女妖钓到的蛤蜊的吸管，套在手指头上，在女妖面前挥舞，这令她惊恐不已，仰面倒地而亡。尽管神话讲述的故事通常都不合理，但在此处人们还是

① 列维－斯特劳斯. 生食与熟食. 巴黎：普隆书局，1964：146.

② 这个泛美洲的转换群也可以包括神话以外的东西，艾玛纽埃尔·戴沃便致力于说明这一点，见其著作《美洲积分题：论列维－斯特劳斯的人类学》（日内瓦：乔治出版社，2001）。

③ 列维－斯特劳斯. 遥远的目光. 巴黎：普隆书局，1983：148-152.

不禁要问，孩子挥舞的细小的吸管怎么会吓倒食人女妖。按照列维－斯特劳斯的说法，这个谜团之解在另一个部落的神话里，奇尔科丹（Chilcotin）部落居住在离贝拉贝拉人不远的内陆。他们也有个男孩遭绑架的故事，这回是威力强大的巫师“猫头鹰”所为。男孩的父母最后发现了藏匿他的地点，把他带回了家。在他们追捕猫头鹰的过程中，年轻的主人公把山羊角套在手上，像爪子似的挥舞。男孩还留心取走了猫头鹰所有的角贝、白色小贝壳，这些后来都成了他最大的财富。

188 列维－斯特劳斯说，不难看出，贝拉贝拉的神话和奇尔科丹的神话有相同的故事框架，都是讲述一个孩子如何利用自己制造的爪子摆脱绑架者，攫取其宝藏的策略和追求的目标也相同。但是，施行策略的手段和目标的性质是对称而相反的：蛤蜊的吸管属于海洋世界的无害的软体动物的附属器官，导致获取女妖的陆地财宝；山羊角则是来自陆地世界的坚硬和危险的东西，导致获取巫师猫头鹰的海洋财富。当神话从一个社会转入另一个社会时，鉴于神话思维的特点，这种颠倒很能说明一则神话能够经历的转换。不过，这种思维同样反映出它所依赖的物质材料的转换。事实上，内陆部落贪图包括角贝类的海产，用他们那里极普通的女妖拥有的产品与之交换。因此，财物的流动类似于构成神话转换的特点的交错配列：一种软体动物的附属器官由于太普通而被一些人看不起，另一种软体动物的外壳由于罕见而受另外一些人青睐，二者在两族群各自的自然环境之间保持同一种优越的对称关系。简而言之，结构分析显示，就出现在环境中的反衬性词汇构成的范式而言，所有词项都可以为神话思维所用，“只要以我们有责任重建的变换为代价，它们就可以让我们能够表达同一类意义，但不是各顾各的意义，而是通过与同样在变化中的其他词项的对立”[①]。

让我们回到《裸人·终乐章》里提到达尔西·汤普森的背景。列维－斯特劳斯在这段话里坚称，神话思维本质上是转换性的：“无 189
论是部落群体内部，还是通过人际传播，每一则神话自诞生起就会因‘讲述人’的变动而改变；有一些要素失落，另一些要素取而代之，序列被打乱，扭曲的结构会经历一连串状态，这些逐次异变的状态依然保留了群组的特征。”[②]况且，列维－斯特劳斯之所以重提达尔西·汤普森，是为了强调神话的这种转换的特点。他认为，这表明通过持续不断的一系列过渡，一个鲜活的形式会变为另一个鲜活的形式，同时变换坐标空间的参数。不过，他立即补充说，神话和有机体有规模大小之分，因为从中展开神话的转换群会形成一个虚拟的连续体，分析者从中做出理想的截取，可是有机体之间的具体的或一般的差异与遗传密码的非连续性直接相关。对于生物形式的这种离散的特征，达尔西·汤普森本人并未忽视。他用连续变异来分析这些转换。“不管我们运用的分类办法属于数学、物理学还是生物学，”他写道，“‘非连续性原则’都是它们所固有的；如果追加条件，例如参量按整数变化，或者如物理学家所说，按量子变化，那么就可以进一步削弱可能出现的形式的无穷性——无穷性总是有限的——而且引起其他的

① 列维－斯特劳斯．结构主义与经验主义．人类，1976，16（2-3）：28.

② 列维－斯特劳斯．裸人．巴黎：普隆书局，1971：603-604.

非连续性。”[①]换句话说，一如绘画中的变形，达尔西·汤普森的连续变异的转换用在生物形态上，要求有稳定的形式，至少是基于习惯的稳定，以之作为出发和完成的标尺，突显物理、数学的原理，即逐个完成的形变，而不消解连续性。

190 神话的变体则迥然不同，至少如果运用良好的结构逻辑，单纯从范式的维度观之，其本身不承载非连续性的原则。因此，有必要引入神话以外的原则，“以使神话在可能性当中实现某些状态”[②]。在列维－斯特劳斯看来，这种外来的约束来源于这样一个事实，即“头脑不知不觉地对神话材料进行加工，然而可资利用的只有某种心智程式：由于担心破坏神话的逻辑架构，致使其被毁灭而不是转换，只好对它们做出一些分散的变动”[③]。同一则神话，从一个变体到另一个变体，差别并不体现为在形式上添加、去除或畸变，而是体现在对比性的知性的关系，如冲突、矛盾、倒置和对称上。所以说，神话从一个变体到另一个变体的转换与从已经灭绝的犀牛类的头骨到一种当代貘科动物的头骨再到马的头骨的转换[④]，二者性质不同。前一种转换通过把一组同属世界的某些方面的现象属性加以比对，引入非连续性；后一种转换则通过使一组现象学上不同的形式发生畸变，引入连续性，这些形式之间假定存在着类同性。

① 列维－斯特劳斯．裸人．巴黎：普隆书局，1971：605. 据两卷本《成长和形式》（2版．剑桥：剑桥大学出版社，1952：1094）援引并翻译。

② 同① 604.

③ 同① 604.

④ 据达尔西·汤普森的出色论证。参见：汤普森．成长和形式．缩写本．剑桥：剑桥大学出版社，1961（1917）：309-313.

这些有关列维－斯特劳斯如何运用汤普森理论的看法指向两类问题，都是在将转换的概念用于人文科学和社会科学时可能引起的。第一类问题是观念上的，涉及如何区分“转换”一词所蕴含的两个十分不同的程序。事实上，从一个形式到另一个形式的转换，无论是关于 191
生物、意象、社会群体的，还是关于某些语段里的语义单位的，都既可以用“歌德式”的方法看待，也可以用“汤普森式”的方法看待。在前一种情况下，按照歌德在《试论植物的形变》里界定的办法，转换是从某个原初的方案发展出不同的形式，这个原初的方案是通过对比同属一组的经验对象而建立的。在后一种情况下，转换是既有形式通过在坐标空间里的连续异变而发生的畸变。列维－斯特劳斯在《亲属关系的基本结构》里遵循的是第一种方法。同样在这种方法的启发下，我曾从内在性和物理性之间的初始关系出发，着手组织人类与非人类之间的形式各异的连续性和非连续性[1]。请允许我在此简要地回顾一下这番推理的主线，我依此从一个原初的反差带来的变化当中推演出了四个本体论类型。

这是一篇结构主义本体论的习作，出发点是对于一个先验主体的思想体验，既受到胡塞尔有关了解他者的先于述谓的条件（conditions antéprédicatives）的观念的启发，也受到近来一些有关发展的心理学工作的启发：我无法测知一个未限定的他物（aliud）的资质，除非能够从中看到我用来了解我自己的资质，这些资质既属于内在性——心态、意向、反思，也属于物理性——物理过程的状态、感觉－运动的

① 戴考拉．自然与文化之外．巴黎：伽利玛出版社，2005.

模式、本体感受……因此，这是一个假设的不变量，作为基础，它的合理性既不比交换妇女更多，也不更少；而在列维-斯特劳斯看来，交换妇女是一个必要的和充分的原则，从中能够推演出不同类型的婚
192 姻制度。转换并不是展开不变量的逻辑条件渐趋复杂所致，例如《亲属关系的基本结构》里的情形，而是基于开发组合关系——初始关系使之成为可能。组合关系有四种：一是非人类的内在性类型与我的相同，但与我本人不同，而且由于体能的缘故，它们之间也不同；二是它们受到的物理规定性与我经历过的雷同，但它们没有内在性；三是一些人类和非人类具有相同的物理和道德资质，与具有其他相同的物理和道德资质的别的人类和非人类成群地区分开来；四是因其物理和道德资质的特有组合，每个现存物都不同于其余物，因此必须与他者的物理和道德资质建立起对应的关系。总之，在这种情况下，转换诚如亲属制度，是一种假设-演绎式的表达，针对一个作为不变量的内核的所有可能的结果。至于任意性，在选取初始关系时的确是有的，但是，初始关系一旦被提出，就应该能够解释所有可能的形式，这甚至是事后能够说明它的唯一理由。

在某种意义上，这恰恰是第二种转换方法的主体的反面，即跟列维-斯特劳斯通过阅读《成长和形式》得出的方法正相反。它在法律上认为起点无所谓，只要转换对象已经稳定，特别是当已经获取了相邻形态之后。后一点十分重要，正如达尔西·汤普森所说："无论我们如何让甲虫变形，都没法把它和墨鱼放进同一个框架，我们也无法通过一次协调的转换，实现二者之间的转换，或者转换成脊椎动物。

它们在本质上是不同的；它们之间没有任何合理的可比性……转换缺
少一个作为基础的不变量。”[1]换言之，这里出现的问题是方法上的， 193
不是观念上的：它涉及界定两个形式之间非连续性的门槛，即“转换的不变的基础”。

无法比较墨鱼和甲虫的形状有一些物理原因，这个不难理解，但是，假如不是靠分析者的想象力、他对外形反差的把握，以及对神话的文化、地理和社会背景的了解，他又是根据什么原理，才能做到允许或不允许用蛤蜊吸管做的爪子置换用山羊角做的爪子呢？在这方面，列维－斯特劳斯的天才是无与伦比的，只要读过他的四大卷皇皇巨著便会心悦诚服。他具有惊人的记忆力，头脑里装着数百则神话的情节和主角，需要时信手拈来；他能把一个神话事件浓缩为若干特点，在必要时对数千公里以外的另一个神话事件的特点做出呼应，将其倒置或调换；在解释神话素的时候，百科全书式的知识使他能够从植物学的思路跳到天文学的思路，再从后者跳入语文学的思路，读者哪怕心存疑虑，也只会被这一切惊得目瞪口呆。可是，“神话的地球是圆的”，列维－斯特劳斯技巧精湛卓越，独辟路径。他本来可以另走一条路。毫无疑问，如果有哪位分析者甘冒类似风险，那么他可能建立的关联和取得的成果会与《神话学》大相径庭。此外，列维－斯特劳斯对于神话之间的转换的功效的阐述，有时会引起读者的审美钦佩；被表演吸引并不意味着必定信服其推理。列维－斯特劳斯本人在

① 汤普森．成长和形式．缩写本．剑桥：剑桥大学出版社，1961（1917）：321-322. 该段引文为笔者所译。

194 接受雷蒙·贝鲁尔的采访时，似乎也承认，他对神话的结构分析是如此独特，以至于分析是如何完成的，他并不总是很清楚：“在神话之间建立起转换的关系，有些操作我真的不知道是怎么回事。”①

因此，与达尔西·汤普森在《成长和形式》里所说的转换类型不同，神话的转换是不可复制的。或者说，复制仅在一种有限的和原创的意义上方为可行，因为没有一个分析者能够担保，他在两个神话之间看到的转换关系也会被别的分析者看到。但是，这种事还是有人在做的，而且如列维－斯特劳斯所说，神话会“在他身上思考”，这个事实本身已经足以保证转换的效用。即使不能保证复制——或者造假——神话的结构分析也很像一道验证。在这个过程中，想象丰沛和博学的分析者的直觉会证实，某个印第安人对一些品质的原始直觉飞越森林、山脉和沙漠，邂逅了另一个印第安人对于另一些跟前者有潜在转换关系的品质的另一种直觉。现代科学的文献资源为这个分析者提供了机会，使他得以把两个长期互不相闻的观点提炼为一种基本的关系，这种关系又是产生补充意义的根源。这通操作不管显得多么神秘，如今至少在神话学者当中几乎被当作常态接受。这表明列维－斯特劳斯的人类学获得了巨大信任，虽说将来未必有人能效仿它的创立者。

① 贝鲁尔，克莱芒．与克洛德·列维－斯特劳斯的谈话 // 克洛德·列维－斯特劳斯：列维－斯特劳斯撰写的和有关他的文本．巴黎：伽利玛出版社，1979：183.

从亲属关系的法则到联姻策略：布尔迪厄对列维－斯特劳斯的“结构的客观主义”的批评

让－皮埃尔·西维斯特

（勃艮第大学和乔治－舍维烈研究所）

在《实用观》一书的序言里，皮埃尔·布尔迪厄回顾了他在青年时代如何满怀激情地开始把克洛德·列维－斯特劳斯的结构主义方法
196 郑重其事地运用于研究卡比利社会[①]。然而，在仔细分析了婚姻习俗之后，他相信，列维－斯特劳斯倾向于把以无意识的对等原则的形式体现的亲属关系的理论规则混同于其实际运用，即力图通过婚姻策略[②]增加经济、社会和象征手段的资本，使之有利可图。事实上，布尔迪厄发现，人类学家提出的阿拉伯－柏柏尔人社会的典型婚姻，即按照

① “在法兰西公学的研讨班上，克洛德·列维－斯特劳斯在分解和重组看上去毫无意义的叙事序列（仪式和神话现象）时，细致入微，抱有一种敬重的耐心，不失为科学人文主义的一个典范。……曾几何时，环绕着结构主义的哲学解释已经被忘记，人们也忘记了什么东西成就了实质的新颖性。那就是将结构主义方法引入社会科学，或者干脆说，打破实体思维的模式，引入关系思维的模式；任何要素特性均需根据将其与系统中其余要素结合起来并使之具有意义和功能的关系来看待。”（布尔迪厄 . 实用观 . 巴黎：子夜出版社，1980：9，11.）

② 列维－斯特劳斯曾向迪迪叶·埃里蓬透露，他对布尔迪厄重策略而轻规则不持异议：“就目前的知识水平和一项方向明确的研究而言，整个事情在于明了哪个观察层次最为有利。这一个或那一个，或者同时进行。”不过，他没有深入回应《实用观》提出的异议，而只是对社会科学不够“成熟”，无法真正客观地彻底解决问题表示遗憾。参见：列维－斯特劳斯，埃里蓬 . 近观与远眺 . 巴黎：瑟伊出版社，1990（1988）：145.

定下来的“规则”结婚的，实际上只占婚姻的 5% 左右[①]。于是，通过“重新引入行为人”，他重新考虑了结构主义方法的一些前提，同时小心不落入过高评价个人自由和理性及将其理想化的“主观主义”的陷阱。因此，重要的是，对于社会行为人的行为，既不能解读为“遵照它们无从掌控的机械规律，钟表般调节的自动机”[②]，也不能视为出自有意识掌控限制和集体生存的要求的超验主体。

我们将首先考察一下布尔迪厄对结构主义方法的批评，以及他如何认为，解释婚配行为可以通过引入实用观、习性和策略等概念及其相关性。议题随后将拓宽，我们想指出，他的社会学理论的基础是一门哲学人类学，这门哲学人类学假定存在一些支配着“实践中的经济性”的不变量，它们遵从的逻辑不是列维－斯特劳斯所说的交换，而一方面是权力关系，另一方面是推而广之的功利最大化。因此，行为 197
人的行动的“动机”和最终范围被定位于社会无意识当中，这种无意识跟《忧郁的热带》的作者所认识和探讨的精神结构一样，其运作方式也是决定论的。

社会实践的含义：是亲属关系的结构，还是联姻策略？

众所周知，列维－斯特劳斯的人类学计划是找出人类精神的一个有

① 布尔迪厄 . 杂谈 . 巴黎：子夜出版社，1987：18.

② 同① 19.

逻辑的和有组织的单位，独立于其实际的实现。这个假设得之于结构主义语言学，它提出：人在行动时的所见所闻具有可知性，固然被人即时地辨识和实现，但是在无意识层面得到加工，不依赖任何取舍和个人或集体的决定。换言之，我们的意向性行为把意义赋予事物，遇到的是一种已经存在于事物当中，合乎情理的秩序。我们与之打交道的世界，无论是自然的还是社会的，不是一片晦暗混沌，而是由一些经过加工的整体组成的，它们不仅在历史进程中先于我们，被我们当成遗产，而且位于上游，是一些在构成人类精神的不变的和普遍的象征结构当中的整体。因此，人类学的最终目标是在历史和地理的多种表现形式之下，把这种社会实践的基本逻辑确定下来。因此，对于隐藏在社会所规定的亲属关系的规则背后的亲属关系的制度，有必要通过联姻和子嗣的复杂机制去看待，尽管人类从未有过任何权威机构明令设立这样一种机制。相反，它们是创新和取舍之所以可能的条件，而且构成了一个能够被人类理性理解的象征的范畴，人类也据此相互理解，尽管它不是他们制造出来的。

198 在《亲属关系的基本结构》里[①]，列维－斯特劳斯特别强调，交换妇女是社会的婚姻形式的一条基本原则，是解释交表亲婚配的钥匙。事实上，许多社会并不止于规定男子不可与哪些妇女结婚（乱伦禁忌），而且进一步提出了积极的婚姻规则，即明确指定必须娶哪个女子：母系交表姐妹或者父系交表姐妹。在列维－斯特劳斯看来，这种做法之所以在时空相距遥远的社会里照样很普遍，是因为它表明了所有人类社会的最初原则，即交换的绝对必要性。与近亲女性结婚是

① 列维－斯特劳斯．亲属关系的基本结构．巴黎－海牙：穆桐书局，1967（1949）．

被禁止的，因为必须把她们提供给关系较远的男子[①]。只要群体之间建立了沟通，优先婚配制度就可使两个群体的姻亲关系相应地得到巩固，因为每一桩婚姻都是以往婚姻的翻版。在更一般的意义上，应当考虑到“亲属关系和婚姻的规则之所以成为必要的，并非缘于社会状态。它们就是社会状态本身”[②]。亲属关系制度的特定结构独立于组成社区的个人意识，即那种只限于遵守传统规定下来的规则的意识；在某种意义上，这种结构导致亲属关系制度超越自己，走向别的社会，并最终走向所有的社会。这在列维－斯特劳斯看来，说明有必要谈论心智结构，而不仅仅是社会结构。与之相反，布尔迪厄拒绝一切“客观主义的先验论”，认为它会物化人类精神的运转，使之脱离社会历史性及 199
其创造性维度。换句话说，他责备列维－斯特劳斯在公开展示的唯物主义背后，隐藏着一种哲学唯心主义（结构主义方法的“本体论”）[③]。

① 乱伦禁忌既“捍卫”，也“下令”，“外婚制是其扩大的社会表达，它是一条对等的规则。你不要的女人，别人给你的女人，基于这个事实都是被提供者。被提供给谁呢？有时是一个建制所规定的社群，有时是一个不确定的、永远开放的群体，仅受排除近亲这一限制，我们的社会便属于后一种情形”［列维－斯特劳斯．亲属关系的基本结构．巴黎－海牙：穆桐书局，1967（1949）：64］。

② 列维－斯特劳斯．亲属关系的基本结构．巴黎－海牙：穆桐书局，1967（1949）：69.

③ “可以想见，对于拒绝幼稚的目的论解释和庸俗的因果论解释（当事关经济和社会因素时，尤见其‘粗俗’）的人来说，所有这些神秘的最终机制可能具有的魅力，合乎情理，似乎有意为之，却不见生产者。结构主义在展示它们的时候，一边显示内在的逻辑，一边去掉了象征物的生产、再生产和使用的社会条件。我们于是也能理解，功劳为什么会提前归于克洛德·列维-斯特劳斯，因为他在把目的性纳入机制的同时，试图通过运用无意识的概念［这位‘天降救星’（Deus ex machina）依然是机器里的上帝……］超越另一项选择，即自觉地面向理性目的的行为和对规定性因素的机械反应。在激进唯物主义的外表下，这种自然哲学是一种心灵哲学，因此仍然是一种唯心主义。它断定支配着‘心灵的无意识活动’的逻辑范畴具有普遍性和永恒性，却忽略了社会结构与结构性的和促成结构的心态的辩证法，而思维模式正是在这种辩证法当中形成和变化的。”（布尔迪厄．实用观．巴黎：子夜出版社，1980：68-69.）

对列维－斯特劳斯的“客观主义”的批判

分析者的理论观点和社会行为人所表现出的实际关系是两回事。如果把二者混为一谈，就无法理解社会实践的含义。科学的逻辑和时间性不是实践的逻辑和时间性；同理，演员的观点不是台下观众的观点，因为“从实践的模式过渡到战斗结束后建立的理论模式，从实践意义过渡到理论模型——后者既可以视为方案、计划或方法，也可以视为一份机械的方案，即学问家神秘地重构的一道神秘的处方，这无
200 异于任凭一切造成实践的现时性的东西消失”[①]。分析者于是被引向忽视实践得以发展、传播和转变的社会历史的和逻辑的条件——尤其是对于行为人不会提出的问题（因为他们无法提问），寻求观众的解释，而不去琢磨其实践的性质是否就在于排除了这些问题。布尔迪厄解释说：

> 必须承认实践的这种逻辑，它不是逻辑学的逻辑，避免要求它拿出更多的它拿不出的逻辑，从而陷入要么强求它的不自洽之处，要么把强词夺理的自洽性扣到它头上。……这种实践逻辑——在双重意义上——之所以能够利用紧密联系的数个有生成力的原则，把所有的想法、观念和行动都组织起来，形成一个近乎合成的整体，只是因为其经济性完全以逻辑的经济性原则为基础，要求严谨而经济，简单而普适，也因为它在“多元美学”里

① 布尔迪厄. 实用观. 巴黎：子夜出版社，1980：137.

发现了运用多义性的条件。[①]

这段话的意思是，支配着行动的象征系统的自洽性和实际效力，即其整体性和规律性，也包括含混和不规则之处乃至不自洽之处，都来源于其功能的目的性：

> 它们是实践的产物，只有在实用的状态下让一些既自洽又实用的原则参与其事，此类实践才能履行其全部实际职能。自洽是指一条能够产生既有的内在一致性，也与客观条件兼容的原则，实用是指方便凑手，即易于掌控和操纵，因为它服从一种贫薄而省力的逻辑。[②]

因此，要把握联姻、仪式或神话的生成意义，并不像列维－斯特 201
劳斯认为的那样，必须寻求人类精神的基本结构（独立于它们从中起作用的社会条件，支配着整个经验性的总体形态的结构），而是要重建总体形态的结构；形成于社会的这种总体形态具有不可分割的认知和评价结构，它最终确立和规定着人类群体对于世界的所知所为。仪典或婚姻的实践之所以基本上是自洽的，是因为它们是数目有限的生成模式的运转过程的产物，这些模式被实际的可替代关系结合在一

① 布尔迪厄．实用观．巴黎：子夜出版社，1980：144.

② 同① 145. 亦可参见：布尔迪厄．实用道理．巴黎：瑟伊出版社，1994：221. 布尔迪厄认为不应该像结构主义人类学那样，对礼仪行为做出代数式的解释，而应当视之为一套体操或一场舞蹈。

起，从而有可能按照社会生活的具体要求及其运作逻辑，产生等值的结果。布尔迪厄明确指出：

> 揭示神话或仪式所履行的所谓客观的功能，可以利用客观主义的简省办法（例如涂尔干所说的道德整合的功能，又如列维－斯特劳斯的逻辑整合功能）；但是，如果将揭示出来的客观意义与行为人分离，进而与客观条件和规定其实践的实际目的分离，就没法理解这些职能如何履行。[①]

于是，在卡比利亚社会的民族学研究中，布尔迪厄对列维－斯特劳斯的分析提出了责难，认为他混淆了亲属关系的理论规则与其实际的后续规则——前者利用对等原则确定，后者以家族的经济和象征性资本获利为目标；这种资本即一个家庭依据在社会等级中的地位和掌握的战略资源所享有的物质繁荣和名望。1960 年年初，布尔迪厄在卡
202 比利亚从事的家谱的统计分析表明，迎娶姑舅表亲的规矩跟有数字佐证的众多违规之间存在差距。布尔迪厄认为，这种“错误”缘于人类学家的立场本身，因为人类学家是从外部的和理论上的三重观点去观察亲属关系的实践的：一是叫停现实的紧迫性，二是强求学业类目，三是看域外奇特性。问题因而变成了如何找到“客观主义”所掩盖的婚姻交换的实际含义。既然这种“客观主义”自带一种脱离了具体目标和体现的心智结构，它就完全会以一种投机的方式，游戏于它们之

① 布尔迪厄．实用观．巴黎：子夜出版社，1980：161.

间。列维－斯特劳斯当然不会看不到社会矛盾和结构的不完全静止的性质，但是他认为这些矛盾和变化首先是逻辑问题，最终解释得到人类学者设计的组合表的抽象空间里去寻找[①]，与社会无涉。另外，列维－斯特劳斯对形式化模型的霸气运用也意味着简单化地理解规则的概念。对此，布尔迪厄重提路德维希·维特根斯坦的论点[②]，提醒我们 203
注意多义性的维度。

什么是恪守规则？习性和社会行为人的策略

规则的第一层意思是明白规定和明确承认的社会规范，如道德法则和法律；第二层意思是行为人的实践的固有模式（或原则），与其说它是无意识的，不如说是隐含的、预思考的，它以客观规律的形式施加于所有进入社会游戏的人，无论他是什么人；从第三层意思看，它又是学者为了解释行为人的实践而建构的一个理论模型——换句话

---

① 因此可以理解，在用土著人的思维范畴解释缅甸克钦人社会的运作方式是否适当的辩论当中，布尔迪厄何以站在埃德蒙·利奇一边，与列维－斯特劳斯相左。他认为："对于'结构关系的仪式性描述和人类学家的科学描述之间的本质区别'，大概没有比利奇更敏感的民族学家了。民族学家专断地制造概念，使用'无歧义的术语'，行为人则拥有用于表达仪式性行为里的结构关系的概念，对于二者的对立，他尤为敏感。他注意到，克钦人用来表达社会现实的概念总是比英语的对等概念更含糊，歧义更大，外延也更宽泛（他们却有一套极精确的与种稻相关的词汇），指责民族学家虽然引入了更精确的范畴，在土著语言里却找不到对等物，'从而把华而不实的刚性和对称性注入了系统，而二者无疑是现实里所没有的'。"［布尔迪厄．实践理论刍议．日内瓦：陶兹书局，1972：258（注释 83）．］关于精神结构的存在本身，或者仅在实际状态下的精神结构，可参见：利奇．缅甸高地的政治制度．法译本．巴黎：马伯乐书局，1972. 列维－斯特劳斯．亲属关系的基本结构．巴黎－海牙：穆桐书局，1967（1949）. 列维－斯特劳斯．马塞尔·毛斯著作导言 // 毛斯．社会学和人类学．巴黎：法国高校出版社，1983：XXXIX.

② 参见：维特根斯坦．哲学探索．法译本．巴黎：伽利玛出版社，1961：155. 维特根斯坦．蓝皮本与棕皮本．法译本．巴黎：伽利玛出版社，1965：57-58.

说，是用来说明游戏的[1]。然而，列维－斯特劳斯的错误恰恰是不顾及“规则”一词的第二层意思，即把服从规则界定为一种实践，发生在一个不成形的“背景”之下，布尔迪厄便致力于辨识和解释其行事方式。这种服从不是机械的，也没有编入程序，因为从本义上说，“背景”包括行为人一方的真实理解：“把频繁发生，可统计测度的规律性变为有意识发布的、得到自觉的尊重的法规的产物（这意味着必须解释其来源和效力），或者是神秘的大脑和/或社会学机制的无意识调节的产物，这等于从现实的模型滑入模型的现实。”[2]

为了完成与“客观主义”观点的决裂，并且从主体行动缺失的结
204 构主义范式里抽身，布尔迪厄着力阐明，实用观的概念与习性和策略的概念之间的联系具有不可分割的性质：

> 我想以某种方式重新引入行为人，列维－斯特劳斯和结构主义者……都倾向于废除他们，把他们变成结构的一个简单的附带现象。我说的可是行为人，不是主体[3]。行动并不是简单地执行规则，服从规则。远古社会的社会行为人，就像在我们这儿一样，也不是遵照他们无从掌控的机械规律，钟表般调节的自动机。在最复杂的游戏里，例如婚姻交换，或者是仪式实践，都要求起生

---

① 布尔迪厄．实践理论刍议．日内瓦：陶兹书局，1972：173. 布尔迪厄．杂谈．巴黎：子夜出版社，1987：76-77.

② 布尔迪厄．实践理论刍议．日内瓦：陶兹书局，1972：173.

③ 布尔迪厄．杂谈．巴黎：子夜出版社，1987：20. 布尔迪厄感到遗憾的是，列维－斯特劳斯认为布尔迪厄有关婚姻策略的理论是一种自发主义的形式，而且退回到了主体哲学和自由意志的幻想。

> 成作用的习性的内置原则参与其事。……这些都是一些从经验里获得的配置，因而依地点和时间的不同而变化。正如我们在法语中所说，这种“游戏感”(sens du jeu)，能够生成无穷无尽的“敲打”，以适应无穷的可能的情况，而这些情况是无论多么复杂的规则都无法一一预见的。因此，我用婚姻策略取代了亲属关系的规则。当年众人从客观主义的立场，也就是“天父”的立场，把社会当事者当成木偶，其结构是他的儿子，有点不加区别地谈论“规则”“模型”“结构”，今天众人却在谈论婚姻策略（这意味着站到行为人的立场上，但不因此就将其变成理性的计算器）。[①]

布尔迪厄补充说，任何“幼稚的”目的论的隐含意义都不应与“策略”一词挂钩。习性和“实用观”的概念恰恰有助于表明，看似矛盾地，行为能够在社会意义上卓有成效地以目的为取向，但是并不因此而成为一番有意将其引向目的的谋划的结果。故此，卡比利亚农民在婚姻实践中没有机械地回应外部的“客观条件”，反倒回应了通 205
过社会内部的观念去理解的这些条件，这些观念把他们关于世界以及自身世界的表象都组织起来。表象促成策略性实践，反映了社会行为人在象征的和物理的约束性框架内表现出的主动性，这个框架通过习性的感性的、智力的和价值观的特质塑造其“个性”，这些特质标示着社会的力量对比及其产生的群体之间的不对称的关系。缔结婚姻非但不遵守整个正式的亲属关系指定的配偶标准，反而一方面直接取决

① 布尔迪厄．杂谈．巴黎：子夜出版社，1987：19-20.

于实际的亲属关系——男性为男性建立的关系——的状况，另一方面取决于“家门”内部的力量对比；换言之，取决于上一代婚配结成的世系（lignées）之间偏重和允许培养哪一方面的关系：

> 实际的亲属关系是持续使用的，而且是因新的用途而更新的，普通婚姻正是为此而筹划。由于经常发生，这种婚姻成为微不足道的寻常事项。根据交换活动的一般法则，一个群体得把一部分再生产活动用于再生产正式的关系；一个群体在社会等级制度里的地位越高，关系就越重要，因而也更富有。穷人由于没有钱敷予隆重场合，只好满足于普通的亲属关系保障下的普通婚姻。富人，也就是父母辈最富有的人，则要求更高，会为多少形成制度的策略贡献更多，以维护社会资本；毫无疑问，最重要的策略就是与声望巨大的“外国人”缔结不同寻常的婚姻。①

206 因此，实际的亲属关系远远不是纯粹形式化的规则和“亲属关系的基本结构”所能概括的。布尔迪厄明确指出，一旦确立了行为人据以生产（和理解）经过调整和规律化的婚姻实践的原则体系，就可以要求信息的统计分析建立客观对应的结构变量和单个变量的比重。不过，他补充说：

> 事实上，重要的是，一旦建立起行为人所应用的原则系统，

① 布尔迪厄. 实用观. 巴黎：子夜出版社，1980：299.

他们的实践就变得可以理解了；在特定状态下的婚姻市场上，行为人此时能够迅速找到在社会学意义上适配的个人；或者更确切地说，此时他们为某个确定的男子指定例如数个在实际的亲属关系中多少被许诺给他的女子，以及一些明确地被许诺给他的女子。这种做法一清二楚，无可争辩，对于概率最大的轨迹的任何偏离，例如去别的部落结婚，都会被视为对相关家庭的挑衅，同时也是对整个群体的挑衅。[①]

从一种无意识到另一种无意识，从一门本体人类学到另一门本体人类学

人们会认为，布尔迪厄之所以把策略的维度引进对社会实践的解释，是为了重视行为人的自主性，这是他对选择的强调导致的，因为选择引导行为。可是，他的论点至少有含混之嫌。为了给行为留下概率分析的转圜余地而修正决定论范式，这样做似乎并不令人信服，因为从一个文本到另一个，有时甚至在同一段话里，他的立场明显矛 207
盾。与此相关，我们要指出，他对于行为人的实际意义的关注，并不像看起来那样合乎逻辑地导致对其认知价值的认可，哪怕是部分地认可。如果将这方面的观察延伸，我们就会怀疑，一如列维－斯特劳斯的人类学，布尔迪厄的社会学理论是否最终落在一门人类哲学之上。人类哲学本身是以存在哲学为依凭的，我们因而称之为本体人类学

① 布尔迪厄．实用观．巴黎：子夜出版社，1980：331.

（onto-anthropologie）。后者一方面赋予无意识一个在社会关系的生产和再生产中的重要角色，另一方面在解释社会变迁时，排除任何末世神学的乐观主义。

“客观的策略”和“必要之选”：社会实践的自决

我们知道，对于指责他的理论属于一种决定论，布尔迪厄一直是拒绝的。他还坚称，习性的概念恰恰使他能够把不确定的因素重新引入行为人的实践当中。然而，他的论文中的论据，读起来使人疑虑犹存；尽管表述富于修辞技巧，但仍然不断出现矛盾的断言。试举下面这段话为例：

> 即使看起来是由未来决定的，即为一项计划或方案明确提出的清晰的目标所规定，实践虽然产生于习性，作为催生策略的原则，以应对难以预测和不断翻新的局面，却是对结果的隐含的预期，即根据以往产生其生产原则的条件得到规定的。结果是实践总是倾向于复制它本身为其最终产品的客观结构。……习性其实是一连串“敲打”，客观上被作为策略组织起来，但绝不是真正的
> 208 策略意图的产物（这意味着将其理解为例如众多可能性之一）。[①]

① 布尔迪厄．实践理论刍议．日内瓦：陶兹书局，1972：175.

或者是下面这段话，布尔迪厄先是抗议对他的社会学理论的决定论解释，随即拒绝对反决定论做出丝毫迁就：

> 习性不是我们有时从**中看到的命运**。它是历史的产物，是**一个心态的开放体系**，不断地应对全新的经验，因而不断受其影响。**它是持久的**，**但不是不可变动的**。尽管如此，我必须马上补充一点：**在统计意义上**，**大多数人注定会遇到**一些跟起初塑造其习性的境况一同出现的境况，也就是说，必然会**经历心态的增强**。①

下面这段话依照同一逻辑展开，然而颠倒了决定论在先，迁就在后的断言的顺序：

> 一切刺激和起调节作用的经验，每一次都是通过以往经验建立的范畴被感知的。结果是原先的经验拥有**不可避免的优先权**，构成习性的心态系统也**相对地关闭**。但这还不是全部：习性只有在与一个给定的状况的关系中才会显露——必须记住，习性是心态系统，即**虚拟的**、**潜在的**系统。②

此处我们想提到皮埃尔－米歇尔·芒热的分析，正如他所说：
“扭转方向，再扭转回来，在同一本书的下一页里发布最终结果，这 209

① 布尔迪厄，瓦冈．答复．巴黎：瑟伊出版社，1992：108-109. 着重号为笔者所加。

② 同① 109. 着重号为笔者所加。

就像一个人通过宣称一种极为奇特的自我决定论，把自己的身体折屈起来。”[①]布尔迪厄的一段话恰好为这个观点提供了佐证：

> 通过在社会和历史上形成的感知范畴和评估范畴，**社会行为人对决定着他们的处境做出积极的规定**。甚至可以说，只有能够做到自我规定，社会行为人才会被规定：但是这种（自我）规定来自感知的和理解的范畴，其本身在很大程度上又是由构成它们的经济和社会条件所规定的。[②]

我们看到的是一种自相矛盾的概率论：“仔细分析这番表述，便能看出作者竭力用每个词的反义对其加以矫正，这也是为了最终纾解规定性，例如建模时用‘在很大程度上’和‘相对地关闭’等说法，提出一种完全达不到的概率补偿。话一出口，旋即失效。”[③]布尔迪厄把社会行为人运用的策略说成“客观的”或“无意识的”，却无法令人信服地解释新的境况所承载的信息何以促使行为发生改变或丰富行为人的经验。他也未能解释，行为人的无法预测的行动——即实现自由的行为——怎样引发新的境况。因此，布尔迪厄本应承认，他们的
210 选择无法简化为“必要之选”，而是表达了他们在有意识地寻求解套，至少出于本能；解决办法在特定的行动背景下即使不是最佳的，也是

① 芒热．时间性和个体间性差异：关于行动的社会学和经济学分析．法国社会学杂志，1997（XXXVIII-3）：591.

② 布尔迪厄．杂谈．巴黎：子夜出版社，1987：111. 着重号为笔者所加。

③ 同① 592.

最令人满意的，同时也取决于他们所理解的喜好、兴趣和资源。然而，对于策略这个概念，布尔迪厄给出了多少是被动的理解，导致他重新引入行动的目的论，而后者无论他怎么说，在认识论上都是站不住脚的。布尔迪厄承认，个体行为人偏离社会地位赋予他们的逻辑轨道，路径独特，因而体现出习性的相对可塑性——社会变化由此成为可能。他进而承认，偏离轨道和适应、重振及其连带的抗争的策略加在一起，通过地位重组的效应，皆有助于打破再生产工具的稳定运转，促成既有社会体系的改变，这中间就孕育着偏离的或然性。然而，在他的社会学理论的框架下，对于导致既有秩序的再生产机制中断和从“自发的策略”转入“深思熟虑的替代策略”的最初偏离的原因或者理由，他无法做出令人满意的解释。在这个问题上，布尔迪厄本应澄清他的“群体现实”的概念（阶级、阶层、建制）。但实际上，他时而将其理解为被接受的个人命运的产物，其中摩擦和冲突都是变化的因素（因而也是社会创造和创新的因素）；时而将其当成同质的“客观”现实，具有同一习性的特质所体现的共同利益，习性强制地把这些现实的客观性全面“主观化”，从而把可能发生的真正改变局限于“结构迁移”，而且把社会力量对比的游戏简化为“以变图存”[①]。

芒热最后强调，在布尔迪厄的社会学里，竞争、冲突和策略都是 211

① “因此，提出竞争既是为了解释社会体系的平稳性特点，也是为了解释随机性差异，后者加在一起对体系有影响，但仅仅通过迁移产生的变化施加影响。换句话说，这就肯定了一种人际关系（竞争打拼）的原动力是的确存在的，可是这些关系都被相互依存的结构尽行收入网中；而在社会游戏里，相互依存的结构通过资源、精力和行动能力的不平等分配，只会保留其形式。”［芒热．时间性和个体间性差异：关于行动的社会学和经济学分析．法国社会学杂志，1997（XXXVIII-3）：593.］

整合因素。这些矛盾的动态因素的汇集有赖于个体的个别行动的因果规定，而且通过以往的有社会取向的轨迹完成：

> 根据对立的前提，内化是这一汇集的主要解释机制，它是强制性的社会化的产物，因为这种机制确保行为者的行动及其相互关系的所有规定性均产生于内部，而且证明，无论是宏观的还是微观的社会分析，其各个层面表达的是同一个现实这一看法是正确的，中间层面（场域和子系统）则依照相同的结构变量在特定领域里回应和折射出系统的一般属性。[①]

我们于是可以理解，个人的企望不过是无法避免的东西，它们与社会生活的客观联系归结于布尔迪厄反复说过的“拥抱命运”（amor fati）。

布尔迪厄解释说，正如列维－斯特劳斯的神话分析所证明的，他的“象征的结构主义”[②]有一项功绩，即极为重视昭显象征体系本身的自洽性，这是其特殊功效的主要来源之一。的确，“象征性范畴基于……施加于构成结构的所有行为人，这些结构的坚实性和抗受力部分地源于至少外表上自洽和系统性，而且被赋予人间社会的客观结
212 构。……这种合作是即时的、心照不宣的（不同于明文规定的合约），它建立起一种屈从于定见的关系，从而通过所有无意识的纽带把我们

① 芒热．时间性和个体间性差异：关于行动的社会学和经济学分析．法国社会学杂志，1997（XXXVIII-3）：595.

② 布尔迪厄．帕斯卡尔沉思．巴黎：瑟伊出版社，1997：211.

捆在既有秩序上”[1]。而列维 - 斯特劳斯的谬误在于偏重行动功效（opus operatum），这令他忽视了特别是神话的象征性生产的积极方面，即操作方式（modus operandi）的问题，尤其是其起源问题，因此关涉带有策略意义的生产的特定的社会条件。这番批评是非常适切的，但是，如果想加以利用，那么布尔迪厄本应接受把策略看成诸多可能性当中的取舍。我们说过，很可惜，他拒绝了。

实用性社会知识和有关社会实践的学问：一个成问题的认识论断裂

我们现在会看到——这是布尔迪厄的认识论的一个新的疑难点——在任何情况下，行为人在运用实用观时表现出的实际的社会知识不可被视为有关社会因素的学术样稿，也就是说，不堪作为基石，用以建立形式更富于思考和批判的关于社会关系的知识。这一点也许会令一位社会学家惊诧，因为他恰恰指责列维 - 斯特劳斯和结构主义将行为人的实践物化，“混淆了演员的观点和观众的观点”[2]，忽视了通过习惯表达的演员的主体性维度，习惯则通过一个内化 - 外化的辩证过程，有助于“产生产生它的现实”。

事实上，对于布尔迪厄来说，利用强调实用观及其自身逻辑来
重建行为人的实践的意义，这跟赋予行为人生产客观知识或有关实 213

① 布尔迪厄 . 帕斯卡尔沉思 . 巴黎：瑟伊出版社，1997：211.

② “学术建构无法忽视实践逻辑的原则，除非令其发生本质的变化。客观主义的观点的固有逻辑倾向于忽视这一点。”（布尔迪厄 . 实用观 . 巴黎：子夜出版社，1980：151-152.）

践的学问的能力还不是一码事。这种学问仍然为社会学家所专有，他们才真正掌握社会实践的意义，以及他们与这些实践在学问上的关系：

> 一个拥有实践艺术的人，无论是谁，在诉诸行动时都能够发挥这种本领：它只会出现在实际行动当中，出现在与某一情境的关系当中（而且会根据情境的要求，重复使用别无选择的假象）。就看出调节行为的真实因素并将其融入话语而言，他所处的位置不如观察者；在把握来自外部的行动这一对象方面，尤其是在总体把握连续不断地落实的习性方面，观察者比他更有优势（但不一定切实把握这些落实的源头，以及与这种把握适切的理论）。而且，种种迹象表明，一个行为人只要思考自身实践，即进入重视理论的立场，就会失去表达自身实践的真相的一切机会，特别是表达与自身实践的真实的实际关系：因为学术质疑会令人采取既不从行为出发，也不是学术研究的观点去对待自身实践。[①]

对于自身实践，行为人固然会反躬自问，但是当其发生时，特别是当习惯性动作受挫时，这种反思依然依赖于将“已付诸努力的效益现代化”的追求，无论这种追求是否显而易见。它不应混同于解释结果是如何实现的意向，更不应混同于关切更充分地理解“实践的逻辑，一种对于逻辑的符合逻辑的挑战”[②]。总之，社会学家之

① 布尔迪厄．实用观．巴黎：子夜出版社，1980：152.

② 同① 153.

所以应当关注行为人的实践的意义，只是因为这种关注使他能够揭
示，这种实践的真相在于“对自己的真相视而不见”，这种盲目性 214
正是他能够产生功效的条件[①]。换言之，就其本质和必要性而言，实用观正是对于客观现实的“无知”，甚至“否认”。正如雅克·杭斯埃正确指出的，归根结底，实用观不过是一种“理性的计谋。‘客观主义的’民族学家只是搞错了主体为了给他提供一条理由，以便达到主体的实践的‘客观真相’而本身一定会搞错的方式”[②]。出于其存在本身的缘故，社会秩序永远不会停止为自身延续做出贡献，否则无法想象。因此，社会必然会产生和无穷无尽地再现这种额外的“对于无知的无知”，这是在维持自身运转的同时它的存在理由。简言之，有了习性的调解，系统得以赓续，因为它不为人知；赓续后的存在又使它产生无知的效应。因此，不可避免地，行为人以循环往复的方式竞相重新生产将其异化的结构：他们的自我规定是一种“自我审查”和“自我异化”。他们的策略促成了通过生产无知效应来掩饰人世的一道“社会魔法”，而无知却是有效行动的起因，因为它是后者的可能性的条件。实用观引领着虽非有意为之，却依然是系统化的取舍，而且带有一种反溯的目的性；这种目的性说明“习性和场域之间、被接受的历史和物化的历史之间的奇妙相遇，使得我们有可能近乎完美地预见未来—— 一个游戏空间

① 布尔迪厄．实用观．巴黎：子夜出版社，1980：153. 亦可参阅第 180 页上的话：“一切迹象都显示，策略，尤其是那些周旋于行动时间的策略，或者在互动过程本身当中，游戏于行动空间的策略，都被组织起来向自己和他人隐瞒实践的真相。”

② 杭斯埃．社会学的伦理 // 社会学家的帝国．巴黎：发现出版社，1984：22-23.

里的所有具体形态所承载的未来”①。因此，求助于“社会魔法”对于调和对立面十分必要；但是，由于其不辩自明的公理性质，自从交给
215 波普的可证伪性原则以后，它从来没有得到辩护，或者是被证明确有道理。

据此便可以确定列维－斯特劳斯和布尔迪厄的构想的差异，一个是关于无意识的构想，另一个是关于社会关系的构想。列维－斯特劳斯认为，决定着社会关系的配置的深层原因被忽视了——它潜藏在精神无意识的普遍和不变的象征结构里。布尔迪厄则断言，对于任何社会秩序的生产和再生产来说，行为人对于决定着社会关系的原因的无知是其必要条件。这两种看法的确不是一回事。对于布尔迪厄来说，无意识不是心理现象的一个特殊的层面，而是其运转的一个预思考的维度。依此，无意识可比拟为前意识，反映出不可避免的社会关系的内化和（本义上的）归并的历史进程；这两个进程是竞争的、对抗的，社会关系则凝结为统治者和被统治者之间的等级制度。然而，只有在被统治的行为人默认，甚至充当秩序的积极的“帮凶”的情况下，等级制度才能够长期存在，尽管这种秩序把他们贬低到次要的地位②。一个不平等秩序的生产和再生产机制，却得到受害人的广泛接受，这在我们看来，正是布尔迪厄所说的无意识。实践的真正主体不是个人的自我意识，而是习性——换句话说，是行为人纳入潜意识的

① 布尔迪厄．实用观．巴黎：子夜出版社，1980：207.

② “被统治者为统治本身做贡献，如果这个提醒没有错的话，那么还应当提醒，他们的那些引起这种同谋行为的特质也是统治的效果。”（布尔迪厄．国家贵族．巴黎：瑟伊出版社，1989：12.）

社会等级制度[1]。无论如何，即使是布尔迪厄也认为，支配着行为人的
实践的观念不在大脑的无意识的普遍的和不变的结构里，因为这些观 216
念是社会历史的产物——这与列维－斯特劳斯所见略同——它们指的是结构所在的三个层次：首先是可观察到的社会关系里的结构（即实际规则[2]）；然后是社会建制所确立的有意识的理论结构（即明确发布的规则）；最后是无意识的理论结构，完全由民族学家或社会学家确立（即学者客观地确立的关于社会功能的解释性规则）。

总体上看，对列维－斯特劳斯来说，社会的一切都是交换，无论是不是竞争性的，因为生活的本质就是不得不交换；对布尔迪厄来说，社会的一切都是在一种应该叫作“实践的普遍经济”的框架内的力量对比，这个实践不单指经济活动。[3]所谓存身于社会，不过是在作为集体生活的“场所”的不同的市场里“自我标榜”（社会既是标榜的效果，又是原因），竞争性和不平等是这些市场的特点。习性通过差异化和限制来表达这种对立物之间的动态性质；这就要求行为人依凭在现存等级制度里占据的或多或少的有利地位，赢取物质的或象征的（名望）利润，并使之最大化。这些利润来源于拥有罕见因而也
令人垂涎的财产，即经济的、文化的或社会的“资本”。布尔迪厄分 217

① “行为人从来都不自由，只有按照其惯习的观念行事，他们才会幻想自由（或无胁迫），即按照产生惯习的客观结构行事。只要他们不觉得存在压迫的氛围，就不会感觉受到桎梏。”［布尔迪厄．实践理论刍议．日内瓦：陶兹书局，1972：259（注释 83）．］

② 上文已提及，布尔迪厄责备列维－斯特劳斯没有充分注意到这一点。

③ “单纯的经济实践理论是实践经济学的一般理论的一个特殊情况。即使由于摆脱了‘经济’利益的逻辑（在有限的意义上）而表面上显得无私无欲，并且转向非物质的和难以量化的议题……实践依旧服从经济的逻辑。”（布尔迪厄．实用观．巴黎：子夜出版社，1980：209.）

析的社会是竞争不完全的人世间，行为人在这种竞争中的“效用最大化”[①]是以非有意识的，因而近于冲动的形式表达的。所以，他认为：“归根结底，真正的实践经济的对象不是别的，正是与从事经济、文化和社会的生产和再生产的行为人和机构的生产和再生产的条件相关的经济，即在最完整和最一般的界定下，社会学的对象本身。”[②]社会关系本质上是竞争性的、冲突性的，“正因为人类是人类的上帝，人类才是人类的恶狼”[③]。这个信念岂非溢出了社会科学分析的严格框架？无论如何，它值得一番查考，本文也将在这一点上结束。

本体论的悲观主义与幻灭的人文主义

在从事社会科学之前，列维－斯特劳斯和布尔迪厄都接受过哲学训练。对于这个将他们领入思考之途的学科，两人都持有严厉的批判
218 观点。然而，无论对哲学推理有什么样的不满，他们的理论和认识论立场所参照的，仍然是一组有关人性和社会未来的形而上学的预设。这些预设，我们称之为本体人类学预设，它们把两位著者聚拢在同样的悲观情绪中。他们竭力用人道主义价值观的立场加以消解，但是不

① 布尔迪厄的行为人有别于古典经济理论中的自由的、精于算计的个人，因为对于利害他的身体已有所预知。既然动物也经常表现出同样的特质，那么什么能够把人类与动物区分开呢？在我们看来，人类欲望的独特性可以被只有人类个体拥有二次欲望这一观察结果证明。这种欲望有两种表现方式：要么渴望有欲望，要么渴望某种欲望是其意志。正是在这个意义上，“效用最大化”是一种人类特有的形式。关于这个问题，可参见哈里·高登·法朗克福的文章：法朗克福．意志自由和人的观念//纽伯格．行动理论：分析哲学关于行动的重要论文．列日：玛达加书局，1991：258.

② 布尔迪厄．经济的社会结构．巴黎：瑟伊出版社，2000：25-26.

③ 布尔迪厄．关于课程的课程．巴黎：子夜出版社，1982：52.

抱过多幻想。这一点布尔迪厄是承认的，他写道：

> 我想……问最后一个问题，窃想这也许有点形而上学：机构的典礼，不管是什么典礼，……假如不能给缺少存在理由的人哪怕至少是一丁点浅层的意义、表面上的存在理由，给他们一种还有点用处的感觉，或者只是某种重要性，让他们摆脱微不足道的处境，那么，它们是否还会行使属于它们的权力？机构的举动造成的真正神迹无疑在于能够使专注的个人相信，他们仍然有存在的理由，他们的存在能起点作用。①

他在法兰西公学的就职演讲里说得更明确：

> 人都会死，这个结局却无法被视为人生目的，人是一种缺少存在理由的生物。社会，也只有社会，为存在提供了不同程度的凭证和理由；通过生产一些被视为“紧要”的事物和地位，社会产生了自我和他人均视为“重要”的举动和当事者，从而在客观上和主观上保证了这些人物的价值，使之摆脱了无关痛痒和微末的处境。……对一切使命和一切被奉若神明的真相有清醒的认识，并不意味着退隐和逃跑。毕竟人可以不抱幻想地投入游戏，但抱定自觉的和深思熟虑的决心。②

① 布尔迪厄．说话说明了什么．巴黎：普隆书局，法雅书局，1982：133.
② 布尔迪厄．关于课程的课程．巴黎：子夜出版社，1982：51，54.

219 同理，如果说社会学家无法提供灵丹妙药，让我们能够最终走出产生于再生产的活力的区隔和支配关系——因为它们体现着人类的状况和不幸的命运——那么他也不应该被阻止及时地、谦逊地帮助那些受支配的社会群体改善命运：一方面，向他们揭露异化和压迫他们的人的虚假的正当性和策略；另一方面，向他们提供同这些人斗争的武器[①]。

与布尔迪厄的话相呼应，这里应当提到极美妙和极悲观的《裸人·终乐章》。列维－斯特劳斯在书中宣称，神话的奥秘一经结构分析揭示就再也无话可说了，因为故事在某种意义上已经结束，人类无法把为生命发明一种意义的故事讲给自己听了：

> 神话昭示了结构之后，大功便告完成。……通过指出神话有严谨的布局，使之成为研究的对象，我的分析揭示了这个对象的神话特征。总而言之，在数千年、数百万年、数十亿年的光阴里，宇宙、自然和人类所做的，无非像一个庞大的神话系统，在显而易见的衰老过程中，赶在退化和自我毁灭之前，施展其组合的本领。[②]

---

① “‘象征力量当中非正当性最少的’是科学及其‘解放功效’……特别是当它以象征力量的科学的形式出现时，这门科学能够让社会主体重新控制虚假的超验性，后者是被蒙昧无知制造和不断地重新制造出来的。”（布尔迪厄．关于课程的课程．巴黎：子夜出版社，1982：56.）

② “世界从没有人类开始，没有人类它也会结束。我以毕生之力搜集和理解的制度、风俗和习惯，荟萃了一种创造活动，它们对世界没有任何意义，除非也许可以让人类扮演它的角色吧。这一角色不仅没有给人类标示一个独立的位置——况且人类为了对抗普遍的衰落所付出的努力（尽管命中注定）是徒劳的——而且自身也像一部机器似的出现，也许比其他机器更完美，它致力于分解原始秩序，把一种组织得很紧密的物质推向一种越来越大，终有一天会是决定性的惯性。……至于人类精神的创造活动，它们只对人类精神才有意义，一旦精神消失，它们就会堕入混沌无序。”（列维－斯特劳斯．裸人．巴黎：普隆书局，1971：620. 列维－斯特劳斯．忧郁的热带．巴黎：普隆书局，1955：495-496.）

这通对于死亡的观察是冷冰冰的，但是并没有妨碍列维－斯特劳斯在整个职业生涯中对仍然散居在亚马逊森林和草原上的“野蛮人”的悲惨境况保持敏感，揭露一切形式的种族中心主义和种族主义[①]——二者与殖民征服和西方文明的商业价值的全球传播结合，在人道和生态上都是灾难性的。无论如何，结构主义民族学仍然是一门人道主义学科，凡是跟人类有关的她都不陌生，因为她“代表这项人道主义事业的最后阶段，即试图通过人类的全部经验和成就来理解人类”[②]。 220

我们看到，布尔迪厄和列维－斯特劳斯，尽管互有抵牾，但毕竟在这样一个信念上殊途同归了：做人就是给自己发明存在的理由，发明同时也是幻想，而且永远如此。社会科学的能力不在于从大于我们的力量当中把我们解放出来，而是通过了解把我们的社会生活变成命运的那些力量，把我们从对于自由的幻想当中解放出来。

① 列维－斯特劳斯．种族和历史//联合国教科文组织．现代科学时代的种族问题．巴黎：普隆书局，德诺埃－贡梯叶书局，1961（1952）．

② 列维－斯特劳斯．与贝尔纳·比沃的谈话．“引号”节目，1984-5-4.

列维－斯特劳斯和路易·杜蒙在印度：结构主义建模与经验现实

罗伯尔·德列日（鲁汶大学）

克洛德·列维－斯特劳斯的著作已经成为社会科学的经典，有好几个办法可以一窥这些著作的堂奥。对于很多人来说，结构主义如今更多的是一种哲学，至少是一套自足的话语，可以评注释说，而不必全面地比照经验现实。这么做完全合情合理，因为在我看来，这些著作有一个思辨的维度，其丰沃性尚未被穷尽。对于人类学的结构主义，不少哲学家有不言而喻的兴趣，它至今依旧是受到关注的话题。不过，我们这些民族学者觉得，被哲学收纳有点令人沮丧。一切迹象都多少显示，列维－斯特劳斯从我们的学科里，即“他自己的”学科里被掳走了，被劫持了，因为他一直是以人类学家行世的，况且他在撰著里也不时以民族学者自谓。

虽然很难把列维－斯特劳斯视为经验主义者，可是他对普通民族 222
学的影响不可低估。首先，他使这个学科获得敬重，使法国成为人类学的重镇。在他之前，法国民族学有点老旧、乏味，时或被弃置在满布灰尘的博物馆里。在民族志方面，英国有布罗尼斯拉夫·马林诺夫斯基、爱德华·埃文斯－普里查德、迈耶·福特斯和埃德蒙·利奇等人的重要专著，法国鲜有与之媲美的著作。人类学当时陷入功能主义当中，难以自拔，越来越僵化。然而，列维－斯特劳斯的杰出工作彻底改变了这一景观；对于没有或者未能更多地被马克思主义吸引的青年学生来说，结构主义是一通诱人的，甚至令人振奋的思想擘画。许多科研新人被列维－斯特劳斯的结构主义吸引到民族学上来。列维－斯特劳斯颠覆了列维－布吕尔的计划，把野蛮人变成了聪明人；他认为，要深入了解野蛮人的思想，知识面必须相当宽广，展现所有的思想资源。人类学在这项计划里展示的，既有对抽象思维的兴趣，也有异国情调的魅力。法国因而成了再造人类学思想的主要源头。在这一点上，可说的话很多，我们在这里至少可以指出，那些聚集在列维－斯特劳斯周围的第一代知识分子，至今仍然怀念当年他们奉为思想大师的作品。

既然事关民族学，那么对于年青一代相对地失去了对结构主义的兴趣，我们不能不感到震惊。对此，人类学家吕克·德·赫施在最近的一次采访里也表达了惋惜之意。这就触及一个值得注意的问题，眼下正值盘点清仓的时代，对于这笔曾经令人激情澎湃的丰沃的思想遗产，我们看到的却是不冷不热的情绪。年轻的研究人员固然仰之弥高，然而更像是面对一份昔日的荣耀，一座纪念碑，当涉及民族
223 学的时候，玷污它是失敬的。英国本来就没有多少理由去纪念法兰西民族的荣耀，这个局面并没有很大改变。老一辈英国人比法国同事更喜欢批评，却仍然欣赏和引用列维－斯特劳斯的思想，年轻人却越来越对它视而不见。我参加论文评审的时候，惊讶地看到，列维－斯特

劳斯的思想在讨论中付之阙如。年轻的民族学家会征引它，可是平淡无奇，至少是中规中矩：通常是援引像《种族和历史》等宣讲相对主义主张的著作，可是这一类著述不能反映他的重大的理论取向。我很少有机会读到学术探讨，更不用说对列维－斯特劳斯思想的独创性诠释。美国的情形可能不同，结构主义在“文化研究”的课堂上焕发了第二春，可是仍然脱离了严格意义上的民族学领域。解释这种忽视可以有很多理由。首先，我们可以提到，今日的民族学家往往停留在单纯的实证性调查里，缺乏理论兴趣。更深刻的原因是，世界的变化使得与实际的和政治的现实脱节、不大考虑历史的研究方法显得不合时宜。因此，在我看来，人类学中的结构主义，由于缺少说明演变的必要的分析工具，其功绩更多地在于把握社会中的人或作为思维主体的人的能力，而不在于解释当代世界的能力。

年青一代的研究员比上一辈更讲求实用；第二个多少使之脱轨的原因是，作为一种理论，结构主义并不是一个有效的实地分析工具。的确，在具体的民族学观察活动中，要想行之有效地运用一套如此丰富而复杂的著作，必须有相当广阔的知识面，还得具备思考的想象力和灵活的方法，这就让不少人打了退堂鼓。我曾在这个背景下写过一篇文章，鼓励学生们发掘列维－斯特劳斯的著作，这套著作也许并不直接而具体地对他们“有用处”，可是能够提供一个难得的展开思想竞赛的机会[1]。我还 224
记得，按照牛津大学导师的要求，我第一次捧读《亲属关系的基本结

① 德列日．我们今日为什么要读列维－斯特劳斯？献给青年学子的几点随想．人类学与社会，2004（28）：145-155.

构》的情形。我用心地逐页研读，开头有点困难，但很快就化为激情。一个多星期的繁重的不懈研读以后，当走出这本书时，我已经变了一个人；它至今在我的心目中依旧是一座名副其实的丰碑。有些著作能够深刻地改变我们对事物和世界的看法，这本书就是其中之一。

路易·杜蒙与列维 – 斯特劳斯的结构主义

20 世纪 70 年代，我们这一辈印度学学者都折服于列维 – 斯特劳斯的思想魅力。路易·杜蒙那时也不无转攻哲学的想法，但是他首先是一个伟大的人类学家，甚至可以说，一个经验主义者。杜蒙的结构主义更关心具体事物，更多关注印度的现实。他谈到这一现实时谈得非常出彩。因此，盎格鲁 – 撒克逊族裔的学生更容易接近他；他们欣赏法国理论家的抽象能力，同时也抱怨他们没有做到一切只凭事实说话。杜蒙所坚守的正是事实。他出版过一本关于印度南部的一个亚种姓的杰作[①]，证明他对印度社会有深入细致的了解。杜蒙没有就此止步。他立足印度，放眼全球，从比较的观点出发，认为印度是西方的一面镜子。当然，这面镜
225 子映照出的形象是我们的价值观。从结构主义的角度来看，这个立场是个异数，因为与之相反，列维 – 斯特劳斯一直致力于缩小文化之间的距离。《忧郁的热带》是一部不折不扣的杰作，无疑也是 20 世纪下半叶写得最棒的法语文本之一。书中有这样的话，极好地揭示了他的哲学信念：

① 杜蒙. 印度南部的一个亚种姓：普哈马莱·卡拉尔人的社会组织. 巴黎 – 海牙：穆桐书局，1958.

> 他们都在那儿，准备把他们的习俗和信仰教给我，可是我不懂他们的语言。他们离我那么近，近得好像镜子里的映象，我能碰触到他们，可是听不懂他们在说什么。为此我既得到奖励，也受到惩罚。因为我自己和我的职业的错误不就是相信人并不总是人吗？有些人只因为肤色和习俗有点令人惊奇，就值得得到更多的兴趣和关切。这些人只要获得理解，或者我们猜得出他们是怎么一回事，其怪异性就会随即消失。看来我大可留在自己的村子里。①

这个段落本身值得深入讨论。我只想指出一点，在这里，我们和野蛮人之间的距离缩小了，野蛮人变得跟我们很接近，怪异只是表面的。在这本书里，列维－斯特劳斯也讲到了他的印度经历，提出了一个令人惊讶的看法，简单地说，一个相当天真的看法，同时很有种族中心主义的意味，总之近乎老生常谈。印度被他混同于整个亚洲，看起来他从中留取的只是饱受衰落困扰的一方天地。他甚至用一种过度浪漫的笔调，对第三世界国家的发展表示遗憾。“我们的”文明对穷国没有好处。野蛮人的浪漫形象只会引起对其消亡的惋惜，让人站在原始文化的废墟上发出感叹：“整个亚洲都呈现病态……贫民窟在吞噬非洲……旅行啊，你向我们展现的，是我们抛到人类面孔上的垃圾。”②

这也许就是旅行令人失望的原因。旅行者“在消失的现实的残余 226
物上奔波”，或许是为了寻找一个不复存在的世界。里约热内卢令列

① 列维－斯特劳斯．忧郁的热带．巴黎：普隆书局，1955：384.

② 同① 38.

维－斯特劳斯扫兴，圣保罗的丑陋让他震惊。“历史的大动荡”导致混乱。在加尔各答，在乞讨、偷窃和无情的商业盘剥的氛围里，令旅行者印象深刻的，最终只能是排水沟渠和为疮癣、溃疡、渗液和创伤寻医问药的人们：“垃圾，凌乱，混杂，剐蹭；废墟，茅草棚，泥巴，污垢；脾气，兽粪，尿液，脓汁，分泌物，跑冒滴漏：城市生活看起来有组织地抵御的一切东西，一切令人厌恶的东西……在这里永远没有底线，反而成就了城市繁荣所需的自然环境。”①

列维－斯特劳斯承认自己深感不安，面对印度的现实，失去了方位感。这不是他曾经设想在这里遇到的人类，而是恶臭和污秽的堆积，对提升思想毫无裨益。他在这个地区找不到友善的野蛮人，而他的人类学的根基将是这些在时光以外生活的野蛮人，至少基于他们的形象。其实，这样的野蛮人出自一种梦想，与大都市的现实不相适应。说到底，历史很可怕。民族学像一座避难所，一个手段，用来发现和评估濒临消失的最后的人类的见证：“亚洲让我害怕，怕的是她使人预见到我们的未来形象。印第安美洲令我珍惜一个时代的反映，即使它在那里很短暂，人类那时与宇宙是合拍的，在行使自由权与自由权的标志之间，关系一直是适恰的。”②

然而，在另一个时刻，他又有伟大作品才有的灵光闪现：“不管在印度还是在美洲，当代旅行者感到惊诧的程度其实并不像他们承认的那样。”③总之，这是他的人类学的基础之一，也是使我感到他比别

① 列维－斯特劳斯．忧郁的热带．巴黎：普隆书局，1955：150.
② 同①169.
③ 同①95.

人远为更可取的理由之一。但是，与此同时，我们得判断杜蒙与这种 227
解释有多么疏远，因为他展现的印度与我们的文明有根本的不同。比较总是在反差乃至对立当中产生变动的。因此，社会人类学的目的是揭示不同于我们的价值体系；较之列维－斯特劳斯，这种准文化主义的观念也许更接近克利福德·格尔茨。此外，杜蒙赞同勒内·格农的观点，即只有摆脱了西方人的所有成见，采纳“理想心态”[1]，我们才能最终接近印度。这个在奥秘的圈子里十分流行的观点把这个次大陆归结为一个苦行僧的世界，弃绝红尘。跟列维－斯特劳斯相反，杜蒙不是从人类整体的设定出发，而是立足于印度的整体性，把印度视为一个自足的世界，一个物质化的“观念形态”。如果至少做到了摆脱我们西方人的成见，那么，种姓制度首先是一个价值观的体系，是理性的、可理解的。在体系的整体性的前提下，同一个世界观、同一种观念形态必然是整个社会所共有的，情形与共用一门语言相仿。这个看法使杜蒙站在对于世界的“唯心主义”观念一边，因为他认为，思想体系塑造现实。他在这个方面与克洛德·列维－斯特劳斯大概很接近。[2]当然，杜蒙的结构主义永远更为重视经验现实，这方面有时更接近雷金纳德·拉德克利夫－布朗或者埃文斯－普里查德，可是他不会宣称与列维－斯特劳斯的范式没有亲缘关系。无论如何，重要的是应注意到，列维－斯特劳斯在角色意识里看到了“人学的秘密敌
人”[3]，杜蒙则不同，他以具体的印度社会为研究对象，但是没有舍弃 228

---

① 格农．印度教教义研究引论．巴黎：特雷达涅书局，1997：7.

② 德列日．结构人类学引论：今日列维－斯特劳斯．巴黎：瑟伊出版社，2001：149.

③ 列维－斯特劳斯．结构人类学Ⅱ.巴黎：普隆书局，1973：344.

某种盎格鲁－撒克逊式的经验主义，或者往更深一层里说，毛斯的经验主义。此外，在《论个人主义》里，他甚至认为，专题论文里有民族学家最珍视的东西，因而有别于列维－斯特劳斯的抽象倾向。不过，我们可以看到，有五个要素给杜蒙的思想添加了结构主义色彩。首先，种姓制度是思想体系的实现，是观念形态的物质化。世界是我们的思想的实现。其次，这种观念形态无所不包，无处不在：种姓制度发生的事情没有内外之分；换句话说，连亲属关系也受到规定着种姓制度的原则的支配，种姓制度的观念形态侵入一切社会关系[①]。再次，应当把种姓制度理解为一个由对立物组成的系统，即关系的体系："谈种姓制度就是谈结构，因此，往往被世人认可的普遍判断在印度绝无可能。这里没有法律，没有原则，没有真理，有的只是把个别视为此在（étant）。"[②]又次，杜蒙把社会因素的复杂性省约为——或归结于—— 一个二元对立的体系，这些对立本身以纯与不纯的二分法为基础。最后，第五个要素把杜蒙与结构主义联系起来：他对历史和社会变化无动于衷。印度社会及其价值体系是从时间之外看待的，外在于一切历史偶然性。我在研究今日印度的种姓制度时，曾经有机会表明[③]，这些种姓不是上千年的古老建制，而是现代化的，尤其是自印度独立以来，它们很好地顺应了议会民主制。跟杜蒙在《人分等级》[④]
229 里断言的相反，实证调查显示，种姓生活并不非得依赖一个不变的传

① 杜蒙．德拉维典和卡瑞拉．巴黎－海牙：穆桐书局，1975：8.

② 杜蒙．印度文明与我们．巴黎：阿尔芒·高兰书局，1975：105.

③ 德列日．我们今日为什么要读列维－斯特劳斯？献给青年学子的几点随想．人类学与社会，2004（28）：145-155.

④ 杜蒙．人分等级：种姓制度及其蕴含．巴黎：伽利玛出版社，1966.

统不可，纯与不纯的观念也并不排除其他社会关系的存在。印度社会的“整体论”并非全然不受现代西方社会的战略性的“个人主义”的渗透，梵语宗教的影响也远非独霸天下。

在此，我们并没有穷尽列维－斯特劳斯对杜蒙的工作的全部影响。另一个证明结构主义之父的影响的佳例是杜蒙的亲属关系的研究，特别是《德拉维典和卡瑞拉》[①]一书。不应忘记，《亲属关系的基本结构》有很大一部分涉及印度，况且，列维－斯特劳斯找出了此书有关这个问题的章节的一些弱点，他一度琢磨，是否值得将其收入后来的版本，包括 1969 年那一版。杜蒙在这一点上让他放了心，也许因为他明白，不计民族学的准确性，这本书的要旨在于总体上的思想启迪。的确，列维－斯特劳斯可利用的资源很不充分，致使他做出了一些至少是大胆的假设，尤其是将印度的制度和缅甸克钦人的社会组织做出类比。在这本书里，他提出——其方式令人想起进化论的假设——往日的印度无疑以一个普遍交换的体系为特点。这种单边性质包含社会分化的种子，即列维－斯特劳斯所说的“贵胄效应”。据此，印度北部实行的攀高婚姻很可能源于这一以与母系交表亲结婚为基础
的最初的普遍交换体系。在这种制度中，婚配必然采取送礼的虚浮形 230
式；准确地说，印度北部的婚姻观念以 kanya dan 即“处女奉礼”而知名。它意味着婚姻双方的一种完全单边的关系，无论在什么情形下，永远是女方送礼，男方接受。不过，除了攀高婚姻以外，这种观念形态并不意味着双方家庭长期不平等，它仅仅涉及一桩婚姻关系。

① 杜蒙．德拉维典和卡瑞拉．巴黎－海牙：穆桐书局，1975.

在北印度的各种婚姻习俗当中，列维 - 斯特劳斯试图理出头绪，赋予它们意义。然而，令人惊讶的是，他的所有解说性表述都基于推测、重构过往，有点像进化论。这本书题献给刘易斯·摩根，恐怕并非巧合。不难证明，列维 - 斯特劳斯的假设建立在不健全的基础上，能够证实和不利于这些假设的证据同样很多。不过，重点仍然不在这里。《亲属关系的基本结构》不是有关印度的著作。它首先是一部关于人类如何利用婚姻建立持久的社会纽带的巨作，这条纽带叫作联姻。因此，它邀请我们反思婚姻和社会，以及社会纽带的性质；这是它的功绩所在和成功之处。它的了不起之处还包括，试图从在世界偏僻地区搜集的大量数据中找出共同特征，这是一项旨在从文化和社会的极端多样性中提取人类学共相的研究。

从如此大胆的工作里，印度学学者总是能够找到灵感。凭借这些著作，我本人也尝试解释从部落转变为种姓的过程。我指出，这个过程的特点是不平等逐渐加深：一个部落与种姓靠得越近，就越是将各个部分等级化，在这一转变中，婚姻始终发挥着至关重要的作用。从
231 氏族到种姓的过渡也许是一个从平等向不平等的转变过程。而且，我们可以看到，经过某些调整，列维 - 斯特劳斯的直觉已经并将继续带来丰硕成果。

图腾社会和种姓社会

这一转变过程同样涉及印度，对此《野性的思维》的各部分鲜有

评论，甚至完全忽略[①]。在这本书里，图腾崇拜占有特殊地位。这是人类学的一个老话题。列维－斯特劳斯在这一类经典主题上一直有自己的立场，似乎他起初就感到，对于人类学提出的所有重要问题，都必须给个说法。埃米尔·涂尔干和马塞尔·毛斯当年在“关于一些原始的分类形式”[②]的出色的文章里就提出过社会分类问题，尽管这篇文章不易解读。吕西安·列维－布吕尔后来再次提出，列维－斯特劳斯的立场与之对立。事实上，他指出，这个问题关涉科学话语的性质。野蛮人并非没有科学精神，相反，他们利用自己掌握的手段去解释世界。分类学是科学的初步形式之一。在思考世界和社会秩序时，野蛮人仅仅掌握自然物种，于是通过图腾崇拜来满足对于科学的心灵需求。《今日图腾崇拜》[③]确立了图腾人类学的开端。这是一项从各方面看 232
都很了不起的工作，也是一篇真正的文体学习作。它建议把图腾崇拜看成一种语言，即从结构的角度，视之为一个由差异组成的体系。更一般地说，这是从差异互补的体系的角度解释自然与文化的关系。

将词项加以比照一直是分类思维的逻辑原则，这些词项构成可转换的代码。不妨认为，图腾社会和种姓社会有一种根本的类比性。在这两种情形下，每个群体都具备整个系统不可或缺的专门职能——因此，澳大利亚的部落把魔法加宗教的独特职能分配给了图腾团体。图腾秩序和种姓秩序的对立貌似绝对，完成了对它的质疑之后，有必要

① 指第四章“图腾与种姓”。一如列维－斯特劳斯的其他著作，读者永远在评论同样的问题，仅举两例：《亲属关系的基本结构》里的乱伦禁忌和《野性的思维》里的拼集。

② 涂尔干，毛斯．论几个原始的分类范畴：关于集体表象的研究．社会学年鉴，1901—1902（6）：1-72.

③ 列维－斯特劳斯．今日图腾崇拜．巴黎：普隆书局，1962.

反过来考虑它们之间有密切联系，是同一思维机制的不同表达。

在图腾崇拜当中，我们要处理的是两个差异系统之间的同源性：氏族一与氏族二不同，因为熊与鹰不同。文化和自然被视为两个差异系统。社会群体被视为不同但利害相关的系统，按照形成一个系统去设想。

一个社会如果摒弃社会群体之间的连带关系，就变成了种姓社会。的确，种姓社会里的每一个群体都以自身为重，强调与属于另一个范畴的现实的关系，例如群体一变为鹰，群体二变为熊。于是有了从外实践（exo-praxis）到内实践（endo-praxis）的过渡。内实践反映在亲属关系上，因为种姓群体明确实行内婚制，氏族则实行外婚制。在印度南部的许多社群里，种姓群体都用手工制品当作图腾：剪刀、房屋、船舶、硬币……不用自然物种了。一切都显示，此时图腾群体是按照一种文化
233 模式被看待的：保留下来的器物迥异，不被视为属于同一个自然事类。两个差异系统的平行性不见了：注重的是器物和群体之间的联系。列维－斯特劳斯注意到，在印度的种姓世界里，图腾往往是器物、制成品（陶罐、钱币、灯……），这跟基于上文提到的原因，永远选取自然物种的氏族世界正好相反。群体此时不再从自身与自然的关系看待自己，而是与一个与其职业或者地位相应的器物取得认同。

在这个问题上，我们同样无法肯定列维－斯特劳斯的直觉有事实为凭。不过，不妨重申，并且换个说法：这些直觉“可资思考”。它们引导我思考从部落到种姓的转变，我在印度的研究即始自这一转变。的确，我发现，随着这些群体逐渐印度化，部落和次部落的名称也有变化。主要取用头领的称号，例如贾米、奈卡、达莫、乔德里、

比拉拉、巴利哈尔、塔德维……均表示重大职能，大多是国王或酋长的头衔。氏族的名称当其依旧存在的时候，反而继续附丽于自然物种。我们因而注意到，从外婚制到内婚制的过渡表现为取一个独特的名字：酋长、职业或地方的名字。这已经跟自然物种没什么关系了。

列维－斯特劳斯注意到，这种转变完全是“逻辑的”，不是历史的。可是，这个断言是否无可置疑？它难道不表明他停留在基本上是认知的和抽象的世界里，难以思考具体事物的倾向吗？其实，不可能没有这种具体的，因而也是历史的转变。这是一个无可辩驳的结论，杜蒙提出的印度种姓理论也未能切实考虑到。

帕莱雅人的优先婚配：正式规则和策略性实践 234

行文至此，我仍然停留在一般性的讨论上面，探讨一个具体案例也许不是毫无用处。这样可以突显结构主义方法在说明具体的社会实践时的益处和局限。

民族学者往往会被本地报告人的洞察力打动，因为他们显得对婚姻“规则”有相当深刻的理解。这并非指列维－斯特劳斯觉得应该用来证明其抽象的诠释模型的无意识。帕莱雅人的案例照样能够说明“规则”如何与“策略”适配。

“弃儿”（paria）一词是从帕莱雅种姓的名字 Paraiyar 派生出来的，这充分说明这个种姓的卑贱，其成员自古以来就被固定在这种状态里。我在这里不展开讨论他们的社会生活，也不谈他们的全部亲属关系，只专门讨论一下表亲之间的婚姻问题[①]。

实地调查是在一个叫作瓦吉拉·玛尼坎（Valghira Manickam）的村庄进行的。村里只有三个社群：帕拉尔人、印度教帕莱雅人和天主教帕莱雅人，它们是该村的主要社群。在经济上，这些居民非常贫穷，主要以造砖、农活和搬运（做苦工）为业。村民们难以做到"收支平衡"。他们的棚屋脆弱不堪，营养不良是本地常见病，婴儿死亡率很高，健康问题严重。

帕拉尔和帕莱雅是泰米尔纳德邦的两个最大的贱民种姓，各有
235 近 200 万人口，均实行内婚制，帕莱雅人声言，他们可以跟社区内的任何一个成员婚配。不过，这只是一种理论上的可能性，因为种姓细分为亚种姓（sous-caste），有的有名称，有的没有，制度化程度不一，而且往往实行族内婚。因此，瓦吉拉·玛尼坎村的帕莱雅人也不会去太远的地方寻找妻子。优先婚配（mariage préférentiel）实际上是以往婚配的重复。从这个方面上看，这似乎跟大量增加姻亲的愿望背道而驰。天主教徒的情况尤其如此，他们的"婚姻圈"总共包括十几个村庄，全都位于 15 公里不到的半径内。此外，一半的婚姻在本村完成，82% 的婚姻发生在五个村庄之间！

子嗣（filiation）和遗产沿承父系，但是必须强调，实际上没有什么财产可供继承。家庭住所由男方提供。德拉威型（dravidien）的亲属称谓符合优先婚配的规则：从"本我"（ego）出发，这套亲属称谓的确区别了平表亲，他们被视为兄弟姐妹，都属于邦卡利（pankali），

① 德列日．我们今日为什么要读列维－斯特劳斯？献给青年学子的几点随想．人类学与社会，2004（28）：145-155.

即家庭成员，因而不可与之结婚；反之，萨曼蒂（samanthi）即姻亲，他们构成典型的婚姻阶层，其中包括两个交表亲姐妹。在某种程度上，这个阶层所有跟“本我”同辈的女孩都被视为交表亲，总之是这样相称的。从这个意义上说，一切婚姻都是优先婚配，但是对帕莱雅人来说，优先婚配的意义远不止此：当一位帕莱雅父亲想把儿子婚配给亲戚时，他心目中已经有一个特定的女孩，更确切地说，是第一亲等或第二亲等的一位表妹；亲等较远的女孩被视为远亲（anniyan）。因此，婚姻规则不仅仅涉及称谓有定的一大批女孩。帕莱雅人认为，根据婚姻规则，一个小伙子最好迎娶姑母的女儿，即他的阿泰玛卡（attai makal），意为“真”父亲的“真”姐妹的“真”闺女！第二亲等的表姐妹也可以接受，但除此之外，正如我们刚才看到的，人们会认 236
为新娘是很远的亲戚。的确，实际上，这里所说的交换单位不是大型氏族或者高度结构化的家系，而首先是核心家庭。在这个背景下，唯一真正重要的优先婚配是跟年轻配偶的父母相关的婚姻，即把子女婚配给自己的兄弟姐妹的子女。这就意味着，优先婚配几乎不可能严格地实行。只有数量有限的婚姻能够做到恪守这一规则：

	1	2	3	4	5
	FZD[a]	MBD[b]	第二亲等	远亲	合计
天主教徒	24	15	7	50	96
印度教徒	1	4	2	22	29
合计	25	19	9	72	125

[a] FZD 即姑母之女。

[b] MBD 即舅父之女。

优先婚配的出现率：以瓦吉拉·玛尼坎村的帕莱雅人社区为例

应当注意到，第 4 栏还包括与一个可以说清亲属关系的人的婚配，即一位属于第三亲等或第四亲等的表姐妹。其次，第一优先是迎娶姑母的女儿，这比与母系表亲即第二优先的婚姻略为多见；如果父系没有可迎娶的亲戚，父母就会让儿子跟母系的亲戚婚配，这会令母亲心满意足。总之，真正要紧的是迎娶近亲女子，以便延续两个家庭的联姻关系，从而加强年轻配偶的父母之间的纽带。

关于优先婚配，帕莱雅人跟列维－斯特劳斯的解释完全相合。确实，帕莱雅人迎娶旁系姐妹是由于生活在一个实行这种联姻的语言文化区域。
237 换句话说，当地的实践和亲属关系称谓很自然地导致帕莱雅人迎娶近亲女子。可是，这种解释不完全令人满意，因为必须看到，从实际情形看，在每一桩婚姻中，为父者都有介入或不介入的自由，而且会考虑每一种可能性。规则此时再一次转入策略。因此，婚配从来不是自发的，它是对某种策略的回应，或者说，回应了主要当事人的某种有意识的决定。

对等是帕莱雅人给出的第一条解释。“要是我把闺女嫁给我小舅子的儿子，”一个帕莱雅人解释说，“那我就少了一个闺女，我还得从下一代找回一个来。”家族关系的重要性和与近亲维持密切关系的意愿是交表亲婚配的主要原因，两家联姻似乎比对等更为根本。例如，另一个男子告诉我们：“如果我把女儿嫁给某某，她就会永远跟我家保持联系，定期回娘家来。为了保持甚至巩固自己和娘家的关系，这个女儿会愿意把她的一个女孩还给我家，不是嫁给我的一个小儿子，就是嫁给我孙子；如果上帝赐给她男孩，她就会尽可能从我家再娶走一个女子。”联姻此时仍然比直接的对等性更为根本；为了加强联姻，甚至可以损害对等性为代价。孩子到了婚龄，夫妻之间经常会因为让孩子跟哪一方婚配爆发争吵。我们于是能够理解，母系婚配为什么同样很常见。

优先婚配是熟人之间的婚姻，安全，能保证孩子，特别是女儿不会去冒风险。一位帕莱雅老汉的话正好反映出这个制度的这一心理侧面："假如，我女儿嫁给了我妹妹的儿子，我去看望她。到了他们家，不幸的是，一个人也没有。可是，那是我妹妹家呀，我可以进去，感觉很 238
自在，吃点东西，就像在自己家里一样。反过来说，如果我女儿嫁给了一个陌生人，遇上这种情形，我就得在外头耐心等待，等他们回家。我没权利进去，不然我女儿会挨婆家骂：他们会责怪她，说什么她爸爸太随便，来家里偷吃的，不尊重他们，等等。所以，还是近亲结婚最好。"

这就引起一个问题：近亲结婚是不是必须的。帕莱雅人对这个问题有点闪烁其词，甚至自相矛盾。"我们非得近亲结婚不可，"他们说，"不过，乐意的话，也可以嫁给别的人。"很难有更含糊的说辞了。然而，我注意到，在一些非常具体的场合下，有些人干脆地断言：优先婚配完全是义务。

我们首先注意到，帕莱雅人几乎没有社会制裁的手段。他们缺乏团结，几乎无人领导，从而无法惩罚违规者。即便是种姓之间的婚姻（虽然很少发生），也并不导致排斥当事者。如果婚姻得不到接受，那么唯一可能的制裁是断绝家庭关系，但是，制裁此时仍然有限，因为家人分歧太大，总是能够在家里找到盟友。如果父母接受女儿跟别的男孩私奔，他们就会成为女儿的舅舅的仇敌，因为，至少按照规矩，舅舅有权让这个女孩嫁给自己的儿子，而且，他无论如何都理应介入她的婚事。

上文说过，这个义务在某些场合下似乎更为明确。一位有好几个女儿的父亲告诉我们："我老婆是我从纳瓦亚村（Nalvayal）的一个无亲无故的家庭里娶来的。我把大女儿嫁给了我小舅子的儿子。现在我自由了，可以把几个小女儿嫁给别人了。"

因此，原则是每接受一个女孩，都必须回报一个。在这个情形
239 下，纳瓦亚村的村民可以要求得到一个女孩以作为回报。假如我们的男人拒绝，他们十有八九会很气恼："我们的男娃配不上他们的女娃吗？他们把自己当啥了？"这时，争执会破坏两个相关家庭的关系。因此，对等原则要求至少交换一次；而一旦一个被接受的女孩完成了回报，强制性就会消失，至少在一定程度上没有了。玛阿芒（Maaman，记作 MB）的作用至关重要：外甥女的婚姻由他包办，他有权把她嫁出去。他如果真想把这个女孩许配给自己的儿子的话，这是很难拒绝的。无论如何，在拒绝的情况下，女孩就不容易"嫁得出去"，因为可能出现的追求者会揣想：为什么议亲期间玛阿芒不在场？这个女孩有什么"可疑"的地方吗？有没有可耻的行为？有些人也会害怕，娶这个女孩会惹玛阿芒生气，因为他才有安置她的权利。

因此，优先婚配必须是包办的，绝非自动完成。较之与外人结婚的情况，包办过程没有那么复杂，但仍有商议的余地。也就是说，不强迫父母，给他们保留一定的自由权。

我们从瓦吉拉·玛尼坎村的婚姻习俗里，可以提取一些概念程

式，它们跟理论模型有很大不同。我们遇到的情形跟以下局面类似：

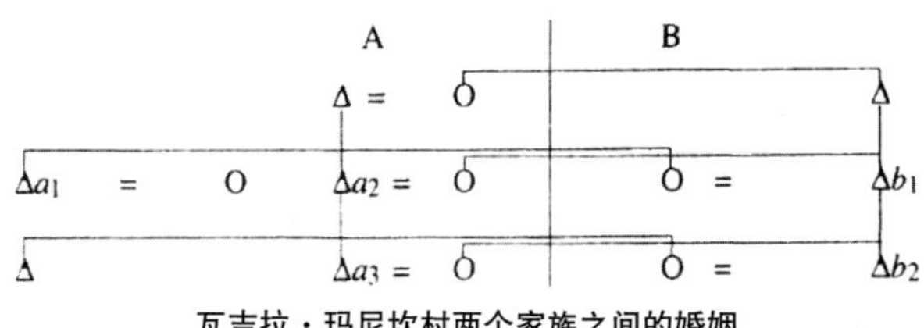

瓦吉拉·玛尼坎村两个家族之间的婚姻

上图清楚地显示，A 和 B 合并了母系婚配和父系婚配。即 a2 与 240
其 MBD 结婚，a3 与其 FZD（也是 MBD）结婚，b1 与其 FZD 结婚，b2 与其 MBD 结婚；b1 和 b2 都从 a1 娶妻（分别为一个妹妹和一个女儿）；反之，a1 从他们家尚未得到任何回报；实际上，a1 有一个儿子，因未到婚龄而无法迎娶 B 方的女儿。不过，总体来看，B 给了 A 三名女性，只娶走两名。这张图还显示了一种双边倾向，根据尼德汉姆的说法，这是任何父系“制度”都会有的结果。在瓦吉拉·玛尼坎村，一个男人往往在父母两方都与妻子沾亲；因此，迎娶一个姐妹甚至一个（亲等内的）女儿并不少见。格纳纳穆图（Gnanamuttu）的婚姻就属于这个情形。在母亲方面，格纳纳穆图与妻子的关系如下：

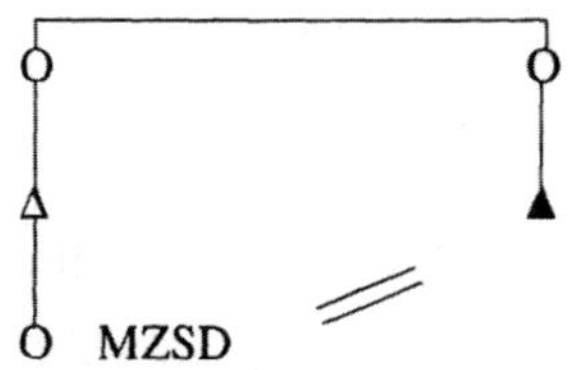

因此，在母亲方面，格纳纳穆图的妻子是他的一个亲等兄弟的女儿，因此也是他的“女儿”之一。从这个角度来看，她是禁婚的亲

戚。可是，从父亲方面看，她又是值得推荐的新娘：

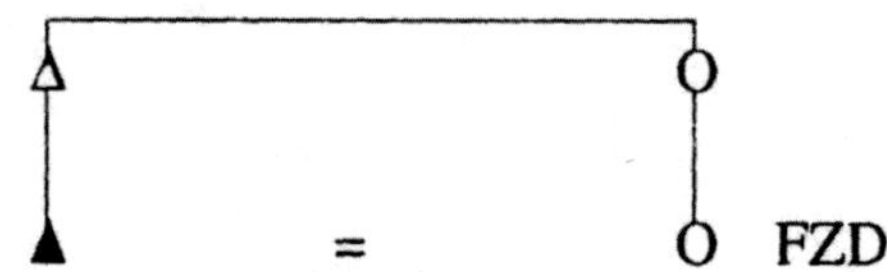

241 这两种情况可用下图说明：

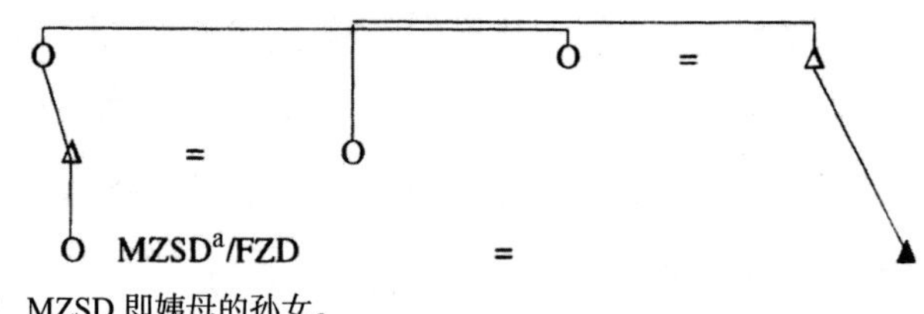

[a] MZSD 即姨母的孙女。

不可避免，此类情况频繁出现。我们不妨把其中一个情形描述如下：

O

Δ = O Δ = O

Δ = O

Arockyam MBD/FZDD

如图所示，从母亲方面论，阿豪吉雅（Arockyam）的妻子是他的玛阿马·玛卡（Maama makal，即 MBD）；若从父亲方面论，又是他的玛卡（makal，“女儿”）。阿豪吉雅如今的继母也是他的 FZD，所以本应是他理想的妻子，但是她实在太老了，他于是娶了她的女儿，即他自己的亲等后代，可是她也是母方的 MBD，从这个角度来看，她完全有这个资格。

在所有这些情况下，我们看到，帕莱雅人明显倾向于复制以往的 242
婚姻关系。然而，也许有必要指出，更一般地看，他们也不总是反对寻求新的联姻。首先因为与近亲女子结婚并不总是能够做到：年龄相差太大，与相关家庭不睦，或者这个家庭可能没有相应性别的子女，等等，这些都可能是原因。于是就得另寻佳配，在一个不熟悉或至少比较疏远的家庭里寻找伴侣。

我们知道，婚姻大多发生在一个极小的村庄范围内，村民们从不去远方冒险。在这个小圈子里，几乎每个人都沾亲，可是村民们并不觉得跟小圈子里的人结婚就是完整的优先婚配。例如，雷伊雅庞（Raiyappan）娶了他的 FFBDD[1]——即一种 FZD——为妻，可是他认为妻子是阿尼洋人（Annyan），也就是“外人”。“她是我的阿泰玛卡，”他说，“但不是实打实的阿泰玛卡。”因此，婚姻是包办的，结果是新婚夫妻都沾亲。“不管怎么说，”另一位村民强调，“所有的帕莱雅人都沾亲！”

大家庭在寻找新的联姻时更不含糊：筹划完一桩母系婚配，再筹划一桩父系婚配，剩下的另找新的门路。这个局面把优先婚配的优势与另辟新联姻的必要性结合起来。此外，一个家庭很少会把两个女儿嫁给

① FFBDD 即爷爷的兄弟的外孙女。——译者注

两兄弟——这样的婚姻理论上可以接受，但实际上相当罕见。我只发现
了一例：一个年轻人有点残疾，他的舅舅给他找不到妻子，便把小女
儿许配给了他，尽管大女儿已经嫁给了他哥哥。人们通常不愿意从一个
家庭里娶走两个女孩。不愿意的理由并不令人满意：据说两姐妹有争吵
243 的危险。而我们看到的情况并非如此。事实上，确实可以认为，一旦婚
姻得到了加强，帕莱雅人更愿意开辟新的关系。因为关系众多总有好处，
联姻是做到这一点的最佳方式之一。当问一位帕莱雅人是否与妻家有亲
戚关系时，如果没有，他就会说："婚前我们不沾亲，现在是亲戚了。"

再者，应当强调，帕莱雅人通常会考虑年轻人婚前的意见。也就是说，一个小伙子如果不喜欢被推荐给他的女孩，婚就结不成；女孩亦然。他们说："如果不顾孩子们的意见，婚姻一定会很糟糕。特别是当小伙子或者姑娘有了'心上人'的时候，结婚更是挡不住的。"

年轻的帕莱雅人很快就能跟父母挣同样多的钱（其实是同样少），经济上能够迅速独立。如果父母不接受他喜欢的女孩，俩人可能很快就私奔，跑到一个独立的窝棚里安顿下来。搭建这种窝棚只需短短几个小时。这种私奔婚姻在村子里很普遍。人们甚至会对很快就私奔的夫妇寄予希望。一对相爱的年轻人会一起逃离数日，或者避居某个房屋。两人会请牧师祝福他们，返回后宣布已经完婚。父母的怒气会持续几天，最糟糕的不过几个星期，然后就会原谅他们，也许只有"丢了脸"的玛阿芒会拒绝今后与这家人来往。类似的婚姻案例，我从在世的帕莱雅人当中找出了三十多起。还有一些基于爱情的婚姻，要么事后得到成全，要么用包办婚姻之名包装起来，因为自由恋爱的婚姻

不如包办婚姻那么“名正言顺”——这里和全印度一样，包办婚姻即便不是常态，也是最理想的婚姻。名声相对较差倒不会招致什么后果；这样的夫妻会跟其他夫妻一样得到承认，他们的孩子跟其他孩子同样合法。从一般情况来看，一个社会即使规定了理想配偶的类型，244
也会为社会成员留下自由选择伴侣的余地。

最后应当指出，跟印度北部的情况相反，这里的婚姻并不伴随任何关于地位的考虑，只结合起同一社会阶层的伴侣。这种同配繁殖（isogamie）在父系婚配方面特别突出，因为每一通付出到下一代都有回报。

结　论

只要不听任狭隘经验主义的摆布，从列维－斯特劳斯和杜蒙的工作里，我们就都能够看到一些对于研究具体的社会尤富启迪的思想洞察力，尽管历史或经验事实有时会削弱其解读。在认识论方面，除了构建理论模型以外，列维－斯特劳斯从未追求别的东西。的确，结构主义理论无法把握当代世界的政治变革和经济变革，但是，只要站得高些，超出单纯的民族志，更关注明显属于人类学的问题，结构主义理论就依然保有适恰性。也许，这个抱负是它的局限，因为它必然把我们带回哲学和出发地。跟民族学家相比，哲学家往往更容易被培育抽象趣味的作品吸引，这绝非偶然。

245 # 人类学不变量的当代变化：乱伦、育子与神圣

佛罗朗·舍本斯

（勃艮第大学和乔治－舍维烈研究所）

(

第三部分　交换和结盟：模型、规则和实践

> 人类学无法自诩有能力独立解决它提出的问题。它为此需要汲取其他社会科学（历史、法律、社会学）积累的林林总总的历史材料，正如这些学科也需要人类学家的材料和分析一样，以便摆脱以我们的时代和社会为中心的做法。[①]

在克洛德·列维-斯特劳斯看来，通过比较不同的人类文化而发现人类学的不变量，能够使我们接近有关人类的一般性知识。这种不变量，他举出了三项[②]：乱伦禁忌、性别分工和某种公认的性结合形式。他认为，它们是一切社会组织的基础。不变量依照不同的文化和
历史会有不同的形式，但它们的结构却是一样的，这是因为人类有相 246
同的大脑，对于面临的各种问题，只能找到数目有限的解决办法。列维-斯特劳斯认为，一切都始于语言的发明：它使人类脱离自然界，

① 高德烈．亲属关系的形变．巴黎：法雅书局，2004：391.

② 列维-斯特劳斯．亲属关系的基本结构．柏林-纽约：穆桐-德·库伊岱书局，2002（1947）.

进入符号的世界。符号注定是用来交换的，这种交换的必然性有助于舒缓人际关系。正是这种必然性，而非战争，促使人们重组和创新社会。然而，人类社会建立之后，还须繁衍生息。必须产生新的成员，而只有女性才能做到用自己的身体确保繁衍。因此，权借列维－斯特劳斯的说法，女人本身就是价值，这就能够解释妇女何以一直在男人之间被交换。妇女的交换在这种理论中至关重要，因为男人通过这种交换而互相承担义务。有的提供妇女，有的接受妇女；提供者有时也是接受者，或提供者从另一个男人那里接受妇女，但没有为之提供妇女。亲属关系出现在大量的此类安排的背后。这是一切社会建制的基础，它使个人之间和群体之间能够联姻，因为他们通过交换妇女而相互依存，建立起社会的纽带。

一如所有重要的和雄心勃勃的学术著作，克洛德・列维－斯特劳斯的学术著作自然也招致一些批评。其中最近的也是最具根本性的批评之一——以至于历史学家安德烈・布尔吉埃将其比拟为一种弑父行为[①]——是莫里斯・高德烈的《亲属关系的形变》一书[②]。书中对同行（前辈？）列维－斯特劳斯的著作做出了一番颇有条理的解构，而且
247 提出了一种理论取向迥异的人类学。

那么，在人类的社会组织的问题上，列维－斯特劳斯的人类学不变量和结构主义的回答还有哪些内容？本文旨在列举和讨论高德烈对于列维－斯特劳斯的论点和分析的批评。我们首先感兴趣的是有关乱

① 布尔吉埃．围绕亲属关系的家庭纠纷．劳动、种属与社会，2005（14）：172-184.

② 高德烈．亲属关系的形变．巴黎：法雅书局，2004.

伦禁忌及其对联姻理论的影响的新线索。其次，为了解释什么是人类的基础，我们将考查高德烈所重视的神圣之路。

乱伦禁忌和联姻

列维－斯特劳斯的人类学理论是关于联姻的理论。在结婚与战争之间，人类只能选择其一。兄弟姐妹之间由于有血亲纽带，无须通过婚姻关系繁殖。那样做甚至是有害的——当玛格丽特·米德问一个大洋洲族裔阿拉佩什人（Arapesh）为什么不娶自己的姐妹时，他说：

> 打算娶你妹妹？你该不是中了邪吧？难道你不想有个妹夫吗？所以你没弄明白，如果你娶另一个男人的妹妹，那人再娶你妹妹，你就至少有一个内兄和一个妹夫，要是娶了你自己的妹妹，你就什么都没有了，懂吗？那你打猎跟谁一块儿去呀？跟谁一块儿种地？再说，你能去谁家串门呢？[1]

我们在这里看到了乱伦禁忌的非生物学的解释[2]，它可以是人类学的一个不变量。 248

列维－斯特劳斯认为，正是在同一条因果链当中，人们通过男人之间交换妇女来确定乱伦禁忌、外婚制和联姻。禁娶同胞姐妹促使男

---

① 米德．大洋洲的习俗和性观念．巴黎：普隆书局，1963：76-77.

② 关于这个问题，可参阅一些跨学科的研究成果（生物学、人类行为学、社会学），参见：杜克罗，帕诺夫．性别的疆界．巴黎：法国高校出版社，1995.

人到血亲群体以外寻找伴侣。于是他们用自己的姐妹交换其他男子的姐妹，联姻由此诞生，社会也由此诞生。如果容忍族内婚，男子将被剥夺姻亲，把能够指望的群体缩减为血亲群体，米德的上述阿拉佩什报告人担心的正是这一点。

此外，婚姻理应能够消弭诱发冲突的机会，因为与非盟友相比，对于近亲我们总不会同样咄咄逼人。与族外人结婚是一种避免与之开战的方式。高德烈从中看到了圣奥古斯丁对列维－斯特劳斯思想的影响[1]，而且怀疑以下论点的效力："近亲之间禁止性关系；男性之间交换妇女尤其能够'平定'人际关系；交换妇女能够取代人与人之间的一切攻伐。这些观点全是毫无根据的思辨。"[2]的确，平定人际关系不是创建社会的必要条件。有些社会因而使战争成为繁衍所不可或缺的一种状态。阿兹台克人就是如此[3]。在他们的原始神话里，天神纳诺安津（Nanauatzin）为了变成普照天下的太阳，纵身跃入火堆。然而，太阳若要继续发光，使人类继续生存下去，就必须以人类的血肉为食。人类的牺牲是对纳诺安津的牺牲的回报。在这里，每一个实体都需要另一个实体才能存活。为了滋养太阳，阿兹台克人组成了一个你争我
249 夺的社会，这个社会的男人只为"成为太阳的食物这个唯一目的而生"[4]。社会的再生产必然经历冲突。这种文化已经随着殖民化而消失，可是目前还有一些靠捕食为生的社会，例如菲利普·戴考拉研究的吉

---

① 高德烈 . 莫里斯·高德烈的答复 . 劳动、种属与社会，2005（14）：185-196.

② 同① 192.

③ 巴塔耶 . 被诅咒的部分 . 巴黎：子夜出版社，1967.

④ 同③ 92.

瓦洛（Jivaro）社会[①]、高德烈探讨的巴鲁亚（Baruya）社会[②]，以及巴特里克・米歇提到的另外几个案例[③]。因此，战争和社会关系并非截然对立，冲突可以被理解为常态。

然而，没有联姻的社会看起来并不存在，也没有基于血亲结合的家庭群体组成的社会。乱伦禁忌是不允许族内婚的。

列维－斯特劳斯指出，界定乱伦禁忌不是从遗传方面考虑的，而主要以文化为根据。这是他的一大贡献。试举一例：配偶在有些社会里是指派的[④]，其中包括一条关于优先婚配的规矩[⑤]，即不规定不该跟谁结婚（乱伦禁忌），而是指定作为最佳选择的配偶。这种优先婚配往往发生在交表亲之间（异性嫡亲的子女）。反之，与平表姐妹——姨母的女儿或叔伯的女儿——结婚便落入乱伦禁忌。可是，从遗传学来看，交表姐妹和平表姐妹与本我是同样亲近的。另外，由于兄弟交换 250
姐妹，平行的交表亲[⑥]之间的婚姻违反了交换的规则，因为这种婚姻重复了已经存在的血亲纽带，因而不利于产生新的姻亲，同与交表姐妹结婚相抵牾。

一般性理论虽然似乎相当受尊重，但也有著名的反例，如古代伊

① 戴考拉．友善的猎获物：亚马逊狩猎的猎物处理办法 // 艾利梯叶．论暴力Ⅱ．巴黎：奥蒂尔·雅各布书局，2005（1999）：19-44.

② 高德烈．新几内亚的巴鲁亚人“海盐货币”．人类，1969，9（2）：5-37.

③ 米歇．比较研究的路标．美洲学会会刊，1985（71）：131-141.

④ 列维－斯特劳斯．亲属关系的基本结构．柏林－纽约：穆桐－德·库伊岱书局，2002（1947）．德列日．家庭和亲属的人类学．巴黎：阿尔芒·高兰书局，2009.

⑤ 苏柏格．生活中的馈赠与回赠：亲属关系的基本结构与优惠结合．圣奥古斯都：人类学刊，1986.

⑥ 原文如此（cousins croisés parallèles）。——译者注

朗的乱伦婚姻。不过，我们要提出的解释性假设与之稍有不同。

古代伊朗：内婚制和无姻亲？

在人文和社会科学里，古埃及因嫡亲兄弟姊妹婚而知名。女神伊西斯（Isis）和冥神奥斯利斯（Osiris）既是兄妹，也是夫妻，法老们往往根据这两个形象择娶亲姐妹。这种乱伦婚姻并非王室专有，15%～20% 的婚姻都是如此[①]。

这种乱伦婚姻其他东方民族也有，特别是古代伊朗，克拉丽斯·赫伦施米特的研究显示[②]，所谓赫沃达斯（xwódas）被认为是完美
253 的婚姻。根据马兹丹圣教，这种婚姻分为三个阶段。第一阶段是父女之间的结合；第二阶段是女儿与生父所生的儿子的结合；第三阶段是上述第二次结合所产生的嫡亲兄弟姐妹之间的结合[③]。这三种结合是造人圣迹的翻版。照此产生的孩子被认为是最完美的，他们的生育者自然而然地能够进天堂。因此，即使没有只在血亲之间联姻的社会，即使近亲婚姻必然伴随着远亲婚姻，乱伦禁忌——定义为公认的血亲个体的性结合——也不总是得到遵守，因而无法把它看成一个人类学不变量。高德烈对古代伊朗人和古埃及人都很感兴趣，他提出了一条重要的批评：

① 高德烈 . 亲属关系的形变 . 巴黎：法雅书局，2004：406.

② 赫伦施米特 . 古代伊朗的赫沃达斯或“乱伦”婚姻 // 邦特 . 嫁娶近亲：乱伦，地中海周边地区的禁忌和婚姻策略 . 巴黎：高等社会科学研究院出版社，1994：113-123. 高德烈 . 亲属关系的形变 . 巴黎：法雅书局，2004：409 等 .

③ 实际上，一个兄弟和一个姐妹之间的婚姻最为常见。

> 列维－斯特劳斯告诉我们，亲属关系的本质是联姻，还说这种联姻意味着结合起来的家庭之间从事妇女的交换，其普遍条件是在兄弟姐妹之间实行的乱伦禁忌。可是埃及人……表明，不用交换也能结婚……而兄弟姐妹没有乱伦禁忌也能从事交换。总之，列维－斯特劳斯的理论假设并没有得到普遍的证实。[①]

“神圣的”联姻？

不过，高德烈认为：“如果没有某种形式的所谓乱伦禁忌，就没
有一个社会能够运转。”[②]事实上，东方社会不完全认同西方关于血亲 254
结合即为乱伦的定义。皮埃尔·邦特指出，在地中海地区的文化里，重要的是性别变化，未婚夫妻主要是男人与女人之间的事，其次才是表亲之间的事。男女之别所造成的差异被视为不可改变，血亲和近亲之间的区别于是成为次要的。因此，娶平表姐妹为妻不算近亲结婚，正如我们的种族中心主义让人相信的那样。婚姻此时也是交换，尽管我们解读世界的特殊思路使人觉得这种婚姻属于族内婚。

即使就赫沃达斯婚制而言，我们也无法假设，亲属关系其实就是联姻吗？ 然而，这种婚姻是与神灵的联姻。要为这个假设辩护，可以利用非洲学家皮埃尔·艾尼的工作[③]，并且借助高德烈的工作进行解读。艾尼告诉我们，无论在何地，仅凭一男一女都不足以生育后代。

① 高德烈 . 亲属关系的形变 . 巴黎：法雅书局，2004：413.

② 同① 495.

③ 艾尼 . 黑非洲儿童迈开的生命第一步 . 巴黎：阿赫玛当出版社，1988.

诚然，两性结合是每一次育胎所必需的，无论是男女协力创造（例如
255 伊努伊人认为，父造骨，母造肉），还是只靠女性一人，抑或如巴鲁
亚人所说，完全是男人的事[①]。然而，为了产生一个孩子，还得有第
三方介入：神祇，精灵，祖先……例如，按照西方基督教传统，上帝
将灵魂注入胎儿，或于母腹，或通过洗礼。对于这方面，当代法国缺
少民族学家的专题研究。不过，有一条看起来颇为能产的思路：关注
姓氏和名字。由于传承着体质和心灵的相关特点，姓名成为命运的载
体[②]。我们于是回到了高德烈的论点："子女无不是祖先和/或神祇的赐
礼"[③]。礼尚往来，这个道理我们从马塞尔·毛斯[④]以来就知道。艾尼提
出了一个回馈礼物的方式：如果说，在这个世界上，一个孩子因性结
合而造就了一副好身体，那么光有性结合还不够，这个身体尚需来自
另一世界的一种非物质的存在为之注入活力。身体只是尘世生命的载
舟，我们人类全赖神祇、精灵和灵魂这些基本要素给我们注入活力。
对等性于是成为必要：如果人类停止造人，非物质的存在就失去了依
托，无从落实。因此，这是一种彼此依存的关系，这里也有一个交换
和联姻的动态过程，因为，既然精神使身体获得了生命力，人类身体
就能够通过繁殖将这一循环延续下去。赫沃达斯婚姻是一条通向天堂
256 之路，有助于恢复巨大的宇宙平衡，祛除螭魅魍魉……这种婚姻不正

① 高德烈．人类社会的基础：人类学告诉我们什么．巴黎：阿尔班·米歇尔书局，2007：121 等．

② 布尔吉埃，克拉皮施－祖贝，邹纳邦．欧洲的命名形式．人类，1980，20（4）．舍本斯．林中人？关于一个专业群体的社会人类学．巴黎：CTHS 出版社，2007.

③ 高德烈．亲属关系的形变．巴黎：法雅书局，2004：326.

④ 毛斯．社会学和人类学．巴黎：法国高校出版社，1950.

性别的配价和滥用

后一条假设丝毫无损于高德烈的建议：乱伦禁忌并非完全和仅仅为外婚制之便而禁止血亲之间的性关系。在这一禁忌的背后，还可以看到其他不可摒弃的东西。列维－斯特劳斯最初就是这样做的[①]，他称之为“荒诞不经的制度”。借用皮埃尔·布尔迪厄的说法[②]：荒诞不经，即难以想象的制度，产生于我们的思想范畴。

专情原则

继爱德华·埃文斯－普里查德之后，杰克·古迪指出，遭禁的性伴侣的清单远比婚姻禁忌的名单要长[③]。因此，如果两姐妹都可以与某一本我缔结婚约，而且都不受乱伦禁忌的约束，那么在许多文化中，迎娶其中一个依然会使另一个进入不可与之发生性关系的妇女之列[④]。同理，这种性关系之所以遭禁，并非因某种联姻规则不容，而是 257
因为本我与小姨子的关系因婚姻而改变了性质。很久以来，法国离了

① 列维－斯特劳斯．亲属关系的基本结构．巴黎－海牙：穆桐－德·库伊岱书局，2002（1949）：226 等．

② 布尔迪厄．实用观．巴黎：子夜出版社，1980.

③ 二者均转引自莫里斯·高德烈的《亲属关系的形变》（巴黎：法雅书局，2004）一书。

④ 当应切记，性关系与婚姻未必相互关联。婚姻使联姻成为可能，而且给予妻子所生的子女一些相关的权利，不论亲祖是谁。情人可以是熟人和得到承认。子嗣关系和性关系也未必重叠。

婚或鳏居的男子不可以娶小姨子，因为后者被视为姐夫的妹妹。这就是专情（Una Caro）原则，它要求配偶在婚后合为一体，双方的同胞互为兄弟姐妹。这与犹太－基督教社会的创世神话有关：上帝先创造亚当，然后轮到夏娃。可是，上帝是用亚当的一根肋骨造出夏娃的。因此，世上第一对夫妻是同一物质构成的：专情。这已经不是两个不同的个体了，而是同一本体的性别分化。生殖性行为只发生在原罪完成之后。既然亚当和夏娃同属一个肉身，他们的子女便是出自乱伦结合，而且会再造父母的肉身。根据我们的宇宙观，每一对新婚夫妇都会像亚当和夏娃那样重蹈这一原罪，夫妻按照亚当和夏娃的模样结为同一肉体。尽管社会不断演变，但繁殖未必非结婚不可，年轻的父母仍会生产其肉体的肉体。专情的原则事实上承认一个孩子只能有一父一母。当代亲属关系的研究表明，这条原则依然是我们的社会组织的
258 基础：它不容许同性婚姻[①]，不容许泄露生殖细胞的匿名提供者[②]，引起了再婚夫妻的岳父母的地位问题[③]，等等。

弗朗索瓦兹·艾利梯叶[④]专门研究过专情和与之相近的神话。为了解释性禁忌和婚姻禁忌何以不完全一致，她提出一个理论，涉及第

① 高道亥．同性育子：家庭秩序的一个启示？．家庭研究，2007（4）：47-57. 在同性父母抚养子女（安妮·高道亥的提法是“同性育子”）生殖细胞提供者的匿名制和岳父母的地位等问题上，都可以看到专情的影响，因为所有这些新现象都提出了多亲抚养的问题：在这里，生小孩不单单是一男一女的事，它与“导致把生育和子嗣混为一谈的我们的子嗣制度”［芬尼．什么是为人父母？西方社会的多亲育子、种属和宗祧关系．盘旋，2002，1（21）：29］是相互矛盾的。

② 芬尼．多亲抚养会得到承认吗？．精神，2001（3-4）：40-52.

③ 芬尼．什么是为人父母？西方社会的多亲育子、种属和宗祧关系．盘旋，2002，1（21）：19-43. 芬尼，玛夏尔．子嗣关系本土化？．起源，2010（78）：121-134.

④ 艾利梯叶．关于男女有别的思想．巴黎：奥蒂尔·雅各布书局，1996.

二种乱伦禁忌。这个理论要求同质者不可混合。就专情而言，这意味着禁止配偶双方的兄弟姐妹之间发生性关系，因为他们本质相同。不过，艾利梯叶容许从联姻的角度解释乱伦禁忌：性滥用与一切婚姻禁令本不完全重叠，然而，一旦结了婚，双方的家庭便结为一体，这个联姻无须复制。第二种乱伦禁忌随之而来：两家之间的任何其他性结合都被禁止。

但是，不应把第二种乱伦禁忌视为同列维－斯特劳斯的乱伦禁忌一样，都是不变量。事实上，在一种不像专情那么理想的形式里，被禁止混合的相同本质是授精物质，因此，禁止两兄弟或父子拥有同
一个情妇，全因后者的身体会实现遭禁的混合。有些文化里没有这种 259
禁忌。

因此，任何文化中都存在着性行为的滥用，婚姻禁令无法全面地解释，联姻亦复如此，它们必然是为别的东西服务的。

非社会性欲望和神圣

列维－斯特劳斯认为，乱伦禁忌使人类生儿育女脱离天然状态。高德烈却认为，这种生育是付出牺牲的结果，即把非繁殖性行为的非社会性特点牺牲掉了：

> 在所有社会中，性问题上的宽容要么止于……联姻方式受到威胁，要么止于因此消彼长而泯灭，血亲合作和威权关系濒于崩溃之时。但是，就非社会性的背景而言，现在的问题已经不是繁

> 殖之性了，而是欲望之性……性行为从来就不是个人之间的合作基础，这一点无论从其出生的群体内部来说，还是从个人和结为姻亲的群体之间来说，都是如此。[①]

如果不是自然秩序所强加，那么放弃无限满足性欲的可能性属于一种社会创造的行为。跟其他社会性动物一样，人类生活在社会当中；使得人类与自然界分离的，是不仅能够对周围环境采取行动，而且能够对自己采取行动，从而能够延续社会生活。但是，最重要的是，人类会“为了生活而产生社会”[②]，这恰恰是人性的标志。

260 欲望之性具有非社会性之说并不完全令人信服。我们认为，毋庸置疑，欲望之性十分重要，在这方面，民族学者和社会学者的研究仍然不多[③]。是否“由于性欲本身的非社会性质，所以随欲而为是任何社会都不能容许的”[④]？高德烈何以认为这种欲望是非社会性的呢？欲望之性脱离群体，对于个体的分化大于凝聚，因为它不稳定，转瞬即逝。换句话说，性欲与理应凝聚群体的社会纽带背道而驰。然而，在不否认每个社会都有性滥用的前提下，合法的性行为形式多样，这表明，人类群体有能力把不同的欲望社会化。性欲会不会有另一种危害社会的性质？社会化为了社会生存而强加某种牺牲，性欲是不是抗拒它的唯一的“天然特性”、唯一的“本能”？此外，这种牺

① 高德烈．亲属关系的形变．巴黎：法雅书局，2004：506.

② 同① 507.

③ 除了高德烈的著作以外，这方面我们仅知道蔡华的研究报告。

④ 同①．

性颇为轻微，因为只需取缔一些不良的性行为，就能使欲望具备社会性。

再者，问题在于欲望之性吗？高德烈在分析巴鲁亚人时指出[①]，这个民族对经期血液的态度是矛盾的：经血被认为危险，因为可能导致男性不育。可是，巴鲁亚人很清楚，这种血液表明女人能生儿育女，即能够使社会繁衍："生命、儿童、男性的地位、他们的血统的活力都有赖于这种（一月一次的）律动。……因此，依照身体的这些表象，性行为不断地为支配社会秩序做出见证。"[②]不过，我们认为，月经不说明性行为，而是更多地说明男女的性别差异。人类复制社会性不是 261
通过性行为，而是通过两性之间的社会关系。在这一点上，弗朗索瓦兹·艾利梯叶阐发的性别配价看起来更有启发性。这个问题我们下文还会谈到。

在高德烈为解释人类社会的产生而阐发的理论中，远为更有说服力的是认为一男一女尚不足以生孩子的假设：永远得添加一点神圣的色彩，胎儿才能成活。

对于这一点，我们赞同高德烈对列维－斯特劳斯的批评：如果说联姻绝不能忽视，那么传宗接代也绝不能忘记。社会靠一个双重机制组织起来：一方面要求给予，联姻制度以之为基础，另一方面要求保存，目的是能够传承下去[③]，如此才会有子嗣关系。正是在这最后一个

① 高德烈．人类社会的基础：人类学告诉我们什么．巴黎：阿尔班·米歇尔书局，2007：169 等．

② 同① 170.

③ 高德烈．馈赠之谜．巴黎：法雅书局，1996.

因素上，神圣介入了。这种双重义务[①]使人和社会能够生产和再生产，结果是产生不多的几个亲属关系体系：爱斯基摩体系（即我们欧洲的体系），夏威夷体系，苏丹体系，易洛魁体系[②]。有些性结合之所以遭禁，是因为它们威胁到建立这种禁令的社会组织体系的凝聚力。例如在我们的体系里，孩子只需一父一母（即基督教世界的专情原则），舅父不可被视为父亲。在我们的体系里，性行为造就父母；在另一些
262 体系里，性行为的缺位造就父母。

通过强调子孙后代在人类社会的生产和再生产中的重要性，高德烈让我们看到了一个基本的逻辑：神力介入人类事务。也就是说，不承认人是社会正常运转的唯一责任人：

> 神性是人类与万物起源之间的某种关系，在这种关系中，真实的人类消失了，代之以替身，即想象的人类。人类的某个东西消失之后，神性才会出现。这个消失的东西，正是与自然一道创造了人类自身的创始者，是其存在的社会方式、其社会本体的创始者。……如此分身之后，成为想象的人类，既是比真实的人类更强大的人类，却不存在，又是真实的人类，却做不到祖先和自己曾经所能（种植植物、驯养动物、制造工具等等），这中间发

---

① 对此应当补充无可回避的生物学事实：世代次序里的个人接续过程（先有父，后有子）、生殖活动的个体性征（生孩子必得一男一女，无论文化在生殖想象中对其中某一性别如何重视），以及多人可出于同一对父母并形成兄弟姊妹关系。参见：艾利梯叶．关于男女有别的思想．巴黎：奥蒂尔·雅各布书局，1996：31 等．

② 高德烈．亲属关系的形变．巴黎：法雅书局，2004. 艾利梯叶．关于男女有别的思想．巴黎：奥蒂尔·雅各布书局，1996.

> 生了一点事情，使得真实的人类不再作为当事者或部分参与自身创造的作者出现，而是作为行动的对象出现。[①]

“作为行动的对象出现”，是因为有某种超越他们的东西（上帝，神明，精灵，祖先，自然……）在支配他们。尽管如此，人类虽然创造了法律，却赋予了法律一个超人类的起源。法律于是乎不可质疑。通过神话的传播，借神性之助免除人类创造社会的责任，从而将社会组织的体系加入宇宙的永恒秩序，使之成为必当遵奉的秩序。不这样做，如蔑视性禁令，就会招致人类正义的裁判——从单纯的冷嘲热讽到石刑处死，中间还有精神病院——但也有神性的正义：不育，女人不孕，甚至生出有缺陷的孩子。

高德烈的批评十分重要，因为从中可以得出，亲属关系不是列 263
维－斯特劳斯所说的社会的起源。人类文化的基础是以神性为人类起源的政治－宗教制度。此外，社会产生其最重要的载体之一——亲属关系，因为亲属关系是人类繁殖之地，是产生社会、产生神性之地。孩子对于社会繁衍的重要性使之成为政治－宗教制度的关键，因此，知道孩子是谁的成为必要。我们觉得，重提性别差异在这方面很重要，因为子女的归属看起来比性行为更依赖男女之间现存的社会关系。

性别差异

列维－斯特劳斯对婚姻的看法曾经招致广泛诟病，尤其是美国女

① 高德烈．馈赠之谜．巴黎：法雅书局，1996：239.

权主义人类学，批评他把联姻视为男人之间交换女人，因为他说："构成婚姻的整体交换关系并非发生在一男一女之间……而是在两个男人群体之间进行，女人不是交易伙伴之一，而是被交换的对象之一。"①

高德烈跟任何女权主义的观念体系均无瓜葛，他突显的是一个卓越的理论建树。的确，有的人出于联姻的目的被交换，可是没有任何东西要求把妇女当成交换对象。列维 - 斯特劳斯认为这是人类文化出现的基础，理由是"象征思维的出现必定要求把妇女当成交换的对象，就像语言那样"②，尽管如此，男女离家另起炉灶的社会比比皆是，
264 如特屯人那种交换男人的社会也不是没有③，尽管为数不多。由此可见，交换妇女的行为的本体论性质经不起比照经验事实。因此，高德烈认为，交换妇女并不重要，重要的是交换活动本身。

不过，必须强调，这些都改变不了男性统治的事实。弗朗索瓦兹·艾利梯叶对亲属体系的研究证实了这一点④。我们已经指出，人类学家发现，可能存在的亲属关系的类型并不多。理论上可以有五种，其中只有四种是切实实行的；大略地说，没有得到实行的恰恰是赋予妇女权力的那一种⑤。我们也注意到，在得到实行的易洛魁体系里，依照分属母系模式（克劳制）还是父系模式（奥马哈制），本我的姐妹

---

① 列维 - 斯特劳斯．亲属关系的基本结构．巴黎 - 海牙：穆桐 - 德·库伊岱书局，2002（1949）：235.

② 同① 569.

③ 弗朗斯庸．中帝汶的南部特屯人：有利可图的兄弟交换．人类，1989，29（109）：26-43.

④ 艾利梯叶．关于男女有别的思想．巴黎：奥蒂尔·雅各布书局，1996.

⑤ 关于这个主题，参见：艾利梯叶．关于男女有别的思想．巴黎：奥蒂尔·雅各布书局，1996：58-62.

会被视为其女（父系制）或其母（母系制）。但是，在克劳制的兄弟姐妹当中，兄长不把妹妹视为母亲，换成奥马哈制的兄弟姐妹，姐姐却接受弟弟们的权力地位，以“父亲”称之。从这些观察里，弗朗索瓦兹·艾利梯叶得出一条理论结论：每个社会里都有“一种两性关系的观念，取向明确，甚至总是等级分明”[①]，这种关系反映在对男性或女性的正面或负面的价值观念上。这就是“性别配价”。这种价值观念因涉及建构社会性，不是随意分布的。从文化方面看，正面价值总是归于男性。艾利梯叶认为：“与其说这反映出女性有残缺的观念……不如说表达了一种针对无此特殊能力者一方，掌控繁殖活动 265
的意志。”[②]她把性别配价视为一种男性文化策略，即通过贬低女性，迫使她们留在男人身旁，不远离正面价值，这样一来，男人就不会觉得失去传宗接代的可能性。

那么，为什么在一些社会里，女性之间会交换男性呢？我们认为，在实行以女家为居所或所谓入赘的社会里，新郎必须迁居，但这丝毫不意味着贬低男性。钱拉·弗朗斯庸根据南部特屯人的情形很好地说明了这一点。在这个社会里，丈夫属于母亲家，可是前往妻家生活。如果一桩婚事有碍于某一家人，“妇女们会大光其火，释放出祸害、疾病、死亡，以及一切过度的阴暗和热度造成的乱象”[③]。阴暗和热度是女人的属性。为了重建平衡，男人们于是求助于男性祖先，以恢复生与冷，

① 艾利梯叶．关于男女有别的思想．巴黎：奥蒂尔·雅各布书局，1996：24.

② 关于这个主题，参见：艾利梯叶．关于男女有别的思想．巴黎：奥蒂尔·雅各布书局，1996：25.

③ 弗朗斯庸．中帝汶的南部特屯人：有利可图的兄弟交换．人类，1989，29（109）：38.

即男人的属性，也是“秩序和健康的象征，活力的表现”[①]。至于宇宙观（和政治－宗教层面），特屯男子居于正面，妇女处于负面。因此，即使是交换男性的社会，实行性别配价似乎也会令男性受益。

另外一个假设是更一般意义上的，同样支持差异配价之说：在所有社会里，都是靠夫妻合作来抚养子女。高德烈说，这样做是为了掌控和传授可使社会群体世代存续的手段。高德烈提出这一以合作为名的基本程序，从而否定了性别配价的存在。然而，如果我们效法弗
266 朗索瓦兹·艾利梯叶，即当其他合乎逻辑的亲属关系制度都得到实行时，对于某一亲属关系制度的缺位提出质疑，那么我们难道不应该为一个现象感到惊讶吗？这个现象就是，如果女人无需男人也能生养孩子（不是受孕），那么为什么她们非得跟一个或许没有参与受孕的男人分享独立取得的劳动成果不可呢？在我们看来——当然只是一个假设——假如性别配价不是亲属关系的部分根源，那么抚养孩子的只会是女性。可是，传宗接代是一个重大的社会问题，男子必定会据为己有。

结　论

跟列维－斯特劳斯所说的相反，高德烈指出，亲属关系不是人类的源头。产生社会的不是交换妇女，而是人类创造的一个超人类的超验实体。人类发明了神祇，作为群体产生与繁衍的楷模和保障。乱伦禁忌从而被重新解释：外婚制不是交换的条件，内婚制也不是绝对的

① 弗朗斯庸．中帝汶的南部特屯人：有利可图的兄弟交换．人类，1989，29（109）：38..

禁忌。性滥用当然依旧存在，因为任何社会都会禁止某些性伙伴，在联姻关系里却找不到充分的解释。列维－斯特劳斯的整个交换理论是围绕着建立联姻关系建立起来的。此时，有必要做出修正，使之也能够整合子嗣关系，这是因为，亲属关系虽然不是社会的起源，却仍然是社会最重要的组成部分之一。事实上，亲属关系制度可以使一种政治－宗教秩序世代相传：

> 社会关系与亲子关系是两回事，然而自从孩子降生，延续社会关系就成了大事。……这一点能够解释男性在抚养亲子方面的投入……。因为，在任何一个社会，社会关系跟嫁娶和生儿育女无关，只能靠世代相传得到延续，有赖于亲属关系成为此类传承的优先载体及其复制的条件。①

交换活动对于人类社会的生活至关重要，然而我们会问，要说明民族学家看到的现实，“交换”是一个正确的提法吗？当代欧洲社会一直实行外婚制，可是，能说它确实是一种交换个体的实践吗？就婚姻和妇女而言，我们更愿意用“循环”（circulation）一词，皮埃尔·邦特的用词是“分担”（partage），从而很可能为另一种人类学敞开了大门。

① 高德烈．亲属关系的形变．巴黎：法雅书局，2004：488-489.

269 # 英国社会人类学怎样接受列维－斯特劳斯

凯斯・哈特（弗朗什－孔泰大学）
索菲・舍瓦利埃（伦敦大学高德史密斯学院）

第三部分　交换和结盟：模型、规则和实践

英国社会人类学在形成和发展阶段（20 世纪 20—50 年代），在目的、理论和方法方面已经具备连贯的基础。其研究对象是简单社会，即大多位于大洋洲和非洲的所谓“原始”社会。其理论是基于这样一种观念的功能主义：在日常生活中，人们的所作所为必定以某种方式“自为地运转”，而且相互兼容。方法则是亲身观察或长期的民族学田野调查。

综合工作主要是布罗尼斯拉夫·马林诺夫斯基完成的，阿尔弗雷德·拉德克利夫－布朗为之引入了另一个维度——他指出，从可以观察到的实际情况看，功能的作用在于维持社会结构。这一研究路向被冠以“结构－功能主义者”学派的名称，它是美国人塔尔科特·帕森斯把社会学引入英国时采用的①。拉德克利夫－布朗的两位亲密同事爱德华·埃文斯－普里查德和迈耶·福特斯，于 1940 年合作出版了《非洲的政治制度》，使得这个学派的方法广为人知。二人于第二次世

① 帕森斯 . 社会行为的结构 . 纽约：麦克格劳－希尔出版社，1937.

270 界大战后，分别通过他们在牛津大学和剑桥大学的讲席，使之真正确立。对于英国社会人类学的创始人和帕森斯来说，埃米尔·涂尔干，尤其是其《社会分工论》一书[①]，始终是一个灵感的源泉。

如果可以依照传统，把观念形态定义为用思想引导生活的尝试，那么英国学派要做的就是从生活引出思想，同时创造出一种特殊的写作风格，基于具体活动的描述进行归纳概括，但对于西方知识传统的遗产不做明确阐述。这在马林诺夫斯基的笔下化为一种浪漫的文学习作，把个别当事者与具体事件联系起来，而且有意识地照应古代神话[②]。至于拉德克利夫－布朗，他的目标是通过普及科学精神，稳固地确立这一职业；此外，经由其对象化的努力，在打造结构的抽象观念过程中，也能感受到他的影响。

功能派民族学家必须处理极为殊异的社会情形：一方面，他们是孤身生活在风俗迥异的人群中间的田野工作者；另一方面，他们在专家
271 小圈子组成的学术界从事集体再生产。他们既有与世界各民族实地相处的意愿，又被限制在大学行政机构的孤岛上，这使他们进退两难。其他同事决然地投身于图书馆、实验室或会议室，与之相比，投身于外部世界比躲进象牙塔内更艰巨，尽管有时热情不高。回头观之，20 世纪社会人类学的特点是意欲从真实人物的生活出发，讲述人类的故事。当代民族志学者结合起两个以往十分不同的角色：田野调查员和理论家。这种将生活和思想、经验和理性融于一身——一个知识分子——

① 涂尔干．社会分工论．巴黎：法国高校出版社，2007（1893）．

② 马林诺夫斯基．西太平洋上的航海者．法译本．巴黎：伽利玛出版社，1963（1922）．

的意愿，跟我们这个时代的趋于学术分工的整个潮流是背离的。

英国社会人类学的经典专著将会长留于我们的记忆，与其说是它们所提出的想法使然，不如说是因为它们对西方文明以外的生活的生动的分析和描述。也许也因为，当我们回顾往事的时候，会激赏这种特殊的人类学书写方式，因为这些专著能够说明20世纪社会的某种本质的东西，哪怕是以某种寓言式的方式说出的。我们生活的世界是一个相互分离的民族国家的世界，我们常常看不到全人类的整体。在殖民帝国时期，英国的社会人类学显然发挥了功利作用，学术领域大多在这里。它也有助于形成20世纪的世界观，这种世界观把全人类划分成不同的部落，每一个都拥有或正在拥有一个民族国家。

尽管有晚期殖民帝国的反弹，但20世纪60—70年代是一个过渡时期。在此期间，美国和法国人类学家开始在英国施加相当大的影响，特别是克洛德·列维－斯特劳斯。不过，他的结构主义远非直接被接受下来。理念与之部分呼应，但并不完全相同的几位一线英国人类学 *272*
家参与了对列维－斯特劳斯思想的引介；尽管这位伟人一度不那么友善地声称，他的英国演绎者没有弄懂结构主义的实质。其实，这是由于列维－斯特劳斯在很大程度上并不在乎当地正在发生的事情，他的英国门徒们因而没有发动一场理性主义和经验主义之间的经典对抗。

本文首先要追溯《亲属关系的基本结构》[①]对于英国社会人类学的一个核心主题的影响：亲属关系，尤其是婚姻问题。主角是罗德尼·尼德汉姆。接下来，我们要考察埃德蒙·利奇与列维－斯特劳

① 列维－斯特劳斯．亲属关系的基本结构．巴黎－海牙：穆桐书局，1949.

斯的著作和思想的关系。最后，我们要提到一个很特别的人——玛丽·道格拉斯及其文化分析。

法国的马克思主义的结构主义，不妨以马克思和列维－斯特劳斯的结合论之。20 世纪 70 年代，它在英国经历过短暂的辉煌。可是，英国社会人类学发生了一次文化转向，终致其成为美国符号人类学的一个分支；列维－斯特劳斯的思想恰在这个转折点上产生了最持久的影响。本文的结论部分将评述杰克·古迪对这一转折做出的历史的和唯物主义的批评，因为列维－斯特劳斯一度为其催化剂。

亲属关系：联姻和子嗣

以《亲属关系的基本结构》[1]为标志，列维－斯特劳斯计划重新考
273 察刘易斯·摩根在《古代社会》[2]里提出的进化三阶段之说。这个计划通过令人印象深刻的新的分析，涵盖“西伯利亚－阿萨姆轴心”（axe Sibérie-Assam），以及直到澳大利亚沙漠的全球东南部所有地区。这通分析为列维－斯特劳斯思考婚姻交换和外婚制逻辑的发展形态提供了大致的框架，其思考本身也纳入了乱伦禁忌。先有平等群体之间的“有限对等”，继之以“普遍对等”的不稳定的等级制度，其典型是缅甸高地的部落。这个地区的阶层化政体倒退到内婚制逻辑之内，即复制阶级差异和摒弃社会对等性。列维－斯特劳斯花了很多笔墨论述不符合此种

① 列维－斯特劳斯．亲属关系的基本结构．巴黎－海牙：穆桐书局，1949.

② 摩根．古代社会．伦敦：麦克米连书局，1877（法译本．巴黎：人类学出版社，1971）.

进化模式的非洲的外婚制子嗣模式。论点是大胆的，但所及范围是区域性的，而不是全球的。显然，作者并没有进一步阐发他的模式，因为他随后放弃了尽纳人类社会再生产的抱负，转而对社会发展做出辩证的解说。他宁愿就神话和同类文化产品所显露的人类精神结构进行分析。

自摩根以降，对于有组织而无政体的社会，英国社会人类学家重视实行单系继嗣的群体所起的作用。子嗣理论关注的是血亲关系的结构在不同的社会里如何形成。已经观察到的亲属关系模式包括父系制和母系制：前者只承认父亲一系的亲属，后者只承认母亲一系的亲属。另外也有兼顾双系血统的近亲或双系亲属制度。

拉德克利夫－布朗、埃文斯－普里查德和福特斯都认为[1]，在工艺
简陋的无政体社会里，社会结构的头一个规定性因素便是子嗣。他们 274
从繁殖和遗产继承出发，强调二者在群体形成过程中的作用。这些社会中的子嗣关系往往支配着家庭安排、财产和政治权威的传承。

早在20世纪50年代，子嗣理论就被诟病不重视婚姻关系的重要性和功能。这些争论导致亲属关系研究中的长期分歧。“联姻理论”主要与列维－斯特劳斯的工作相联系，它彰显人际关系在群体形成过程中的地位。20世纪整个60年代，子嗣理论和联姻理论的各自支持者的讨论主导了社会人类学。双方均放弃以普适主义自命，承认每一种方法都有局限性，终使竞争失去了意义。因此，竞争使我们能够仔细考虑特定社会的特殊的亲属关系结构。尽管双方回归更谦和的关系，可是在人类

① 福特斯，埃文斯－普里查德．非洲的政治制度．伦敦：牛津大学出版社，1940（法译本．巴黎：法国高校出版社，1964）．

学研究中，子嗣和联姻这一主要分类方法仍然发挥着重要作用。

有一位英国社会人类学家完全可以列维－斯特劳斯的捍卫者自命，他就是罗德尼·尼德汉姆。他在获奖论文《结构与情感：一个社会人类学的实测案例》[①]里，抨击了另一部获奖作品——美国社会学家乔治·霍曼斯和人类学家大卫·施耐德的《婚姻、权威和终极原因：单系交叉婚姻研究》[②]。这两位合作者解释了为什么与交表亲而非平表
275 亲结婚，必然是大多数社会的规则。他们试图以此推翻列维－斯特劳斯在《亲属关系的基本结构》[③]里表达的主张，其手段和辞令被不惧论战的尼德汉姆予以强烈驳斥。他针对这本书写道："其结论是错误的，方法是铤而走险的，论据简直是荒诞的。"[④]霍曼斯和施耐德用基于心理学解释的某种实证主义取代列维－斯特劳斯的关于社会结构的逻辑规则。更要紧的是，他们绕开了交表亲之间的优惠婚姻和强制婚姻之间的区别。个人在前一种情况下有选择，在后一种情况下没有选择。后者是列维－斯特劳斯不久以后关注的对象。

尼德汉姆在联姻理论家与子嗣理论家的讨论中扮演了决定性的角色。他始终站在列维－斯特劳斯一边，但没有不加批判地为后者背书。他领导编辑了社会人类学家协会的一套题为"亲属关系和婚姻再

① 尼德汉姆．结构与情感：一个社会人类学的实测案例．芝加哥：芝加哥大学出版社，1962. 亦可参阅亨利·雷蒙的书评，刊于《法国社会学学刊》[1963，4（4-4）：469]。

② 霍曼斯，施耐德．婚姻、权威和终极原因：单系交叉婚姻研究．纽约：自由出版社，1955.

③ 列维－斯特劳斯．亲属关系的基本结构．巴黎－海牙：穆桐书局，1949.

④ 尼德汉姆．结构与情感：一个社会人类学的实测案例．芝加哥：芝加哥大学出版社，1962：1.

思考”①的丛书；其序言部分被收入《意见与发明》②一书，题为“亲属关系和婚姻分析笔记”③。这篇令人印象深刻的评论明确提出利奇的颠覆传统的著作《重新思考人类学》④，称之为“一条引领我们走出当下的不确定性的路径”⑤。两人都从列维－斯特劳斯那里寻找灵感，以打破功能主义对英国社会人类学的束缚，尽管他们也认为与这位法国学 276
者之间的共同基础并非总是毫无问题。

埃德蒙·罗纳德·利奇

针对主导英国社会人类学的结构－功能主义范式，利奇（1975年以后以埃德蒙·罗纳德爵士之名行走江湖）发展出了他自己的批判性解读。他认为，这种范式导致过于静态化的、画地为牢的社会表象，社会的不稳定性是众多群体的共同特点，对于亲属关系制度也不可孤立地看待。其实，它们反映的是政治和经济利益，往往是为观念形态所遮蔽的社会现实。他的所有这些忧虑都可以在他关于克钦人的重要专著《缅甸高地的政治制度》⑥中找到。这个社会是随着时间而变化的不同社会形态的拼凑，从集权于一身的酋长制（gumsa）直到无政

① 尼德汉姆．亲属关系和婚姻再思考．伦敦：塔维斯道克书局，1971（亲属问题．法译本．巴黎：瑟伊出版社，1977）．

② 尼德汉姆．意见与发明：关于亲属关系的存疑论文．伦敦：塔维斯道克书局，1974.

③ 同② 38-71.

④ 利奇．重新思考人类学．罗伯特·科宁汉姆与孩子们有限公司，1961.

⑤ 同② 39.

⑥ 利奇．缅甸高地的政治制度．伦敦：LSE出版社，1954（法译本．巴黎：马伯乐书局，1972）．

体组织（gumlao）。利奇从列维 – 斯特劳斯对同一地区的一些概括获得启发，不过他更感兴趣的是研究人们当代的真实生活，而不是发现其精神世界的结构。按照利奇的说法，列维 – 斯特劳斯的分析失之肤浅，处理数据不够审慎。因此，不仅列维 – 斯特劳斯的若干解释立足于错误的民族志信息，而且剩下的分析也反映着克钦人的观念形态，而不是他们当下的实际做法。

克钦社群的理想婚配遵照一个循环系统实行，这个系统由五个群体组成。实际上，由于妇女的提供者和接受者之间地位悬殊，这一
277 系统极度失衡：前者地位高，后者地位低。列维 – 斯特劳斯的理解是接受者的地位高于提供者，但实际情况恰恰相反，妇女的接受者通常必须提供很高的福利，例如“定金”，才能得到一个女子。一般来说，由于有些家族比别的家族积累了更多的女人和财富，所以这个系统主要不是以对等为基础的。这个婚姻制度实际上相当混乱，而且随着涉事群体增多，这个制度崩溃的可能性也在增加。列维 – 斯特劳斯已经预感到，在实行普遍交换制度时，群体越多，就越难跟踪所有交易和确保妇女的所有提供者有朝一日也都能够接受妇女。他认为，交换女性导致财富积累，进而导致了一个不对称的制度。利奇的想法则相反，不稳定首先源于婚姻利益的竞争。男子寻求在婚姻福利或政治利益方面充分利用女儿的婚姻。列维 – 斯特劳斯只赋予了婚姻一种象征的作用，而利奇声称，婚姻是经济和政治交易的一个最重要的机会，往往与土地权利的转让相关。对于列维 – 斯特劳斯所构建的模式的普遍意义，利奇也提出了质疑，因为他寻求了解，同样的婚姻规则

在不同社会背景下是否会产生同样的效果。因此，对利奇来说，亲属关系不是一个孤立的领域，而是与经济和政治结构联系在一起的。与列维－斯特劳斯相反，利奇认为分析婚姻交换必须结合背景。他甚至说，列维－斯特劳斯未能考虑物质条件对社会关系的影响。

在《重新思考人类学》[①]里，利奇质疑了英国社会人类学的理论和
方法论基础。与此同时，依据先前他在数学和工程方面接受的训练，278
他开始阐发一种更为形式化的社会现象分析。他还重新考察了在东南亚发现的母系交表亲结婚的经典制度。他严厉批评了拉德克利夫－布朗对于比较分类法的经验主义热情，称之为“收集蝴蝶”。功能派痴迷于实践即人们的所作所为，利奇与之保持距离，然而强调礼仪，认为礼仪能够“说明”某种东西，其意义超出了一切可归结于礼仪参与者的东西。在这篇论文里，不难找出初期结构主义的思想，可利奇似乎把自己说成列维－斯特劳斯在英国的主要延续者，其实他是被20世纪60年代起问世的《神话学》各卷吸引，《神话学》满足了他对神话、符号和沟通活动的兴趣。

《神话和图腾崇拜的结构研究》[②]是社会人类学家协会的丛书中的一本，由利奇编辑出版，该卷收入的论文对列维－斯特劳斯的思想与运用民族志方法搜集的数据做了系统的对照。有意思的是，利奇撰写的序言却少有吸引人之处。这也许是因为，这本书的英国撰稿人像他自己一样，大多反对列维－斯特劳斯缺少经验依据的方法。他明确认

①利奇．重新思考人类学．罗伯特·科宁汉姆与孩子们有限公司，1961.

②利奇．神话和图腾崇拜的结构研究．伦敦：塔维斯道克书局，1967.

为，列维－斯特劳斯的工作被误读了。他对此的不满是显而易见的：人们看到的是一场名副其实的聋子之间的对话。他的小册子《克洛德·列维－斯特劳斯》[①]显得相当挑剔。不过，这本书引出了他的另一部著作——《文化与沟通：连接符号的逻辑》[②]，这是一次做出全面综
279 合的尝试。对于利奇发起的英国“新结构主义”运动来说，这本书或可视为一个纲领性文本。

利奇还致力于知识分子与公众的关系问题。1967 年，他在英国广播公司以“世界失控？”为题，举办了“雷斯讲座”。他利用一系列富有远见的演讲，畅谈日常生活、知识和权力。这也许是他在这个动荡的十年当中与列维－斯特劳斯的对话的最佳例证。他呈现的是一个以人与物的密切联系为特点的运动中的世界。他的做法属于典型的 20 世纪 60 年代的既乐观又有几分忧虑的心态。现有的制度当年似乎面临崩塌。看来不能从基于稳定秩序的惯常的文化范畴去把握变动的现状。由于这些范畴建立在分离和区隔的习惯之上，它们会导致把世界的变化视为令人恐惧的异动。以二元对立（真与假）为支撑的超脱的学术伦理处于社会不安的核心。利奇衷心呼吁开展一场以运动和介入、关联和辩证法为本的精神实践。简而言之，他希望把思想重新引入生活。

---

① 利奇．克洛德·列维－斯特劳斯．纽约：维京出版社，1970.

② 利奇．文化与沟通：连接符号的逻辑：社会人类学应用结构分析引论．剑桥：剑桥大学出版社，1976.

玛丽·道格拉斯与列维－斯特劳斯的诱惑

跟列维－斯特劳斯的学术遗产相比，玛丽·道格拉斯更多地契合涂尔干的学术遗产，尽管在有关分类法的思想和结构主义符号分析两个方面，她跟列维－斯特劳斯有共同的兴趣，即如我们在《说污秽：论污染与禁忌的观念》①，以及随后的《自然符号：宇宙学探索》②里所见。这 280
两部书是这个学科的经典。她后来完成的工作更是直接返回涂尔干和毛斯的启示，其中不妨举出两例：《消费的人类学：商品世界》③和《体制是如何思考的》④。

玛丽·道格拉斯与埃文斯－普里查德一起在牛津大学接受了人类学训练，她为此还出过一本书⑤。为了准备毕业论文，她前往比属刚果，在母系社群卡塞的勒勒人（Lele du Kasai）当中长期从事田野调查。天主教教育对她的思想也有深刻影响，这门宗教伴随了她一生。这方面的影响从她选取的研究对象便可以看出。例如，她研究象征系统，便频频取之于《旧约》的圣经天地（尤其是她最近的作品⑥）；她公开承认天

---

① 道格拉斯．洁净与危险：污染与禁忌观念分析．伦敦：路特雷奇 & 克甘·保罗出版社，1966（说污秽：论污染与禁忌的观念．法译本．巴黎：马伯乐书局，1971）．

② 道格拉斯．自然符号：宇宙学探索．哈蒙兹沃思：企鹅出版社，1973.

③ 道格拉斯，伊舍伍德．商品世界．伦敦：艾伦·莱恩出版社，1979（消费的人类学：商品世界．法译本．巴黎：目光出版社，2008）．

④ 道格拉斯．体制是如何思考的．伦敦：路特雷奇 & 克甘·保罗出版社，1986（法译本．巴黎：发现出版社，1999）．

⑤ 道格拉斯．埃文斯－普里查德．格拉斯哥：芳坦纳书局，1980.

⑥ 道格拉斯．旷野之中：《民数记》里有关污秽的教义．舍菲尔德：JSOT 出版社，1993. 道格拉斯．作为文学的《利未记》．牛津：牛津大学出版社，1999（《圣经》和人类学家：《利未记》讲座．法译本．巴黎：巴雅·桑居里翁书局，2004）．道格拉斯．循环思维：论环形组构．纽黑文：耶鲁大学出版社，2007.

主教在她对等级制度的兴趣中的角色。在2006年的一次采访中，她把这个概念界定为地位或职位的分配原则——其实是分类原则，未必是支配和权力关系的一部分。的确，分类系统分析构成了其大部分作品的核心。

281 因此，从她最为知名的作品《说污秽》[①]开始，道格拉斯对象征系统下了很多比较的功夫。按照英国社会人类学的规矩，也就是埃米尔·涂尔干和马塞尔·毛斯的训诫，她不怀疑社会体系的解释力优于象征活动。然而，她对传统的功能主义对这类问题的处理是不满意的。她尤其惋惜文化被忽视，因而转向法国结构主义者的工作，首先是列维－斯特劳斯的工作。这就使她不把区分类别的象征活动视为仅具社会学功能，而是也视之为认知范畴，而且服从一种将其在社会内部组织起来的总体逻辑。这部作品是她的名副其实的“列维－斯特劳斯时期”的体现。她会不会对这个提法感到遗憾？无论如何，她正是这么说的[②]，因为她认为《自然符号》[③]是对批评她的人，特别是巴兹尔·伯恩斯坦的回应。这位英国社会学家和语言学家致力于在“结构社会学”的框架内研究语言形式和社会阶层之间的关系。皮埃尔·布尔迪厄的合作者对此很感兴趣，特别是让－克洛德·帕斯隆，他以《语言和社会阶层》[④]为题，将伯恩斯坦的一本书翻译和呈现给了法语

① 道格拉斯．洁净与危险：污染与禁忌观念分析．伦敦：路特雷奇 & 克甘·保罗出版社，1966（说污秽：论污染与禁忌的观念．法译本．巴黎：马伯乐书局，1971）.

② 道格拉斯．玛丽·道格拉斯访谈录．（2006-02-26）. http://www.alanmacfarlane.com/DO/filmshow/douglas1_fast.htm.

③ 道格拉斯．自然符号：宇宙学探索．哈蒙兹沃思：企鹅出版社，1973.

④ 伯恩斯坦．阶级、代码和控制：第1卷：语言社会学理论研究．伦敦：路特雷奇 & 克甘·保罗出版社，1971（语言和社会阶级：社会语言学代码与社会控制．法译本．巴黎：子夜出版社，1975）.

读者。伯恩斯坦的灵感来自涂尔干和马克思的学说，是他的一般性观念的框架：他对象征的秩序、社会关系和经验之间的结构的探索来自涂尔干；确定象征结构在权力关系中的位置则来自马克思。不过，通过乔治·H. 米德的工作，帕斯隆也受到互动理论的滋养。他对玛丽·道格拉斯的著作的批评正是以此为基础的。对于伯恩斯坦的批评 282
意见，道格拉斯用列维－斯特劳斯的话加以归纳：与其把认知范畴看成“有益于思考”，不是更应该关注它们如何“有益于与他人的互动”吗？问题在于将社会因素重新置于分析的中心，同时放弃矫称某些范畴——例如无序——具有普遍性，进而返归文化的特殊性。简言之，关键在于放弃一种过于理智、过于理想主义的路数，对此她已经不满足了。因此，《自然符号》[①]旨在使象征范畴立足于社会因素，而不是归依自然——跟书名可能喻示的相反；这是出于对涂尔干学说的忠诚，使之社会学化。道格拉斯意欲在与人身的联系当中奠定分类思想的基础，将人身扩展为社会之身。

道格拉斯后来从事的许多工作都反映了这种向社会学之父的回归，例如《消费的人类学：商品世界》[②]。这本与经济学家巴隆·伊舍伍德合著的书正式通过精细地分析当代消费活动，并将其置于社会和文化维度上，对资本主义意识形态所特有的经济领域的自主性提出了质疑。两位作者因而断言，从布尔迪厄的《区隔》[③]中的一个类似的观

① 道格拉斯 . 自然符号：宇宙学探索 . 哈蒙兹沃思：企鹅出版社，1973.

② 道格拉斯，伊舍伍德 . 商品世界 . 伦敦：艾伦·莱恩出版社，1979（消费的人类学：商品世界 . 法译本 . 巴黎：目光出版社，2008）.

③ 布尔迪厄 . 区隔 . 巴黎：子夜出版社，1979.

点来看，物将文化范畴物质化和稳定化。

在与阿隆·维尔达夫斯基合撰的《风险与文化》[1]一书里，或者在《体制是如何思考的》[2]一书里，道格拉斯分析了文化在社会秩序
283 形成过程中的地位。她的分析跟美国文化人类学不同，因为她不认为文化能够从其本身得到解释，不像克利福德·吉尔茨[3]那样，认为文化相对于社会是自主的。总而言之，玛丽·道格拉斯是英国人类学的一个独特人物；她对法国人类学十分敏感，也为之在英国的传播做出了贡献。她从未否定过自己的民族传统。她修筑了一条特殊的智力道路，引导她走向"文化分析"。这条道路包括一段"列维－斯特劳斯时期"，在《说污秽》一书里有所体现；或许在一定程度上，这一点能够解释这部著作何以在法国取得了巨大成功。

结构派马克思主义

20 世纪 70 年代，在英语世界里，法国的马克思主义人类学被奉为圭臬。关键文本是路易·阿尔杜塞和艾蒂安·巴利巴尔的《读〈资本论〉》[4]。这部著作强调马克思主义政治经济学，而且运用了列维－斯特

① 道格拉斯，维尔达夫斯基．风险与文化：论技术和环境危境的选择．伯克利：加州大学出版社，1982.

② 道格拉斯．体制是如何思考的．伦敦：路特雷奇 & 克甘·保罗出版社，1986（法译本．巴黎：发现出版社，1999）.

③ 吉尔茨．文化解读：论文选．纽约：基础图书出版社，1973（巴厘岛：解读一种文化．法译本．巴黎：伽利玛出版社，1984）.

④ 阿尔都塞，巴利巴尔．读《资本论》．巴黎：马伯乐书局，1965.

劳斯的结构主义方法和美国的系统论。实际上，主体、辩证理性，乃至历史被搁置一边。作者对一个生产活动的模式的深层结构做了概述，其中包括三个要素——生产者、非生产者和生产手段——三者的组合在具体的生产方式中实现。特定生产方式的经济、政治和意识形态层次之间的关系，以及确定每一种生产方式的支配性和/或决定性结构得到高度重视。阿尔杜塞认为“社会”的概念属于意识形态，故予以摒弃，转而采用“社会形态”的概念，其中可以存在数种生产方式，并且形成组合。

在这一时期，有几位法国人类学家对马克思主义做出了重要贡 284
献。莫里斯·高德烈以其《经济活动中的理性与非理性》[①]一书，成为跨越英吉利海峡的第一人。他这本书里提出，对于卡尔·波朗伊发起的形式主义与实体主义的辩论，可用一种相当传统的方法处理；并且对马克思和列维-斯特劳斯做了综合。高德烈把他的理性的概念既运用于人，也运用于系统，从而在结构的逻辑与理性行为人的逻辑之间引入了一个他无法解决的矛盾。

在高德烈看来，严格地说，列维-斯特劳斯的结构属于上层建筑或意识形态，不直接适用于物质层面。对此他提出，马克思主义却能够提供一种与人类实践之间的联系；一个特定的功能于是被添加到结构上，因而可以对社会系统从事完整的人类学分析。他也深受波朗伊的实体主义方法的影响。波朗伊认为，社会和自然包孕着经济。这就使得高德烈相信，环境条件能产生体制方面的结果，而且很重要。因此，不妨说，他的方法更像是结构-功能主义的一个生态学版本，而

① 高德烈. 经济活动中的理性与非理性. 巴黎：马伯乐书局，1966.

不是从历史唯物主义或辩证唯物主义去看待的马克思主义的方法。

至于克洛德·梅亚苏、伊曼纽尔·泰瑞和皮埃尔－菲利普·雷伊，他们都承认在理论上受益于阿尔杜塞甚巨，同时立足于三人在中非和西非——他们共同关注的地理区域——取得的民族志调查成果。梅亚苏的著作《象牙海岸古罗人的经济人类学》[①]是所有这些信奉马克
285 思的研究者的共同的参考书。他后来的一项综合性研究《妇女、谷仓和资本》[②]，尝试比较部落社会、农耕社会和资本主义社会积累财富（妇女、食物和资本）的办法。当伊曼纽尔·泰瑞开始重新解释古罗人（Gouro）民族志的时候，他认为马克思主义分析不够精致，因为它用同一方式描述所有的原始社会，任由非马克思主义的民族志专家通过亲属关系的结构或者其他特征，对它们随意进行解释。在英国结构－功能主义者的激励下，他构建出一种并非结构－功能主义的详尽的方法，对一个社会的物质基础进行分类。这样一来，就可以经验地推导出生产方式，也能够把具体特点纳入物质分析。泰瑞接着对一个西非王国做了细致入微的历史分析，使之成为这个历史唯物主义版本的一部分。

在有关母系亲属、奴隶制和欧洲在刚果的渗透的文献当中，皮埃尔－菲利普·雷伊的著作《殖民主义、新殖民主义和资本主义过渡：以刚果（布）为例》[③]有原创性贡献。他跟马克思主义规范保持了距离，往往用新字眼表达已知事物。他在书中概要介绍了他的著名论点

① 梅亚苏.象牙海岸古罗人的经济人类学：从生存经济到商贸农业.巴黎－海牙：穆桐书局，1964.

② 梅亚苏.妇女、谷仓和资本.巴黎：马伯乐书局，1975.

③ 雷伊.殖民主义、新殖民主义和资本主义过渡：以刚果（布）为例.巴黎：马伯乐书局，1971.

“宗族式生产方式”。此外，他还解释了什么是“生产方式在支配性结构下的对接”，具体说明了殖民资本主义为了增加商品积累，如何重组了生产的宗族关系和方式。

可是，仍然有一个难解之谜：20 世纪 70 年代，法国马克思主义者屈指可数，可是对英国人类学产生了不成比例的影响，这如何解释？法国结构主义当时旗帜鲜明地站在（包括马克思主义的）德国哲学和盎格 286
鲁－撒克逊科学经验主义之间，成功很可能与此有关。引入系统论，摒弃辩证法，“现代化”的马克思造就了一种新的结构－功能主义，它跟原先的马克思主义的区别足以使盎格鲁－撒克逊人采纳马克思主义思想，亦有相似性，足以使他们维持殖民帝国末期声名衰落的思想方法。

梅亚苏的有关古罗人的著作是一座叙事的富矿。通过对西非民族志的不同解读，这些叙事被用来表达法国 1968 年前后各路敌对的政治立场。年长者对于年轻人在劳动方面的威权是主要问题之一，是应当把它看作通过婚姻交换来控制再分配（雷伊的观点），还是说，它是一种生产的组织形式（泰瑞的观点）。亲苏派和极左派之间在这个问题上重开辩论。问题在于弄清楚，苏联强调生产资料的国有权是社会主义的一个真实例证，还是一种国家资本主义。斯大林主义者认为这是一个社会主义模式，反对者如查理·贝岱海姆[①]，则称所有权关系只在分配层面运转，完整的马克思主义体系应该建立在生产的组织之上。仅从对劳动过程的管控来看，苏联的工厂与资本主义的工厂没有什么不同。英国人类学家并不关注这些法国马克思主义自身的辩论题目，因此不足为奇。

① 贝岱海姆．经济结算和财产的形式．巴黎：马伯乐书局，1970.

287 不过，可以认为，在英国社会人类学发生文化转向，使之最终成为美国符号人类学的一个分支的时刻，列维－斯特劳斯的思想在这个转折点上发挥的影响最为持久。法国社会学及其在英国人类学中的余绪，最为重视人们在社会建制中的共同行为；德国和美国的人类学家则对人们分享的思想、历史和符号所透露出的文化感兴趣。这个观点或许是一个较为分散的社会的反映——至少19世纪的美国社会当是如此。无疑，北美土著社会曾遭遇灭顶之灾，其残存部分只能讲述过去的故事，而非洲和大洋洲居民仍然生活在基本保持完整的社会里。经典社会人类学感兴趣的是人们的所作所为，以及社会建制为他们做了些什么，“文化”转向却导致更重视人们“所说”和社会建制的意义。

列维－斯特劳斯的所有英国解说者都接受过法英社会学传统的训练，这个传统的根源是涂尔干的思想。在列维－斯特劳斯的作品的激励下，尼德汉姆、利奇和道格拉斯均致力于人类学的这一文化转向。的确，列维－斯特劳斯尽力使自己有别于欧洲民族学传统，把自己的工作称为“社会人类学”。因此，从其第一部重要作品《亲属关系的基本结构》开始，他就打算以东南亚的亲属关系和婚姻制度为基础，建立起一部有关社会的普遍理论。不过，一如其思想作品所呈现的那样，他后来
288 放弃了这个计划，转入面向人类精神世界的理性主义人类学：理念、历史和象征手段。这一选择显示他放弃了一切根据可以实地看到的形式去分析社会生活的初愿。换言之，这意味着他择取了一个文化转折点和一个人类学路向，即重于解读叙事，轻于分析共同的实践。

20世纪60年代，经过一番与列维－斯特劳斯的“眉来眼去”，英

国社会人类学在他的鼓舞下，文化转向大功告成，同时保留了对于民族学的偏好。由于列维－斯特劳斯的理性主义无法把这两个维度放在一起，所以在某种程度上，英国社会人类学对列维－斯特劳斯并不是全盘接受。当时的时代背景有利于转向以克利福德·吉尔茨为杰出代表的美国符号人类学。在这个过程中，原先的研究对象和英国社会人类学的理论被搁置，但学科的标志——基于田野调查的民族学——被保留。美国的文化人类学也许提供了一个更为连贯自洽的整体，况且与之共享一个源头：帕森斯的结构功能主义。在接下来的数年中，它也保持了影响力，其专著作者包括吉尔茨、詹姆斯·克利福德和乔治·马库斯，以及他们的追随者。说到美国文化人类学和列维－斯特劳斯的联系，主要的搭桥者仍然是马歇尔·萨林斯，正如他的著作从《历史中的岛屿》[①]到《向修昔底德致歉》[②]所显示的。

要解释英国人类学家与其法美同事之间的复杂的“双人舞”，只谈各国人类学的差异也许是不够的。列维－斯特劳斯毕竟是法国哲学家，他的人类学是二战期间在纽约公共图书馆学到的，他也吸收了这 289
一时期的一些决定性的理论创新；后者于 20 世纪 60 年代在法国产生了影响。他还试图再现摩根的巨作。福特斯也是在同一作品的启迪下，才发展了他的子嗣理论[③]。

---

① 萨林斯．历史之岛．芝加哥：芝加哥大学出版社，1985（历史中的岛屿．法译本．巴黎：伽利玛出版社，1989）．舍瓦利埃．论人类学计划的现代性：马歇尔·萨林斯，辩证历史学和文化理性．（2005-11-08）．http://www.ethnographiques.org.

② 萨林斯．向修昔底德致歉：理解作为文化的历史和作为历史的文化．芝加哥：芝加哥大学出版社，2004.

③ 福特斯．亲属关系与社会秩序：刘易斯·摩根的遗产．芝加哥：爱德林出版社，1968.

然而，不应忘记杰克・古迪的立场，福特斯和利奇的这位同事是战后英国社会人类学的重要人物。他不但远离时髦的结构主义和文化转向，而且直截了当地攻击列维－斯特劳斯。在《图解理性》[1]一书中，他声称列维－斯特劳斯把文字这种沟通技术的效用混同于人类精神的普遍特征。古迪的方法实际上是针对文化主义转向的历史的和唯物主义的批判。对于这次转向，作为一种催化剂，列维－斯特劳斯的影响对20世纪60年代的英国社会人类学起到了决定性的作用。未来会告诉我们，古迪对世界史的概略探讨是否为21世纪社会人类学留下了一笔意义更深远的遗产。在一次系列采访里[2]，古迪承认他得益于列维－斯特劳斯，同时强调自己的计划与这位大师有别。有一次，他说："我记得，有一位法国民族学家——让・鲁什——曾经告诉我：'我们搞的是民族志，列维－斯特劳斯搞的是理论。'我一直觉得，这
290 个分工是一个错误；二者本应结合得更好。列维－斯特劳斯却批评马林诺夫斯基是经验主义；反正英国人一直被指责为经验主义者。"[3]古迪的这段言论摘录概括了英国人对于列维－斯特劳斯思想的保留态度。正如我们已经说过的，20世纪60年代，这些思想之所以看起来对于英吉利海峡对岸的众多人类学家有吸引力，而且毫无疑问很有意

① 古迪．野性思维的驯化．剑桥：剑桥大学出版社，1977（图解理性．法译本．巴黎：子夜出版社，1979）．

② 舍瓦利埃，马尧．笔杆子胜过犁把式：杰克・古迪访谈录：第一部分．(2008-09-16)．http://www.ethnographiques.org. 舍瓦利埃，马尧．美学、经济和表象的歧义性：杰克・古迪访谈录：第二部分．(2009-06-18)．http://www.ethnographiques.org.

③ 舍瓦利埃，马尧．美学、经济和表象的歧义性：杰克・古迪访谈录：第二部分．(2009-06-18)．http://www.ethnographiques.org.

味和新意，是因为它们可以使人远离社会人类学的主流范式，即局限性业已暴露的功能主义。事实上，列维－斯特劳斯的作品带来了新的研究对象，大略地说，即人们“所说”（叙事、神话和通常意义上的文化生产）和社会建制的意义；同时也带来了新的研究方法，特别是对认知过程的分析。然而，认真对待列维－斯特劳斯作品的英国人类学家并不打算放弃经验主义的方法论立场。他们于是尝试以结构－功能主义的名义拼合组装，结果成了跛足。不过，在亲属关系方面，这段知识界的插曲导致法国人类学的联姻理论与英国人类学的子嗣理论进行了一番富有成果的对话。此后，法国的马克思主义潮流颇似一个结构－功能主义的变体，以期将田野调查和理论方法结合起来。然而，法国马克思主义人类学界争论激荡，其中许多争论对于外国人类学家来说难以理解，因为它们反映了法国左翼内部各种潮流之间的冲突。

我最后想说，列维－斯特劳斯的思想代表一个阶段，甚至一种催化剂，他的巨大影响基于一个事实：他使很多盎格鲁－撒克逊人类学者丢开“社会因素”的范式，接受了“文化”的范式，尽管有人照旧 *291*
忠实于前者，例如古迪，还有一些人在某种程度上如此，例如道格拉斯。在英语世界里，我们见证了一次文化主义转向和美国的文化人类学思想的引进。欧洲人类学，尤其是法国人类学接受后者的方式很值得分析，不过，那是另一篇文章的任务了。

第四部分

感性与知性

意义与感性之间：列维－斯特劳斯和梅罗－庞蒂

伊夫·梯叶利

（巴黎高等师范学院预备班哲学教授）

克洛德·列维－斯特劳斯的《野性的思维》一书以“缅怀莫里斯·梅罗－庞蒂”作为题献，他在前言里也提到与这位哲学家有过持续的对话。对话的具体内容今天已经无从想象，然而，读者是否可以设想一下对话如何进行，及其某些重点呢？是否可以根据两位思想家的著作，把理论视野勾勒出来？这种尝试不妨按照以下要点进行：

（1）梅罗－庞蒂的哲学取向使得他能够利用实证学科，使之有所贡献，特别是为列维－斯特劳斯创立的社会人类学发展出一种方法。

（2）思考意义和先于理论理想化的对于被感知的世界的经验决定了现象学家和人类学家有一块共同的研究领域。

296 （3）趋同并未导致看法完全一致。使人看到二人的思想的差异，至少有助于澄清关于感性的地位和可知性的哲学讨论。

通往人类学的现象学路径

关于与社会学及民族学的关系，梅罗－庞蒂在两篇文章里做出了说明。一是《哲学家与社会学》（1951年），二是《从毛斯到克洛德·列维-斯特劳斯》（1959年），两篇都收入了《符号》（1960年）一书。从中可以看到，大门一直向人文科学敞开着。梅罗-庞蒂以前就是这样做的，尤其见于发表于1947年的《人心的形而上学》一文。文章把形而上学置于混合着主观体验和与外在事物的关系的经验层面。他写道："形而上的意识没有其他对象，只有日常经验：世界，他人，人类历史，真理，文化。不过，不是按照它们现成的样子，好像是不言而喻的没有前提的结果，而是重新发现它们对于自我的根本的奇异性及其神奇的出现。"[①]哲学家试图思考最基本和最普遍的东西，他们参照的只能是共同的或学术性的观察，不能是任何别的东西。在自身的情境当中，而且从这一情境出发，在与外物相接和与他人相关联的前景下，哲学家方可接近其他情境，接近既非其本人，也不是唾手可得的东西。他没有一套俯视语言学或社会学等学科的说辞，仿佛出自某种置身于这些学科的研究之外，只作壁上观的思想。但是，哲学家的目标是揭示一些首要的条件，有了这些条件，我们才能体验到被这些研究对象化和概念化的现实。因此，正如可以在《哲学家与社会学》一文里看到的那样，“每当社会学家返归知识的源头活 297
水，返归使他能够弄懂最遥远不过的文化构成的手段，他便在自发地从事哲学”[②]。

① 梅罗-庞蒂.意义与无意义.巴黎：纳谢尔出版社，1948：165.

② 梅罗-庞蒂.符号.巴黎：伽利玛出版社，2001（1960）：179.列维-斯特劳斯在法兰西公学就职演讲里援引了这段话，参见：列维-斯特劳斯.法兰西公学就职演讲.1960//结构人类学Ⅱ.巴黎：普隆书局，1973：37.

在这方面，民族学与照此理解的哲学相似，意义十分重大。对不同社会的了解有助于检验从个别情境出发，面向他者的思想运动，首先是因为这一运动基于一个观点，即不同的情境是作为一个初始情境的变体出现的，同时也导致把这个观点颠倒过来，即初始情境本身同样被视为不同的变体之一。

而且，这种了解也是由于民族学家分享了一个生存群体的经验才有，它永远属于某一与自我和与他者相联系的主观生活，关涉他者质疑下的自我，而且通过自我与他者的交集，达到对他者的理解。然而，在梅罗－庞蒂看来，这种定位模式和自我与他者之间的这种循环，仍然先于多种多样的文化，因为它位于一切人类行为都包含的感知方面。《感知的现象学》一书专门讨论了这种面向某物开放的原型，描述了能够结合起“自身”——即一个人的身体——与感性世界的关联之处：体力和运动使人接纳一些资质，探索周围事物，分配任务，安排感官的领域，从中事物和事件形成生生不息的景象，为意识制造世界呈现的意义。的确，在《感知的现象学》之后，梅罗－庞蒂
298 对于参指被视为无言的原始存在的意识提出了异议，把语言的力量与“感知的第一性”衔接。于是，作为与外界的首要关系，他把感知的身体放入感性现实的世界。因为，首先，身体之所以能够组织对世界的感知，是因为它来自这个世界，是这个世界的一部分；因为它是感性的，它才能够感知（sentant）。但是，自这本 1945 年的书问世以后，初始体现（incarnation primordiale）的理念已经为人们所熟悉，即预思考的经验的一个不可逾越的先决条件，以及思考中的本我内在于实际

条件下的个别主体，后者因而与其他主体共存，既可以看出去，也可以被看到。

这里的问题不仅仅是注意到，我们加入现存事物时带有先时性，而且关乎视之为真理的来源，因为先时性保留了感知经验的可能性。因此，知识的源头不在某一独立的精神活动里，而是产生于求知主体所源自的感性存在与意念（idéalités）形成之间的一场循环往复。所以说，梅罗－庞蒂的现象学立场很独特：尽管坚持认为意识是世界存在的一个实例，他却指出，意识不是首要的和普遍的构成要素；由于感知活动依附于身体，所以意识永远依赖一个特殊的视角。不过，这种依赖性不会损害真理，因为视角虽然意味着位置确定，永远位于某地，但并非被禁锢在表面现象当中。现象学者的任务，是说明感知活动在何种意义上切实及于万物和他者。梅罗－庞蒂经常提到胡塞尔的教导（当然并非毫无歧义），不过他很早就跟现象学的超验的唯心论取向拉开了距离。在这种情况下，与积极的知识的关系不会是根本性的，就像哲学生产有关原理的知识，能够用来验证任何科学。哲学家只能参照某一学科，一步步地研究当位置确定之后，我们的存在的要素，诸如自然数据、机构、信仰、文化产品、历史演变等等。然而，梅罗－庞蒂的目标 299
是澄清什么是预思考，与科学的对象化程序的建树相比，这项研究难道不是追求揭示一个更根本、更包罗万象的现象层次吗？

情形大致如此。但是必须马上补充一点：关于列维－斯特劳斯著作提倡的人类学，现象学家梅罗－庞蒂的思考并不限于一个领域。社会存在跟我们所处的最初的局面是共存的，通过系统地运用结构的概念来研究其要素，表明了一种跟梅罗－庞蒂的关切一致的思考方式[①]。把感知活动既从理解行为，也从机械的因果关系分离出来，这样的分析要求摆脱主体与对象的二项对立。这是因为，感知活动的领域不是由一个思考的自我和外部现实面对面地构成的，而是通过身体运作和事物分布之间的非个人的综合（synthèse impersonnelle），这一分布本身又是层面和外廓的分化，以及形象和背景之间的关系所决定的。“结构”指依次建立起来的表意集合体，以及社会生活中的群体、交换、仪典、神话的组织方式。结构是现实所固有的属性依其关系组成的一个系统，它横跨感性经验、建制和思想表达方式。在其早期作品中，梅罗－庞蒂从生理学和格式塔心理学（Gestalt psychology）借用了这一研究路径，后来也从未放弃对这方面的征引。但是，自《感知的现象学》开始，他的研究越来越重视语言和文化，及其与“身体－世界”的二项对立如何衔接。他对结构的概念的兴趣跟重视
300 语言是一致的，所以才跟列维－斯特劳斯的人类学方法发生了很有意思的交集。

从意义到野性

这种“思想规制”[②]，在研究交换制度和神话时，列维－斯特劳斯都使用过。它使我们懂得，那些给我们定位，从亲属关系、社会组织

① 这一点在《从毛斯到克洛德·列维－斯特劳斯》一文里得到了特别强调，参见：梅罗－庞蒂．符号．巴黎：伽利玛出版社，2001（1960）：188-200.

② 梅罗－庞蒂写道：“一套完整的思想同结构的概念一道建立起来。”（同① 199.）

到领悟感性世界的方式的东西意义深远。来自费迪南·德·索绪尔、尼古拉·特鲁别茨科伊和罗曼·雅各布逊的语言学有很多教益，其中之一便是意义这种现象是可以解释的，而无须假设有某种更根本的意义，即某种先于意义的、有待揭示的意义储备。“语言学，”列维－斯特劳斯写道，“比任何科学都更能够教会我们一个手段，从考虑无意义成分本身转入考虑语义系统，并且展示后者如何通过前者得到构建：这也许首先是一个语言问题，但紧随语言之后，而且通过语言，也是整个社会的问题。”[①]这里所说的无意义成分系指音素——的确，这种语音单位单个不表意，但是将其区别开来的区别性特性却是构成符号和整合表意序列的手段。无论是例如有关动物的知识，还是使生命存在的形态特点发生关联，或是社会情境的要素，抑或就神话情节而言，区别性差异才是表意的。因此，“逻辑原则”意味着“始终能 301
够把类项进行比对，事先将经验整体加以删减，就能根据差异去设想这些类项”[②]。

区别性差异生成意义的思想，梅罗－庞蒂也采纳了，照例因循他自己的理路——尤其是《间接语言和无言的声音》一文所反映的思路，此文也收入了《符号》一书。因为，外部经验先于思考和理论知识构成，它不仅包括感知的身体与被感知物的无声的关系，而且包括有助于形成思想的言语。吐音咬字的说话无疑以身体为寄托，然而，在起初无区别的环境里，身体的运动已经做出了一些区分和安排，即意义

① 列维－斯特劳斯．结构人类学．巴黎：普隆书局，1958：404.

② 列维－斯特劳斯．野性的思维．巴黎：普隆书局，1962：100-101.（着重号为原文所加。）

的区分和安排。但是，以身体的某种用途为依托的语言行为，却能够产生看起来与感性世界分离的意指作用。普通的语言交流在达到科学理性的理想状态之前，能够维持一种从符号到意义的显而易见的浅层关系：久已谙熟的说法令人一听就觉得意义是现成的、明确的，其物质性或形体性被忽略。但是，考虑到它们“正处于完成当中”，其意义只有与它们调动的或首先构建的不同符号相联系，才能显现出来。无论是必定有“音位对立”的语言的个人习得，还是在结合着传统与创新的文化史方面，我们与之打交道的，从来都不是“绝对透明的意义”，而是“符号的营建，其意义无法单独形成，因为那不过是它们
302 彼此相待、相互区别的方式”。只有从这种本质的“导致每个符号都表意的符号之间的横向关系”出发，才能超越符号，达到意义[①]。

因此，现象学对表意语言的梳理工作十分接近对文化和社会的研究，后者致力于从匿名的意义结构里找出决定性的规律。但是，没有理由把这个方向跟对主观体验的考量对立起来。反对把主体的理念作为本体论的或超验的基础，并不意味着否认存在着活生生的具体的主体，它们能够有意识地容纳它们所参与的思维形式。至于有兴趣把语言学当作结构分析的模型，背后的原因是对语言行为的关注，因为语言行为不容许把结构主义跟否认与主体经验有任何瓜葛的教条主义相提并论——相反，主体经验是语言行为和更一般的意义上的意指作用所非有不可的。正如列维－斯特劳斯所说，人类学如果“打算成为**符号科学**”，那么其研究对象应当“有主体经验方面的意义”，并且“在

① 梅罗－庞蒂 . 符号 . 巴黎：伽利玛出版社，2001（1960）：67-68.

保留现象的人本含义，从智力和情感方面仍可为个体意识所理解的层面上”[①]展开研究。可是，当我们观察非常遥远和很不一样的社会时，怎么可能有这样的理解呢？对于这个问题，民族学家深有体会，而且大凡跟陌生的意义形成过程有接触的人，其答案都取决于能否疏远自己所分属并与之绑定的思与行的方式，能否从受文化限定的素质抽身，能否理解有别于他觉得不言而喻的东西的意义。这种能力尤其需运用于感知神话思想，起到“逐步调和”“某些对立体”[②]的作用。梅 303
罗－庞蒂评论说，“像听取本地报告人讲故事那样”听讲神话，也就是打消“依其所说，当作一个命题”去理解神话的意图（那等于“把我们的语法和词汇往一门外语上硬套”），细加分辨其节奏和代码，探究“内部衔联”，只把情节“按照索绪尔所说，看成具有区分价值，看成展示某种关系或某种反复出现的对立”[③]，这样的脑力工作只有此时才能看到。因此，这个问题关涉唤醒自身的感知和智能活动的方式，跟我们出身的文化的先验模式相比，这种方式更多地与熟悉陌生文化的要素有关，事实上不能认为它是任何一种文化能够本身自带的，因为它虽然向另一种文化开放，却不被整合或锁定到对于某一特定起源的依赖性当中。关于田野民族学家的工作，梅罗－庞蒂还写道：

当然，一个人既无法，也无必要亲身经历他所谈论的所有

① 列维－斯特劳斯．结构人类学．巴黎：普隆书局，1958：398-399. 着重号为原文所加。

② 同① 248.

③ 梅罗－庞蒂．从毛斯到克洛德·列维－斯特劳斯 // 符号．巴黎：伽利玛出版社，2001（1960）：195.

> 社会。对于另一种文化，只需有过几番或较长时间的学习就足够了，因为他从此以后掌握了一个新的求知工具，收回了一片荒野，这里本无他所属的文化的任何投入，他从此地出发，开始同别的文化打交道。①

“荒野”，连同“野性的存在”（être sauvage）、“原始的存在”（être brut）等说法，反映出梅罗－庞蒂后期思想发展的特点，正如《眼与心》和《可见与不可见》等著作所表明的那样。这能否证明，将其与人类学家分析的“野性的思维”联系起来是合理的？下文会
304 谈到，列维－斯特劳斯本人就做过这种比对——虽然他随即与之保持了距离。梅罗－庞蒂认为，对于给意识的运行和形成观念的语言行为制造藩篱，以及它们的建构对象和解说行为与态度的能力——从而生出对象的多种参指方式——所导致的表面自足，哲学都提出了质疑，而“野性的存在”跟哲学由此展现的视野是一致的。这种能力的必备条件是言语和思想，它们都发生在一个“原始的存在和共存的世界”里。一旦开始说话和思维，我们就已经被抛入了这个世界。我们所想的、我们所建构的意义或本质，都是“形成观念的行为”，是这些行为从“原始的存在”里“提取出来的”，“事关寻找我们的本质和意义的保证”②。这倒不是请出某种无形的现实，而是向我们生活的世

---

① 梅罗－庞蒂．从毛斯到克洛德·列维－斯特劳斯//符号．巴黎：伽利玛出版社，2001（1960）：194-195. 亦可参见：梅罗－庞蒂．可见与不可见．巴黎：伽利玛出版社，1979（1964）：154. 其中提到“完整的文化之间的沟通是通过双方所知的荒野进行的”。

② 梅罗－庞蒂．可见与不可见．巴黎：伽利玛出版社，1979（1964）：137，149.

界开放，准确地说，正是动、触、看、听的能力所践行的那种开放。哲学家梅罗－庞蒂寻找和叩问这种开放的话语，一种可以解释发现这场叩问的语言，即“这个预思考的天地和我们的混合物”[①]可能具有的意义。然而，梅罗－庞蒂还在艺术尤其是绘画里看到了一探究竟的办法。按照《眼与心》的说法，绘画深入发掘这块“原初意义的平滑织物”。它是通过我们的身体与身外事物之间的交流形成的，身体因属于感性世界而有感受能力，感性世界的现象只有当我们从身体内部体验到它的时候，才会适时地呈现外部事物：“质量，光线，深度，都在那里，就在我们面前，它们能够在我们的身体里激起回声，我们的身体欢迎它们。这个内在的对等物，事物呈现存在的肉体方式，为什么它本身不能开辟一条清晰的途径，让不同的目光找出支持它审视世界的动机呢？”[②]要接近区别性差异形成的意义的起源，艺术是最佳 *305*
手段，因为它的表现过程直接延续身体对世界的探索。这个看法早在《间接语言和无言的声音》一文里已经被提出来了：“艺术家利用无限的质料描绘出阿拉伯花纹，这一运动放大并且延续着定向移动和妙手频出的日常奇观。”[③]不过，必须正确理解这里所说的延续。它的意思是艺术工作和我们通过身体与世间事物相遇并处于同一个平面上，它总要表达点什么，而不是从肉体生命中自动引发出来。它属于一种感知经验，而不是因果链中的简单效果，虽然作为一个实际条件，因果链依然在起作用，艺术工作是开放的和前瞻性的，因为它寻求在广大

① 梅罗－庞蒂．可见与不可见．巴黎：伽利玛出版社，1979（1964）：138.

② 梅罗－庞蒂．眼与心．巴黎：伽利玛出版社，1985：13，22.

③ 梅罗－庞蒂．符号．巴黎：伽利玛出版社，2001（1960）：108.

范围中的某个细部找到一种存在的方式，这种方式提示多种多样的变体，标示一种能够整合这些变体或其中某些变体的表达方式，使之达到一种新的清晰度，而且可供普遍感知。

这场凭借感知和运动进行的探索是任何一种传统的基础，它指的是文化之间得以沟通的那块“荒野”，因为那里才是沟通活动的诞生地。有了它，一个人才能做到跟自己的文化保持距离，因为它首先是一个超越文化特殊性的经验领域。原始或野蛮的生命不过是被感知的世界而已，无法被还原成任何模型——例如欧几里得的几何空间——而且承载着意义与事物互动的资质和典型的关系。与这个世界同质的思想本身就是一种野蛮状态下的思想，它不是某一族群或原始状态下的人类的思想，而是未被科学和现代科技的理性驯化的思想，在任何
306 社会里都有。然而，在“野性的思维”的名号下，列维－斯特劳斯的人类学所分析的东西尽管的确有这个特点，却显得跟被感知物和亲身体验十分不同，它属于一种分门别类的工作，而且总体上是遵循逻辑进行的活动，不可能出现在对于感性世界的纯粹的描述里。于是，我们会问：一个是研究“野性的思维”的人类学，另一个是深入认识预思考的现象学，而借口均参指“野性”，便认为二者有深层的一致性，这会不会是一种误解呢？

感性世界的现象性

如果误解确实存在，那么只考虑这两项研究既有交集又有分歧

的复杂关系依然是不够的。无论是误解还是轻视，都是把对野性的思维的分析归结于单纯的“感知至上”。不过，实质性的接触点是有的，从此出发才能理解双方的殊异。哲学家梅罗－庞蒂去世十年以后，列维－斯特劳斯在一篇文章[①]里提到了他最后的思想状态，即“野性的存在”的思想，它“必须为画家的这种野性的愿景提供一个本体论基础——他揭示的愿景却同样是我们的愿景——正像《眼与心》十分流畅和颇具洞见地描述的那样”。把画家的愿景当成我们自己的愿景，这是因为其特点首先是寄身于被感知的世界，使人看到或听到那些在我们与事物和境况的实际关系里停留在封裹状态的方面，这就是艺术工作的特殊性。列维－斯特劳斯随即补充道，这种“野性的愿景”， 307
“跟我所说的野性的思维既是一回事，又迥然有别。我赞同梅罗－庞蒂，承认二者都努力发掘‘这样一块行动主义不屑于了解的原初意义的织物’，我寻求这种意义的逻辑，他则认为意义先于任何逻辑”。对于这个局面应当说明一下。列维－斯特劳斯从《眼与心》里提取了一个说法（“原初意义的织物”），承认“野性的思维”来源于感知活动的感性世界。的确，这种思维的特点是“细致入微地关注具体事物”，这一点尤其能够说明人的思维如何应对该书起首所说的最大难点——“感性材料的系统化”，即在经验手段和意念把握不了的层次上的系统化[②]。他提出保持距离，说自己在寻求“这种意义的逻辑”——

① 列维－斯特劳斯．关于几次邂逅．拱门（梅罗－庞蒂专号），1971（46）：43-47. 后续引文见第 45 页。

② 列维－斯特劳斯．野性的思维．巴黎：普隆书局，1962：291，19. 这种“系统化”是“最难做到的”，因为事关给不断涌现而显得无序的东西排序。

梅罗－庞蒂则会说“先于任何逻辑”——然而，他同时也把智力纳入了视野，而有关感知当中的身体的现象学似乎没有把组织感性世界的智力考虑进去。这是因为，虽然以诉诸感官之物为本，但“野性的思维”也是一种真正的精神活动，它在这些给定物里辨识出组件，例如地点、生命物种，乃至品类，令其在礼仪和神话里发挥一些表意功能，而且为此而按照一种“对立和相关、排异和蕴含、兼容和不兼容的逻辑”将之或区分或搭配，这种逻辑反映“精神结构”[①]。但是，在梅罗－庞蒂看来，“原初意义”是一个已被感知的世界，全部意指活动都起源于此，它“提供解释”，对此列维－斯特劳斯需要做出一番
308 解释，解释产生于感官和智力的功能的思维方式：“简而言之，梅罗－庞蒂所说的解释，在我看来仅仅摆出了问题的相关数据，界定了现象的一个侧面，从而有可能——这才是问题的关键——据此做出解释。”

必须明确这里讨论的内容，因为梅罗－庞蒂并没有满足于用“原始”和“野性”的说法中止一切解释。的确，这些说法关注产生文化、历史和理论建树的原始土壤。但是，这片土壤不是解释的原则——好像有了它就没什么可说的了。它其实要求一番复杂和细化的论述，以对付那些与起源本身同一的观念难以统合的现象，如时间现象、空间现象、适时感知的东西，以及其他一些跟自身不一样的感知源头。这就表明，不同的观点虽然涉及同一个被感知的世界，却不可导致同样的描述。身体是一切感知活动的不变条件，按照一种从未被

① 列维－斯特劳斯．今日图腾崇拜．巴黎：普隆书局，1962：130.

克服的分工——因而要求不断改变接近外物的方式，而不是自我呈现的思想[①]——它本身又分为被感知物和感知体，即事物当中的事物和观察及接触事物的能力。只不过，此时所需的申论并非彻查因由的“解释”，不管原因是器官功能还是精神活动。然而，列维－斯特劳斯暗示，有必要从“现象的方面”解释，他的意思正是这种因果关系的解释；这就是说，从感性现实出发，单靠感知里出现的东西是无法理解感知可能做出的安排的。这是二人思想的分水岭。道路不同，可是包含同一个问题：在处于自然和历史当中的实际处境给出意义之前，309
我们并没有为自己预设什么意义，那么意义是如何产生的呢？看来二人有一个原则上一致的答案：结构体现着感性经验让我们认识到的事物的特征，意义产生于结构的现象。当我们构想感性经验如何产生意义的时候，重要的距离才会出现。

在列维－斯特劳斯看来，感性经验“已经是精神的无意识活动的一项功能”[②]。当然，大自然有分辨差异的手段，从这些差异里可以找出对立性关系，思想因而启动，特别是分辨多样的生命物种、形态性征、行为特点。但是，只有当官能在个别形态中把握了关系而非数据，并且提供了对象据以重构而非直接感知的信息的时候，一个特点才会变得“突显”，进而能够进入有意义的对立性区别：“换句话说，感觉的运作已经具有某种程度的知性，地质、植物、动物等等方面的

① 梅罗－庞蒂在《可见与不可见》里就是这样写的：“呼唤本原有方向之分：本原崩裂，哲学必须陪伴这种崩裂，这种非偶然性，这种分化。”［梅罗－庞蒂．可见与不可见．巴黎：伽利玛出版社，1979（1964）：165.］

② 列维－斯特劳斯．生食和熟食．巴黎：普隆书局，1964：28.

外界数据从来不是单靠直觉捕捉到的，而是以文本的形式，由感官和悟性共同制造出来的。”[①]感觉的知性方面既要求悟性有所作为，也需要感官的行动，它专注于生产对立。问题仍然在于感觉，因为项次及其关系都跟感性世界的不同方面相关：高低，天地，远近，明暗……但是，如果缺少对于多样的经验的抽象，缺少知性，就识别不了这些基本成分所涉及的区别性单位。每一个项次都势必跟其他项次发生联
310 系，无论这种联系通过对立、关联还是相似而重塑，从而导致感性经验所固有的起始的二元对立的运行——这已经是一种逻辑的形式——使得神话语言甚至一般的推理成为可能。因此，这种经验所提供的东西是表意的，因为人类精神不断地以各种方式利用它看到、对比、组合的感性现实来表达自身意义。况且，除了自然的机制以外，这里所说的“精神”和“智力”不意味着任何其他现实。因为在列维－斯特劳斯看来，规定着思维运作的机制本身毕竟也是由身体和生理决定的。

按照这个观点，对感性世界的关注有它的位置吗？感官的感知活动，编录感性特质和为自然界的生物分类的不同方式，建立集体组织的规则，构建涵盖人类及其环境的可知性，这些都需要根据直接的因果关系进行。这些关系当然十分复杂，我们的了解也不够，但是它们往往能够说明我们在世界上的存在和思维的形式。现象学完全不反对这一类解说，但是另辟了一个“现象的”角度，即梅罗－庞蒂所说的感知体验。他指出其相对于科学对象的特殊性，因为被感知物既不同于心智运作的结果，也不同于生理和体质过程的作用。被感知物是

① 列维－斯特劳斯．裸人．巴黎：普隆书局，1971：607.

由现象和以下出现方式构成的：身体内部的感知体和被感知物的二元
性、对于远处和视野中的事物的视觉，以及这些事物同其他目视者
之间可能存在的关系。这后一点有决定意义，因为，尽管感知事实
（perçu）每一次都靠内部关系形成意义，变化中的事物的表现也有内
聚力和分化，但被感知的事实却超越二者，是向世界开放的能力的具
体表现。在任何知性活动之前，无论什么样的感性现实都必须显示能
够被其他身体感知，后者也是其他不同的感性现实的感知主体，而世 311
界永远是层出不穷的观点、物体或被感知对象的场域的视野。因此，
由于现象特有的自主性和稳定性——已为对于感知感性的身体和他者
的重视所证实，而且能够用来说明现象之间的契合性——令人能够设
想，感性自行产生意义，因为它终究拥有建立起世界的确定性的能力。

不过，有关梅罗－庞蒂和列维－斯特劳斯的思想的讨论，以上所说尚无法得出结论。一个是基于解说之必要的积极的知识，另一个是哲学取向（即优先关注感知经验的现象学），我的意愿是继续对二者进行对比。因为，即使人类学话语拥有社会科学和自然科学的支持，遵从否认感性居先的因果关系，它依旧不能突显解释感性的现象学属性的必要性，及其向世界开放的能力吗？通过重振视生命世界为一切科学的唯一土壤的思想，知觉现象学能否以自己的方式接受这一挑战呢？要回答这些问题，必须进行认识论方面的思考，并且兼顾现代科学史和现象学运动。

列维－斯特劳斯：野性之善和语言之美

雅克·布瓦利埃
（勃艮第大学和“文本与文化”多学科中心）

每个人……身上都有一个世界，一个用所见所爱构成的世界，他不断地返回那里，尽管他经过和仿佛居住在一个陌生的世界里。[①]

什么是当代人[②]？身份证上登记的那位吗？抑或如罗兰·巴尔特所说，当代人实为“非当下者”——犹如扬·考特所说的“莎士比亚，我们的同代人”？在某种意义上，克洛德·列维-斯特劳斯看起来跟罗兰·巴尔特、雅克·拉康、让-保罗·萨特属于同一个时代。然而，真正与他同一时代的首先是利涅罗勒镇[③]一带的人：往东走有朗格勒市的德尼·狄德罗，往西走有蒙巴尔镇的乔治-路易·布封，南边则有拉马尔热勒镇上的让·德·莱利[④]。

① 夏多布里昂．意大利之旅 // 列维-斯特劳斯．忧郁的热带．巴黎：袖珍本出版社，2001（1955）：44.

② 借用乔治·阿冈本《什么是当代人？》的书名．阿冈本．什么是当代人？巴黎：岸边出本版社袖珍本，2008.

③ 利涅罗勒镇（Lignerolles）是列维-斯特劳斯在乡下的居所。——译者注

④ 卡辛．利涅罗勒镇上的克洛德·列维-斯特劳斯．巴黎：弗拉马里昂书局，1995：45.

314 此君既生活在新石器时代，又生活在结构主义时期，他从《意大利草帽》里发现了俄狄浦斯王，又从精神分析师的穿戴上看出了萨满师[1]，此时他感觉到谁，感觉到什么呢？列维－斯特劳斯这位“重要的当代人”一直处于险境。一个人如果自觉与他的世纪平起平坐，那么肯定当不成民族学家。克洛德·列维－斯特劳斯被视为一个现代人物，这一点他与安德烈·布列东和雅克·拉康的友谊可资证明；我们知道，跟系列音乐相比，他更喜欢理查德·瓦格纳；他喜欢尼古拉·普桑甚于抽象绘画；宁愿跟雷蒙·阿隆一块儿论道辩理，也不愿意跟让－保罗·萨特一块儿犯错。

所以，就我们所知，他与同代人和他所说的自己人之间，距离不可谓不大。确实，列维－斯特劳斯对古典世纪谙熟于心，拒不接受先锋派及其衍生物的诱惑。在他看来，正如美学也会冒精致而空洞、有形式而无意义的风险一样，思想——始于哲学——往往倾向于“空话”，即一套以自身为目的的修辞术。虽然列维－斯特劳斯的“现实主义”保护他免受（艺术、语言方面的）偏离行为之害，但是他的“唯美主义”却不容他做出任何纯属客观性的省减（作为最终对象的文件）。跟对待无内容的艺术一样，他也不接受无艺术的写作——他在《忧郁的热带》的开头提到的那本旅行日记和轶事[2]，就是作为反例使用的。这是因为，对于一份“文件”，甚至对于一个“文明”来说，

① 列维－斯特劳斯 . 嫉妒的制陶女 . 巴黎：普隆书局，1985：末章 .

② 通过一通大规模的“哄骗”，旅行故事“制造错觉，似乎有些东西虽已不复存在，但仍然应该有，好让我们逃离两万年历史俱成往事的不可否认的事实”［列维－斯特劳斯 . 忧郁的热带 . 巴黎：袖珍本出版社，2001（1955）：36］。

首先有一个“风格”问题。再说，一度把布列东和列维－斯特劳斯围绕着同一道叩问——符号的地位和艺术作品的本质——联系到一起的，正是这种（对象的、生活的）“风格”，即联系世界的终极方式。

空　话 315

在《忧郁的热带》一书里，列维－斯特劳斯追溯了自己的知识源头。他回忆道，在民族学之前，他曾深受地质学的吸引。当一道风景呈现虚无缥缈的和谐——形状和色彩的游戏——时，他的第一感觉是被地质学解放了，一种超越感油然而生：“管他是道路还是障碍，我们全然不顾，行事似乎违背情理。然而，不顺从的唯一目的是找到一种主导的意义。”[①] 地质学家讲求“真实”，既拒绝把单纯的感官事实当成不可逾越的地平线，也拒绝打发掉作者认为有时是哲学话语的世界。在他看来，教科书上的哲学话语似乎是纯粹的“演讲……训练”，用“双关语的艺术……取代思考”，用“谐音”“同音词”和“模糊性”制造“思辨的戏剧效果”[②]。

因此，哲学家是最后一位修辞大师，一个坏老师，他用符号代替事物，用诡辩替代概念。而且，对词语的恐惧依然存在，自从“结构主义”被清空了实质，变成了人们信口开河的字眼，列维－斯特劳斯便是第一个与之对抗的人。面对这种偏离行为，列维－施特劳斯开始

① 列维－斯特劳斯．忧郁的热带．巴黎：袖珍本出版社，2001（1955）：59.

② 同① 53.

怀疑，是否“哲学文献里遍地开花的‘虚构的结构主义’……生来就是为了给当前文学显露的令人难忍的烦扰充当挡箭牌”[1]。跟哲学一样，现代美学打破了模仿的成规，背离了世界；马拉美促成了为艺术而艺
316 术的转向，然而，针对当时被大量消费的改弦更张，民族学却把我们锚固在“真实”上面，她提醒我们，我们居住在这个世界上。

所以说，对于一部分现代绘画、系列音乐和文学前卫实验[2]，列维－斯特劳斯始终没有采取随它去的态度。虽然对20世纪的话语（特别是语言学）保持开放，但他的真正的同路人只有寥寥可数的几位作家，如安德烈·布列东和如今被视为“反现代”（安托万·孔帕尼翁语）的米歇尔·莱里斯。不消说，他曾经对《夜晚将尽之旅》一见钟情[3]。这座文字的丛林启发了当年的青年教师拒绝处于颓势的文学，以及另辟蹊径的需要[4]。某一段非洲插曲，在暮霭中冥想文明和无辜民众的沉沦，无疑同样见于《忧郁的热带》。这本书跟《夜晚将尽之旅》一样，都有一个“康拉德式”的侧面[5]——在这里，约瑟夫·康拉德享有跟布罗尼斯拉夫·马林诺夫斯基同样的地位。

《夜晚将尽之旅》之后二十年，《忧郁的热带》出版，书中出现

① 列维－斯特劳斯．裸人．巴黎：普隆书局，2009（1971）：“终乐章”573.

② 对迪迪叶·埃里蓬说的话，“文学”篇，参见：列维－斯特劳斯，埃里蓬．近观与远眺．巴黎：瑟伊出版社，1990（1988）：226.

③ “书籍和杂志”栏目，刊于《社会主义大学生通讯》，1933年。

④ 列维－斯特劳斯在蒙德麻桑城（Montde Marsan）和拉昂市（Laon）当过中学老师。——译者注

⑤ 我们知道，《夜晚将尽之旅》里的非洲插曲是从《黑暗深处》获得灵感的；列维－斯特劳斯则一度考虑过写一部“大约是康拉德式的”的小说，书名原定为《忧郁的热带》[列维－斯特劳斯，埃里蓬．近观与远眺．巴黎：瑟伊出版社，1990（1988）：130]。

了那句名言：“我厌恶旅行……”对于同代人来说，列维-斯特劳斯一仆二主，身处风行一时的现代主义大潮（辉煌的三十年，新小说运动）之中。这位民族学家兼作家[①]，为原始民族和法国文学提供了一座豪华的“陵墓”，因为这本书令人得以重温知识尚未与艺术脱节的昔日岁月。我们知道，此书一出版就得到了文坛巨擘，如乔治·巴塔耶和莱里斯的肯定[②]。正值与布列东断交前夕，列维-斯特劳斯一下子 317
成了“作家”。巴塔耶、莱里斯，乃至罗兰·巴尔特，纷纷奉上钦慕之意。可是，他们有过开展一番真正的对话的表示吗？这情形有点像《安德洛玛克》那出戏：A 爱 B，可是 B 爱 C……同代人大谈列维-斯特劳斯，列维-斯特劳斯却大谈别的作家。并非他对身旁的人视而不见：他说自己钦佩莱里斯的《游戏规则》（自我的规则？），他的《幻影非洲》在许多方面令人想到《忧郁的热带》，例如缅怀让-雅克·卢梭[③]，“他们”和“我”交织，惊叹和烦恼杂糅，这些都是巴尔特在《S/Z》里提出的对解读巴尔扎克之道的生动发挥。但是，所有这些都比不上邂逅布列东，他是唯一在列维-斯特劳斯的思想里扮演了重要角色的作家。这固然因为二人经历相同——均逢历史和生活的转折点——但更重要的是从民族学研究对象、符号问题、神话和隐喻的作用……直到《魔力艺术》（见下文），二人心中的想法不约而同。

① 关于这段学徒期，我只能请读者参见万桑·德贝尼的重要论著：德贝尼．告别旅行：科学和文学之间的法国民族学．巴黎：伽利玛出版社，2010.

② 巴塔耶．书评．批评，1956（2）．莱里斯．《忧郁的热带》纵览（1956）// 民族学研究五则．巴黎：伽利玛出版社．

③ 1934 年的《幻影非洲》的“前言”里提到了卢梭。1951 年重版还用了《忏悔录》里的一句话作为题铭。

从列维－斯特劳斯与布列东的交流来看，我们会遗憾于列维－斯特劳斯的学术民族学没有真正遇上被巴塔耶奉为神圣的民族学；我们也会遗憾，他未能同安德烈·马尔罗交流艺术问题，因为此君也痴迷于文物收藏，而且为了更好地跟鸿篇巨制展开对话，在《想象的博物馆》里拿掉了历史[1]。

不过，沉默也许比误解强。怪诞的是，打着列维－斯特劳斯旗号
318 的作家们避谈“结构主义时期”——可理解为“新小说”——试图找出法国文学的一个“民族志时期”[2]，以制造列维－斯特劳斯自相矛盾的效果。作家米歇尔·图尼耶的例子很能说明这一危险处境。20 世纪 60 年代末，正值形式主义鼎盛时期，图尼耶走上文坛，呼吁民族学家反对“土地丈量员”。图尼耶曾是列维－斯特劳斯的学生，在《吸血鬼抢劫案》中提到，“牛津大学教出来的亚述王子卓尔不群”，跟“同事们‘万金油似的’风格”[3]形成鲜明对照。要不是列维－斯特劳斯给图尼耶布置的作业题目“塞尔克南人（Selknams），一个火地岛部落，由于抵制文明和基督教的恩德而灭绝了一个多世纪”[4]，这个学生原本不会成为作家。他的第一部小说《星期五或太平洋上的灵薄狱》（伽利玛出版社，1967 年）把人类学的基本范畴（生食 / 熟食、裸身 / 穿

① 这样比照基于德贝尼建议的《面具之道》与《沉默之道》之间的半谐音效果，参见：德贝尼 . 列维－斯特劳斯作品集 . 巴黎：伽利玛出版社，2008：XXXIX.

② 20 世纪 30 年代，这场奇特的交汇通过乔治·巴塔耶、社会学学院、布列东的《超现实主义民族学》、《文献》和《牛头人身》等杂志，以及莱里斯用第一人称撰写的民族学著作得以完成。

③ 图尼耶 . 列维－斯特劳斯 // 吸血鬼抢劫案 . 巴黎：法兰西信使，1981：385.

④ 同③ 386.

衣、有序/混乱、热机器/冷机器……）[①]放进虚构的叙事，为读者提供了他期望的卢梭式的种族学。然而，如果说鉴于超现实主义民族学[②]与学术民族学相距甚远，布列东和列维-斯特劳斯的对话意义重大，《星期五或太平洋上的灵薄狱》则完全不同，它具有最大形式比邻性，却通过印第安哲人阿劳坎（Araucan）完全颠覆了主题。星期五是个“好野人”，然而是哪一路的“好”呢？在古代语言里，它既可以指一个人心地善良，也可以说“好风景”或“好空气”，用来指称真切性。如果星期五的良好道德无可怀疑，那么那个混血儿阿劳坎——名副其实的民族学怪物——又能炫耀哪一种“好”呢？在一个 319
与生儿育女无缘的男性社会里，《亲属关系的基本结构》（乱伦禁忌是交换活动的条件）又会变成什么样子？说到底，《星期五或太平洋上的灵薄狱》的局限在于追求一个封闭的系统，仿佛一只编得过紧的篾筐，没有留出一扇能够打破动机的连续性的“门”，缺少腾挪的空间[③]。

因此，真正的邂逅不属于身边人，而往往需要绕个大弯子。在当代作家当中，大概只有研究古典时期的“民族志学家”帕斯卡·基尼亚尔，既读过列维-斯特劳斯，又深受其影响。可能由于保持着与20世

① 在1967年4月6日的《文学新闻》上，勒内-马里尔·阿贝莱斯认为这个人物是“被弗洛伊德、荣格，甚至被列维-斯特劳斯改造过的鲁滨逊”。

② 不妨举出詹姆斯·克利福德《20世纪的民族学、文学和艺术》（法译本）里的“文化的困境”一章：克利福德.20世纪的民族学、文学和艺术.法译本.巴黎：高师美术学校出版社，1996：123等.

③ 指对于北美印第安人的篾器的分析，参见：列维-斯特劳斯.看·听·读.巴黎：普隆书局，2007：161.

纪60年代理论论辩的距离，他能够回归某种直接性。在《天堂》里，帕斯卡·基尼亚尔提到，他读到《裸人》里的一段话时如何感到震惊。列维－斯特劳斯的这段文字重新界定了身份的概念："相似性本身并不存在，它只是相异性的一个特殊情形，相异性此时趋于归零。"[①]基尼亚尔评论说，这段话颠覆了通常的看法，这个谜团更多地涉及"相同之同一性"（l'identité de l'idem）[②]，而非"他者之相异性"（l'altérité de Alter）。最重要的是，基尼亚尔移换了领域：他认为，事实上，列维－斯特劳斯、罗歇·盖洛瓦、乔治·戴密微的"神话搜辑"，以及埃米尔·邦维尼斯特的"词源学探查"都产生了不小的"文学影响"，而且"推动了彻底重组自大战结束以来自称现代的叙事"[③]。这是在庆幸列维－斯特劳斯把小说和现代性带出了困境。遗憾的是，基尼亚尔没有详细阐述这一论点。

320 艺术的童年时代

所以说，基尼亚尔与列维－斯特劳斯的对话超越了"结构主义"，这个情形有点像结构主义兴起前夕与布列东的邂逅，也就是唯一与我们的人类学家有过真正的"对话"的人。布列东和列维－斯特劳斯同样饱受浪漫主义文化的浸润，都怀有对想象世界的追寻。二人保持着适当的距离，使得他们能够摆脱来自两个方面的危险：难以缓解的针

① 帕斯卡·基尼亚尔援引列维－斯特劳斯的话，参见：基尼亚尔．天堂．巴黎：伽利玛出版社，2005：36. 基尼亚尔记得很清楚，甚至给出了引语的准确出处。

② 同①.

③ 基尼亚尔．天堂．巴黎：伽利玛出版社，2005：35-36.

锋相对（让－保罗·萨特）和装模作样的一团和气。

列维－斯特劳斯肯定是在1941年春的一次奇妙的旅行期间遇见布列东的。按照宪兵的说法，一群“痞子”登上了“保罗·莱默勒船长号”。这群不受待见的人包括维克多·塞尔日、安娜·瑟盖斯、安德烈·布列东，还有一个奇怪的突尼斯人亨利·司玛扎。列维－斯特劳斯当真是大肖像画家，让我们领略了他那刻画入微的素描本领。维克多·塞尔日“脸刮得溜光水滑”，“五官柔和”，“举止沉稳谨慎”，这令人想到与其说他是一位典型的革命家、“男子汉”，不如说是一位“原则性很强的老太婆”[1]。布列东是列维－斯特劳斯在泊靠摩洛哥时遇到的。当时他在排队，听见前头有人喊布列东的名字[2]。还有一个小小的插曲。列维－斯特劳斯对于南半球海域和班轮已经习以为常（船长跟他相识，把为数不多的小舱室分给了他一间）。他在各方面都跟布列东迥然不同：超现实主义诗人尽管已经找不着北，但在走过栈桥时依然保持着尊严，“身穿毛绒大衣，像一头蓝熊”[3]。

按照《忧郁的热带》里的回忆，列维－斯特劳斯和布列东的友谊始于书信往来，讨论美学问题，特别涉及“审美的美感与绝对的原创性的关系”[4]。在《看·听·读》里，列维－斯特劳斯让我们读到了这 321
些信件[5]。在写给布列东的“小注”里，列维－斯特劳斯直截了当地指出，超现实主义立场有一个固有的困难：事实上，由于艺术创作来

① 列维－斯特劳斯．忧郁的热带．巴黎：袖珍本出版社，2001（1955）：20.

② 列维－斯特劳斯，埃里蓬．近观与远眺．巴黎：瑟伊出版社，1990（1988）：45.

③ 同①.

④ 同① 40.

⑤ 列维－斯特劳斯．看·听·读．巴黎：普隆书局，2007：138-146.

源于“心灵的绝对的自发活动”，因此任何艺术作品都是心理状态的“文献”；可是，并非任何“文献”都能被视为“艺术品”。从这个难题出发，列维－斯特劳斯运用极严谨的逻辑，考察了各种可能出现的动作。在极端的情形下，“文献价值”与“审美价值”会被混为一谈；从这个视角出发，就既没有“诗人”，也没有“艺术”了，因为大家拥有同样的能力。列维－斯特劳斯发现，有些作品虽然同样是“真实和自发的”，从而同样有“文献”价值，但只有少数会给人以某种形式的“享受”。于是有了一条实质性的区别，即某种“原始数据”，虽然未必说得清它究竟是什么。列维－斯特劳斯进而假设，在某些条件下，某些个体的自发的、非理性的思维会“产生自我意识”。这一“非理性的意识”促成“对原始素材进行加工”，对象或资料因而才会成为艺术作品，虽然这种“二次加工”有着跟创造活动本身一样的不可省约性和原始性。

在这段不短的“小注”里，布列东同样看到了他心中的疑问。他复信说，自己也看到了列维－斯特劳斯提出的“根本矛盾”；他重提并略微改动了一下这个矛盾。他认为，艺术品既是知识的工具，也是“享受”的源泉——他说很欣慰对话者用了这个字眼。对于这个难题，布列东并没有提出如何解决——假如真有办法解决的话——而是回到
322 第一份《超现实主义宣言》的说法。他在宣言里把自发的行为界定为“思想的指令……超越一切美学或道德的关切”，这种超越直接涉及真实性的要求和艺术关切之间的冲突。至于作品质量的差异，布列东假设，与其说质量是个“艺术”问题，不如说是非真实性的问题，即真

诚或者放任——低质量因而属于不作为的一种形式——的程度。

这番对话的有趣之处在于，身为坚定的理性主义者，列维－斯特劳斯却给予非理性以完整的地位，而且使知识具有一个美学的维度，即“风格”问题。对于品类之美极为敏锐的布列东迅即意识到和发现了真正的问题所在：“瞧不上民族学”，“不喜见学术考量挡在他和对象之间”[①]。这有几分像声称对自己收藏的非洲雕刻一无所知的巴布洛·毕加索，因为他一看便知什么是应当知道的。布列东把“所见与所知”分离，赋予品类一种介于原始艺术和珍宝收藏柜之间的返朴归真的圆满性。至于列维－斯特劳斯，他毫不怀疑品类具有民族学加文献学的双重价值。他不认为品类可以被视为“民族学的普通文献”[②]，因为，终有不太遥远的一天，它们“会从民族志博物馆移出，落户美术馆”[③]。

此外，列维－斯特劳斯选用的“民族志”[④]一词还意味着书写活 323
动。然而，如此关联的核心在于录写（graphein），或比较广义的语言行为。这一点在二人 1957 年爆发的争执中，可以看得很清楚，当时布列东出版了《魔力艺术》一书[⑤]。法国图书俱乐部决定，由马塞尔·布里翁领衔，在“友人”当中限量发行一部五卷本的艺术史。各

① 列维－斯特劳斯，埃里蓬．近观与远眺．巴黎：瑟伊出版社，1990（1988）：53. 在这一点上，安德烈·布列东与马克斯·恩斯特相反，后者要了解对象的所有情况。

② 列维－斯特劳斯．遥远的目光．巴黎：普隆书局，1983：348.

③ 列维－斯特劳斯．面具之道．巴黎：阿格拉出版社，2004（1979）：7. 列维－斯特劳斯提到的“这个有魔力的场所，童年梦想在这里相约”，即当年的美国自然史博物馆，他说太平洋沿岸印第安部落的艺术“是不断更新的”，“鄙视现成的路径”，并且将之跟毕加索的工作相提并论，除了他说明的一点：“那些三十年中令人屏息的单人冒险，却被整整一个土著文化实践了一百五十余年”（第 8 页）。

④ 亦可译为“人种学”。——译者注

⑤ 布列东．魔力艺术．巴黎：菲布斯出版社，1991（1957）.

卷书名不难想见（《宗教艺术》《古典艺术》《巴洛克艺术》《为艺术而艺术》），它们大多凸显了布列东负责编辑的第一卷的独创性。他完成了一个老计划。不过，“魔力艺术”的概念是从弗里德里希·诺瓦利斯那里借来的，连艺术史家都感到陌生，更不用说民族学家了。布列东非常热衷于通过问卷收集知识分子的看法。列维－斯特劳斯则认为，这么做有点过头了，因为“魔力”一词有明确的定义，不适合跟“任何调料汁”[1]搅和在一起。因此，他宁愿不置可否，直到在布列东一再约请之下，他才让自己七岁的儿子给“多少有点魔力”的艺术作品打分。克洛德·列维－斯特劳斯的宣称真的可信吗？他说：“我认为，即使推辞掉这份问卷，看看一个小孩的反应好像也挺有趣，而且我觉得它照样会引起布列东的兴趣。”出于诚信，列维－斯特劳斯跟儿子一起，交出了自己的排名。打击对于布列东是沉重的：卷中发表的答案表明，好几个答卷人对“魔力艺术”的概念有所保留（马丁·海德格尔、安德烈·马尔罗、乔治·巴塔耶，再加上让·波朗）。但是，正如他自己所说，问卷制作者“在开始调查的时候，真心诚
324 意地期望至少有一部分答卷人能够提供高质量的答案”，这部分人即“职业民族学家和社会学家”[2]。然而，民族学家（赫伯特·里德、埃维琳·洛特－富克、让·吉亚、维薇亚娜·帕克……）对“魔力艺术”的评判都相当严厉。最糟心的是，连布列东抱有很高期待的列维－斯特劳斯都拒绝为这种类比的偏离行为背书，理由是当代社会虽然

① 对此可参见：列维－斯特劳斯，埃里蓬. 近观与远眺. 巴黎：瑟伊出版社，1990（1988）：52–53.

② 布列东. 魔力艺术. 巴黎：菲布斯出版社，1991（1957）：267.

有众多“艺术家”，但是也有不少“魔法师（土法接骨师傅、通灵婆等等）”，二者的分界并非黑白分明：“那么，我们在谈什么？什么艺术？什么魔力？特别是，我们在谈什么社会？这通调查压根儿就有缺陷，从语境中武断地分离出艺术和魔力两个要素，可是二者是依语境而彼此规定的，方式也可能不总是相同。”

结论是明确的：“从某种意义上说，艺术虽然如此神奇，可是通过强调关系，我立刻看出了不同之处：魔力寻求‘真实’效果（大丰年，女人收获爱情，仇敌毙命），可是永远达不到；艺术能取得成功，但是永远通过模仿和模拟的形式。”①

结果是，布列东的“魔力艺术”的概念完蛋了，超现实的“通道”或“相通的罐子”之梦也结束了。

作为回应，布列东指责圣殿卫士们画地为牢，拒绝歪门邪道（savoirs obliques）（开首语）。他甚至摒弃一种“捍卫它认为可以独享的遗产”的民族学，说它“成了它所揭露的东西的俘虏，即心理学和传统逻辑学的那些违时的圣谕”②。我们还记得，在《文明病》里，弗洛伊德没提罗曼·罗兰的名字，只说“我敬重的一位友人”；布列东
则在提到某些“职业民族学家和社会学家……同时也是头脑清醒的艺 325
术鉴赏家”③的时候，直接点出了列维－斯特劳斯的名字，随后，他引用《马塞尔·毛斯著作导言》，认为是对他本人的说法的印证。有意

① 布列东．魔力艺术．巴黎：菲布斯出版社，1991（1957）：268. 列维－斯特劳斯与布列东的冲突应区别于盖洛瓦，后者拿民族学跟一种诗学的变动和其他“贸然行动的凝聚体”做比照。

② 同①.

③ 同① 267.

思的是，布列东却没有引用《马塞尔·毛斯著作导言》里那句一直等待他表态的话，即有关语言的出现的著名假说："语言的诞生只会是一下子发生的事"，因为"事物传达意义不会是逐渐进行的"[①]。这个有关万物起源的玄思远超布列东，与卢梭的《论语言的起源》遥相呼应[②]。按照卢梭的看法，语言并非源自"意义"，而是源自感受——同时带有某种原始的抒情观念，这是语言的绝对形式。

列维－斯特劳斯的说法的另外一个方面，布列东也注意到了。这位民族学家提出，从原理上说，语言是一下子产生的，宇宙因而变得"有意义"，尽管没有被更好地"了解"；他提出，施指和所指之间存在着偏差，因为人类一下子就拥有了"施指的完整性，可是苦于给它配上一个所指"[③]。如果要在"现成的施指"和"确定的所指"之间建立联系，施指就会过剩。因此有了这条假设："超自然力（mana）一类的概念……恰恰代表这种漂浮的施指，它是一切有限的思想的凭借（也是任何艺术、任何诗歌、任何想象和艺术发明的保证）。"[④]

布列东在《魔力艺术》里借用了最后这句话，他说："（他的）这
326 番研究，实质上是要查考'漂浮的施指'。"[⑤]"施指"对于布列东来说是个新词，因为它在《论活的作品中的超现实主义》（1953 年）一

① 列维－斯特劳斯．马塞尔·毛斯著作导言 // 毛斯．社会学和人类学．巴黎：法国高校出版社，1983（1950）：XLVII.

② 雅克·德里达强调过这种比照，参见：德里达．论文字学．巴黎：子夜出版社，1967：149-204. 书中有一章题为"文字的暴力：从列维－斯特劳斯到卢梭"。

③ 同① XLIX.

④ 同① XLIX.

⑤ 布列东．魔力艺术．巴黎：菲布斯出版社，1991（1957）：267.

文里第一次出现[①]。不过，两个想法的接触以此为限。的确，布列东拿“漂浮的施指”跟他喜用的“光晕”概念比照，重提其主要特点：“光晕”是“不确定性的边缘……可以推断，它会围绕着人类行为而消散”[②]。与此同时，焦点也发生了移动：虽然布列东称赞施指会“漂浮”，但列维－斯特劳斯却在这句话的末尾（布列东未引用），把“密固”它，或至少加以规范的任务分派给了科研活动。正如浅利诚所说，布列东当着民族学家的面，采纳了“原始人”的观点。

这是印第安人的看法，跟迷恋于取消时间相关，我们可以在《第二座拱门》里读到。布列东把堕落视为“所指物之后的符号存续”[③]。他提出，不仅应从“所指物”回溯到“存活下来的符号”，而且要“随即转入施指的诞生”[④]。那么，布列东的符号梦想和列维－斯特劳斯开创的民族学的语言学转向，二者的关系如何看待？归根结底，列维－斯特劳斯提出，“漂浮的施指”与超自然力之间有类比关系，这是与超现实主义精神契合的。在他看来，超自然力跟雅各布逊所说的“零度音位”相仿，是一个“可承纳任何象征性内容”的空位音节[⑤]。

---

① 这些均参见浅利诚的出色文章：浅利诚．浮动施指与光晕施指：列维－斯特劳斯和布列东的符号理论．页边，2000（32）：139-150.

② 布列东．魔力艺术．巴黎：菲布斯出版社，1991（1957）：267. 布列东在《超现实主义彗星》（1947 年）里提到了这些从诗人精神中生出的“带光晕的存在或物体”（布列东．超现实主义彗星 // 安德烈・布列东全集：卷 3. 巴黎：伽利玛出版社，1999：758）。

③ 布列东．第二座拱门 // 安德烈・布列东全集：卷 3. 巴黎：伽利玛出版社，1999：762.

④ 布列东．论活的作品中的超现实主义 // 浅利诚．浮动施指与光晕施指：列维－斯特劳斯和布列东的符号理论．页边，2000（32）.

⑤ 列维－斯特劳斯．马塞尔・毛斯著作导言 // 毛斯．社会学和人类学．巴黎：法国高校出版社，1983（1950）：L.

327 风　格

布列东和列维－斯特劳斯之间的这种关系应属于“平行的趋同”，这在不同时期也发生过（例如阿尔多·莫罗便曾试图阐明意大利共产党和基督教民主之间的复杂关系）。詹姆斯·克利福德认为，超现实主义民族学“滑稽地模仿”科学话语，它的那些类比“完全欠妥”[1]，如果我们赞同这个看法，学术民族学和超现实主义民族学的对话就注定是短命的。然而，列维－斯特劳斯承认欠下了有合同为凭的债，在一种出人意表的比照和一种拼贴作品的美学里，都可以看到这些（有意违反时序，“发现”的美学……）[2]。

更有意思的是，虽然在《魔力艺术》一事上与布列东反目已经结束，但列维－斯特劳斯依然在提艺术问题。他要从另一个得益于浪漫主义遗产的视角出发，重新界定艺术的性质和功能。他提出“艺术介于科学知识与奇幻的或有魔力的思想之间”，因为艺术家“制作的物质对象也是知识的对象”[3]。重提这两个对象，指出二者近似[4]，这就推翻了“魔力艺术”
328 的概念，因为布列东也会赞同这一观点：艺术作品跟将真实碎片化的分

① 克利福德.20世纪的民族学、文学和艺术.法译本.巴黎：高师美术学校出版社，1996：147.

② “从超现实主义者那里，我学会了不怕做出突兀的和出人意料的比照，就像马克斯·恩斯特喜欢用在拼接作品里的那样。”［列维－斯特劳斯，埃里蓬.近观与远眺.巴黎：瑟伊出版社，1990（1988）：54.］

③ 列维－斯特劳斯.野性的思维.巴黎：普隆书局，1962：33.

④ 另外一些话的口吻却不一样，例如克洛德·列维－斯特劳斯举例称：现代世界里“那些野性的思维受到相对保护的领域，一如野外的物种；艺术即为一例，我们的文明赋予它如同国家公园一般的地位”。这段话是《野性的思维》重版时加写的，参见：德贝尼.列维－斯特劳斯作品集.巴黎：伽利玛出版社，2008：792.

析性智力完全不同，是“小比例模型”，能够做到瞬间攫取，从而实现“认识整体先于认识部分”[①]。通过调和感知和意义，列维－斯特劳斯恢复了特别是自歌德以来的传统——艺术作品被视为获取知识的方式之一，从而否定了一个学科通过脱离文学得以形成的分裂运动。然而，这种回归一统正是超现实主义的路线，即德国浪漫主义的终点。有了可知性和感性（sensible）的这种调和，布列东和列维－斯特劳斯解开谜团的方式实际上是相同的：列维－斯特劳斯的同源说以它的方式重复了一些超现实主义的类比；众所周知的《超现实主义宣言》里对隐喻的赞美，在《嫉妒的制陶女》里也有回响。在这本书里，列维－斯特劳斯认为“形象的或比喻的语言”无疑跟激情和情感的作用相呼应，而且更能使人“对意指作用的整体结构有朴素的领会，而意指作用是悟性的表现”[②]。

艺术一旦以把握世界和澄清其意义自命，模仿活动就结束了，也就是说，为表象而表象就结束了。切实领会真实意味着保持距离，因为“假如艺术是对客体的完整模仿，它就不具有符号的性质了”[③]。对于这个挑战，现代文学再熟悉不过。列维－斯特劳斯也是如此，他用作家的语言在《忧郁的热带》里讲述他的所作所为。在令人惊奇的一页文字里，他提到如何难以渲染日出日落的景色：“倘若我能找到一种语言，
能够再现这些既不稳定，又抗拒一切描述的状貌，倘若我有本事，把一 329
个事件——永远不会原样再现的独特事件——的句段和衔接关系传达给

① 列维－斯特劳斯．野怀的思维．巴黎：普隆书局，1962：35. 我想起了巴什拉对微缩物的着迷程度。

② 列维－斯特劳斯．嫉妒的制陶女．巴黎：普隆书局，1985：255. 这个立场明确地根据卢梭的《论语言的起源》，作者逆向地参与了“隐喻之争”。

③ 沙博涅．列维－斯特劳斯访谈．巴黎：UGE 出版社，1969：131.

别人，那么，看起来我本会轻而易举地掌握我的职业的奥秘。”[1]

因此，问题在于搞清楚，部落的语言如何把握列维－斯特劳斯所说的“天地万物的风格”[2]，付出了什么代价。列维－斯特劳斯谈到16世纪的人对世界的表述，指出他们大概所知不多，更缺乏对他称之为世界的“风格”的感悟，即对于不和谐的感知，以至于他们散布世界的美人鱼和喂羊的树与其说出于谬误，不如说因为“缺少意趣”。民族学因而要求审美，审美研究克服了形式主义的形式[3]，因为，无论如何解读，一个形式只有在显示意义时才有价值[4]。

我们还记得，列维－斯特劳斯令人惊讶地坦承“为了没能写出一部文学作品而深感遗憾”[5]，尽管文学在他的著述里无处不在[6]。在我们看来，《忧郁的热带》足以跻身一个包括《幻影非洲》和《人的趣
330 味》[7]等文本的大家庭，这些体裁未定的作品既是审美的对象，也是知识的对象，都为人类经验添加了某种知识。

列维－斯特劳斯是名副其实的“作家”。在《忧郁的热带》里，

① 列维－斯特劳斯．忧郁的热带．巴黎：袖珍本出版社，2001（1955）：66. 正如语言是“一下子”诞生的，成为民族学家也是“一下子”的事。

② 同① 82.

③ 除了别处以外，参阅克洛德·列维－斯特劳斯指摘“鲍阿斯的形式主义”的段落，说他把“审美活动”简化为表面效果，例如对称和节奏：列维－斯特劳斯．看·听·读．巴黎：普隆书局，2007：156.

④ 对此可参阅克洛德·列维－斯特劳斯《看·听·读》里的“观物”一章：列维－斯特劳斯．看·听·读．巴黎：普隆书局，2007：51 等．

⑤ 列维－斯特劳斯，埃里蓬．近观与远眺．巴黎：瑟伊出版社，1990（1988）：130.

⑥ 正如万桑·德贝尼在《列维－斯特劳斯作品集》的“前言”里强调的，列维－斯特劳斯喜欢“把智力探索戏剧化”（第 XXII 页），例如《嫉妒的制陶女》开头的警方调查、人类学家与神话对弈的“一局象棋”（《猞猁的故事》）。他认为，分析活动“处于童话和侦探小说之间”（《猞猁的故事》，第 1268 页）。

⑦ 马萨．人的趣味．巴黎：散步者出版社，2002.

他不是躲到知识的帷幕后面[①]，而是主动展示自己。有时候，这位“作家”甚至喜爱声音的和谐胜过征引的准确，例如《裸人》的结尾，在一段仿写约瑟夫－阿瑟·德·戈比诺的话里，有一处用词欠妥，一个本为“文学创作的机制之一”的“语误”。事后，列维－斯特劳斯自问怎么会说法失当（“废弃了一个观察结果”）。他说，“废弃”（abroger）一词会使读者联想到天体轨道（orbe），一个起初避用的古字[②]。

先屈尊降格，随后返归原点，可见这位民族学家的形象之深邃。的确，他曾经身居彼岸，正像他在与罗歇·盖洛瓦的争论中提示的，民族学家在当下的世界里是死人，以“复活者”的身份出现[③]。他善于倾听远古之声，寄身另一个时代，故而无法成为我们的“同代人”。然而，正因为如此，与空幻的话语的距离跟朴素的现实取得了和解，远古的知识向眼前的诱惑开放，缺位体验把全部意义交给了平常的现场：“端详一块矿石”，一枚“香料”，或者“有时候，出于不经意的领悟，眨眨眼睛……就能跟一只猫产生互动”[④]。

---

① 关于知识和内心的这一结合，我愿征引莫里斯·梅罗－庞蒂的话来做说明：“出走的意愿有个人动机，它能够改变见证。因此，既然我们求真，就应该说明这些动机，这并不是因为民族学就是文学，而是相反，只有当谈论人类的人自己不戴面具时，民族学才会稳定下来。”（梅罗－庞蒂．从毛斯到克洛德·列维－斯特劳斯 // 符号．巴黎：伽利玛出版社，1960：151.）

② 沙博涅．列维－斯特劳斯访谈．巴黎：UGE 出版社，1969：115. 因此，诗学的真谛——也是文学的真谛——在于令惯用词语偏离常轨，配之以前所未有的负荷，这情形有几分像令对象改观的“ready-made”（现成的）一词。

③ 列维－斯特劳斯．睡着的第欧根尼．当代，1955（110）.

④ 列维－斯特劳斯．忧郁的热带．巴黎：袖珍本出版社，2001（1955）：497.

331 列维–斯特劳斯和当代艺术

罗兰・基里奥

（勃艮第大学和乔治–舍维烈研究所）

对于某些现代艺术潮流，克洛德·列维－斯特劳斯持有严厉批评的立场。20 世纪 70 年代和 80 年代，人们曾为此耗费了大量笔墨，既因为这位思想家的能力及其在知识界的地位都难以挑战，立场跟思想狭隘的保守派完全不同，也因为他的许多崇拜者相信，作为人文学科的前卫派，结构主义和艺术界的前卫派是天然盟友，二者不是经常同样表现出对形式主义极感兴趣吗？看起来不是同样鄙视主观性的躁动吗？有些前卫派音乐家，例如卢西亚诺·贝里奥和乔治·阿佩尔吉斯，甚至认为能够把《生食和熟食》或者《忧郁的热带》作为作品的出发点，可是并没有获得也许是他们一直期待的祝贺或者鸣谢。列维－斯特劳斯拒绝了众人提议的结盟，没有改变极不信任同一时期的艺术的态度；他的那些严厉而持之有据的论断，最终惹来了愤懑的回应——皮埃尔·苏拉日的反应便为其一。对于没有觉察到这一点的人来说，这表明文化现代主义并非铁板一块，正如有些人所说的那样。 *332*
本文不打算重启争议，毕竟从某些方面来看，这场争议已成往事。相反，我们首先要审慎地回顾一下，《神话学》的作者究竟提出了哪些批评，基于什么样的艺术观念。我们随后要看看这些批评是否适切。最后，还要很快地查考一下这位民族学家与超现实主义之间乍看起来相当奇特的关系。这种关系可能会导致预料之外的结论：不仅因为换一副眼镜，他就会按照自己的原则，用不同的眼光看待当时的艺术，而且因为他的作品本身就有一个即使不是学术的，至少也是诗学的维度。

让我们先提出几点一般性的评论。首先，应当记住，造型艺术、音乐和文学在列维－斯特劳斯的一生中相当重要，他完全沉浸其中，有时甚至把它们置于人类创造活动的顶峰。以下便是他本人对造型艺术所说的话：

> 我是画家之子，两个画家的甥侄辈。我是在画室里长大的，一边学习读书写字，一边手里握着炭笔和画笔。说到绘画，我自觉有那么点专业性。1930 年，我帮父亲为殖民地展览制作了一些巨幅装饰板，我是受雇于他的，就像文艺复兴时期的艺术工作室，家人、徒弟等等，人人打下手。①

他对音乐的热爱也许更为浓烈。这位未来的人类学家的曾祖父是雅克·奥芬巴赫的合作者。他年轻时学过好几种乐器，特别是小提琴，而且学过乐谱分析。成年后，他不听音乐就没法工作。他强烈地感觉到，音乐同他的思想有某种对位关系。对瓦格纳的音乐的热爱是

① 木索．列维－斯特劳斯访谈．心理学学刊，1971（23）．

家传的，毕竟我们听到他公开宣称过，愿用十年生命，指挥一场《纽 333
伦堡的名歌手》的完美演绎，因为直到生命最后一息，他都会因之感到欣悦。他也说过，正是由于聆听这位作曲家的四部曲，他才相信神话和音乐不仅互补，而且极为相近：两者均如《帕西法尔》里的一句歌词所说，“时空融会无隙”。在青年时代，他还做过作家梦，特别是当一名剧作家。他甚至在《忧郁的热带》里给我们留下了一篇出色的启蒙故事，最初打算起个约瑟夫·康拉德风格的小说的标题，那是他的戏剧论文之一《奥古斯都封神》的提纲。简言之，列维－斯特劳斯是文艺爱好者的卓越例子。他对逻辑和科学，尤其是地质学、生物学甚至数学怀有同样十分强烈的兴趣。当年他并不觉得文艺激情跟这方面的兴趣有什么不相容，甚至尝试以某种方式调和二者。这是他的独特之处。

我的第二个初步的观点是：我们评论的美学文本大部分是 50 岁的列维－斯特劳斯写下的，也有他在 60 岁或 70 岁上写的。不应忘记，在衰老之前他也年轻过。20 世纪 30 年代，他是社会主义活动家，70 年代成为“保守的无政府主义者”，一度对立体主义和巴布洛·毕加索大为激赏，后来才疏而远之。对于伊戈尔·斯特拉文斯基的音乐，至少直到《婚礼》问世之前，他曾经充满热情；有一个时期，他十分中意维也纳乐派。他跟超现实主义者过从甚密，始终没有断绝联系。所以说，有一个时期，他理解甚至喜欢他后来时而感到厌恶的东西。再补充一点，谈到艺术时，相比自认为有学术能力的领域，他意欲拥有更自由、更主观的权利。为实属于个人喜恶的取舍披上精致的理性外衣——对于此类常见的指责，他毫无疑问会坦然接受。

334 现在让我们来看看文本。在所有那些系统地处理美学问题的文本当中，乔治·沙博涅 1959 年的《列维－斯特劳斯采访录》大概是第一篇，也是最直白明了的一篇。初级艺术、古典艺术和现代艺术，列维－斯特劳斯都谈到了。简而言之，初级艺术有三个特点：其一，个性化的创作稀见，因为工匠们遵守极为严格的传统规范，从不追求表达个人感受。其二，不在乎民间艺术与精英艺术的分别，他们拿出来的作品往往有一个所有社群成员都能理解的宗教的维度。其三——也许是最重要的一点——在这些社会里，艺术不以模仿自然为目的，而只打算意喻自然。这既是因为完美再现外观的技巧不总是被掌握得很好，更因为对于他们来说，有形的世界只是一种手段，用来展现神话传说所颂扬的超凡的无形世界。一副非洲面具，一尊大洋洲雕像，以及属于十分不同的文明的一幅埃及浅浮雕，或者一座罗马雕像，都没有现实的目的性。与之相反，诞生于希腊－罗马古典时期的古典艺术于文艺复兴时期东山再起，这种艺术以再现外观为明确目的，靠一种对于对象的“获取欲”驱动。今天看来，这种模拟的企图可能有点徒劳，而且，假如，很幸运，完美的模仿即一模一样的复制并非不可能实现，从其成功之处反倒可以看到某种从传统艺术的倒退，因为即便是技艺臻于上乘的古典艺术家也必定有所取舍，必定偏重真实的某些特征，放弃其他特征，他们拿出来的不是逼真的复制品，而是他们以之为对象的自然现实的有特定风格的模型。在某种意义上，现代艺术，尤其是立体主义，打破了这个模仿的计划，“找到了艺术的表意真相”，因为它恢复了艺术首先是表达意义的手段的理念。我们不禁为之庆幸。然而，事实上，跟初级艺术不同，现代艺术不能继续依赖 335
一套它面向的社群所理解的意义代码，它更多地游戏于符号系统，而不是使之切实运转。因此，现代艺术乃是一种伪语言。以毕加索为例，一如斯特拉文斯基的音乐，我们看到的是“暴饮暴食的人类用过或正在使用的所有符号系统”[①]，这样的消费难以掩盖一个事实，即这些系统恰恰无法真正用于沟通。抽象艺术的情形更糟，它完全放弃了表现自然。它的作品有时候十分悦目，但纯属装饰，空无意指。依列维－斯特劳斯所言，这还不如直接观察美好的自然物体——例如蝴蝶、贝壳或矿物——观赏者会有更多的满足感。

这一判断的背后，有一个关于造型艺术作品本来应该是什么样子的特殊理念：它们是模型，展示的是参指对象的某些结构性特点。“由于艺术品是对象的一个符号，而非丝毫不差的复制品，所以它呈现的并非我们从对象中马上能够感知的东西，即对象的结构，因为艺术作品的特点在于，所指的结构与施指的结构之间永远有一种极深刻的同源性。”[②] 换句话说，绘画应当被理解为“对于现实的名副其实的结构分析”，绘画使人产生感官愉悦和某种情感，同时也有一种认知方面的意义。从这个方面看，艺术非常接近语言：它从自然对象出发，“使之对语言向往之至”，赋予它一种意指作用，将其融入文化。艺术和语言的明显区别是，对于语言来说，符号及其参指物的关系是任意

① 沙博涅·列维－斯特劳斯访谈 . 巴黎：UGE 出版社，1969：92.

② 列维－斯特劳斯 . 野性的思维 . 巴黎：普隆书局，1962：34.

的，艺术作品则是部分相似的关系。

336 《野性的思维》的第一章重提这些思想，造型艺术被定位于科学思维和魔法－神话思维之间。之所以与后者相近，是因为它也是一通“小修小补”。造型艺术再一次被比拟为制作模型——确切地说，一个“小比例模型”，因为它简化了参指的对象，为之推出一个表象，其中认知整体先于认知各个部分。虽然如此，但著名的《野性的思维》第一章也显示，当列维－斯特劳斯坚持要阐发一种他喜欢的直觉时，面对显而易见的异议，他会表现得多么率性。因为，小比例模型的形象令人想到凡是艺术表象都会有的风格沿袭，显然是不能从字面上严格采信的。西斯廷教堂的巨幅《最后的审判》算不算小比例模型？算啊，列维－斯特劳斯会泰然回答，因为它指向一个宏大事件，即基督教神学所说的时间的终结。这是一种过渡，从画作是它所表现的自然而具体的现实的小比例模型的理念出发，悄然过渡到一个必须与之比照的理念，即它的主题或它处理的题材——往往是古典时期的神话。米开朗基罗的《大卫》和韦罗基奥的《科莱昂尼》也都是小比例模型吗？按照列维－斯特劳斯的看法，依然是。因为它们没有把人体放大，而是把最初的一块巨石缩小到真人大小[①]。我们承认，我们有权认为未被真正地说服。

数年后，音乐站到了列维－斯特劳斯的话语的前沿。我们知道，《神话学》选取音乐作为各个部分的标题（序曲、赋格曲、变奏曲、终乐章等等）。他开宗明义，阐述了个中理由。他认为，音乐和神话

① 列维－斯特劳斯．野性的思维．巴黎：普隆书局，1962：34.

有一种基本的相似性。理解二者都必须在平行的和线性的阅读的同时，做出垂直的和同步的阅读——一如阅读管弦乐队的乐谱的不同 337
行列，阅读同一则神话的不同变体也是如此。在两种情况下，我们同样得处理要素构成的篇章，这些要素可以不停地相互转换："就像一个旋律只能移译成另一个旋律，同时保持着同源关系，神话也只能相互转换。"[①]最后，根据一个耳熟能详的说法，神话和音乐都是"消除时间的机器"[②]。列维－斯特劳斯趁此机会，重申了他何以对系列音乐或具体音乐等当代音乐和抽象艺术持保留态度。他指责二者都展现了关联层次单一的语言，因此不是真正的语言。绘画的运行需要"与真实的第一层关联，即在感性经验中对形式和色彩加以组织"[③]，使之成为可辨识的对象；在这个基础上，绘画会建立第二层关联，即某种集体风格或某个艺术家所特有的代码，放弃二者注定只会成为装饰性画品。至于音乐，一开始也需要凭借"常见的一般性结构，因为它们能够导致对特定信息编码和解码"[④]——说白了，这就要求在调性音乐一类的级次结构内组织音响。调性音乐显然部分地是文化现象，因为大自然里没有音乐的语法，也没有纯音；但它也可能有一部分自然的维度，因为它反映了人耳如何自发地感受和谐音和不和谐音，或身体随某些节律摇摆。此处必须明确指出，实际上，几乎所有接受调性音乐的框架的音乐家都只是部分地这样做，而且都致力于使之保留某些违

① 列维－斯特劳斯．裸人．巴黎：普隆书局，1971：577.
② 列维－斯特劳斯．生食和熟食．巴黎：普隆书局，1964：24.
③ 同② 28.
④ 同② 32.

338 规之处，这对提升听众的愉悦感起到很大作用。这套微妙的游戏本是古典音乐和浪漫音乐的核心原理，在当代音乐里却消失了。当代音乐坚决拒绝这个共同语法的理念，要求作曲家完全自主地置入一套“灵活和复杂得多，但公示的代码”。因此，说到底，当代音乐要求听众抛开一切被动性，努力自行再创造。在列维－斯特劳斯看来，这样做有对听众要求过高的风险，无法“将其带入轨道，而且离听众越来越远”[①]。

这里有个背景，我们猜想，虽然没有明说，但列维－斯特劳斯同样会指责当代音乐拒绝拨动听众的情感。事实上，当代音乐往往明确地这样承认。列维－斯特劳斯依然认为，情感对于音乐十分重要，他甚至用优美的文字试图加以解释。说实话，这是一些诗意势必多于分析性的文字。在他看来，任何伟大的音乐作品，甚至或许包括任何旋律，都是一次冒险，一段克服障碍和困难的旅程，对于听众来说，它象征着任何生命都会遇到的斗争和考验：“每一段旋律都显示一番冒险：如果其形态与人生阶段对应起来，这冒险就是美丽而动人的。”[②]

在《结构人类学Ⅱ》和《遥远的目光》里，列维－斯特劳斯再次谈起绘画，对现代艺术的批评趋于严厉。例如，他指摘毕加索只创作了二流作品，为我们提供的作品“远非一通关于世界的话语，而是一通关于绘画语言的奇妙的话语”[③]。印象派画家无疑是所有画家当中最受欢迎
339 的，但他也对他们加以责怪，认为绘画自此走下坡路了，理由是他们错

① 列维－斯特劳斯．生食和熟食．巴黎：普隆书局，1964：34.

② 列维－斯特劳斯．裸人．巴黎：普隆书局，1971：589.

③ 列维－斯特劳斯．结构人类学Ⅱ．巴黎：普隆书局，1973：326.

误地放弃了对自然的客观理解，只想表现我们感知自然的主观方式，然而徒劳无益。照他的说法，这种“人类对于自身感知的迁就”违背了唯一健康的态度，即“对于世界取之不尽的财富的尊重，甚至是谦卑的态度”①。四十年后，抽象艺术把这种自我迁就的主观主义推向极端，废除了一切外部世界的参照，竭力表达“一种所谓的抒情，但以个人为唯一源头”。除了这几次运动各自的谬误以外，列维－斯特劳斯还列举了他所认为的所有现代艺术潮流的共同谬误。首先，现代艺术忘记了，拥有一份职业是艺术家的基本需要。其次，正如上文提到的，它为个人的自恋崇拜牺牲了太多，把创造活动过度简单化，成为一种表达主体性本身的手段。同理，它顽固地想成为一种实验，为新奇而新奇，希望弄出一些发现，改变我们对世界的感知。但它忘记了，推动艺术史真正前进的巨大突变通常不是刻意求新造成的，而是深刻得多的文化变革的结果，不是有意决定的。最后，现代艺术越来越倾向于评论自身历史、反思自身性质。正如说到抽象艺术时，列维－斯特劳斯语带嘲讽地说：现代艺术家不再真正从事创造，而是“竭力表现他落笔时如何敢于冒险”②。在他眼中，这种对于二流艺术的痴迷实际上证明，由于与自然界自我隔绝，“人类每天都给人性施加更多的内在禁锢”。

事实上，批评现代艺术与批判当代西方文明密切相关，后者正是
列维－斯特劳斯一直不懈地推动的，其中透露出的悲观主义，令人想 *340*
起他深受其陶冶的衰落的18—19世纪的思想家让－雅克·卢梭、弗

① 列维－斯特劳斯．遥远的目光．巴黎：普隆书局，1983：334.

② 列维－斯特劳斯．野性的思维．巴黎：普隆书局，1962：43.

朗索瓦－勒内·德·夏多布里昂、约瑟夫－阿瑟·德·戈比诺，以及科学方面的熵量理论家。他经常重申，这种文明看起来毁坏了它建立起接触的一切：不仅别的文化被迫消失或者被同化，还有地球上的生命。虽然它以不断破坏自然环境为代价，在技术上加速进展，但是在创造新的文化形式方面，其能力看起来很不确定。事实上，人们可能会问："个人与自然割裂，被迫生活在一个人为制造的环境里，消费与生产割裂，从生产活动中把创新感清空殆尽，艺术在这样一种文明当中会变成什么样子？"或许，我们实际上只是在跟一种寄生的、病毒似的文明打交道，它靠早期发明的成果滋养，但是无法创新，因为它未能"立足于世界"，一个它无法声称"全是我的"[①]的世界。

如何看待那些批评家呢？看来有必要先看看时代背景：20 世纪 60 年代是一个激进的现代主义的年代，人们痴迷于逾法越规。这个时代证明，娜塔莉·海因里希对当代艺术的界定看起来很有道理：跟现代艺术一样，当代艺术不满足于颠覆古典艺术的规范，试图打破艺术活动的传统定义。事实上，最激进、最具挑衅性的实验，如偶发艺术（happenings）、克莱因的人体度量（anthropométries）、阿尔曼的捣碎的小提琴、极简主义的裸石堆、约翰·凯奇的 4 分 33 秒的静默等等，都是在这个时期出现的。对于这些挑衅，列维－斯特劳斯不屑
341 一顾，却十分震惊于新序列主义（néosérialisme）那些年在殿堂音乐（musique savante）里、抽象绘画在绘画领域里几近横行霸道。他的反应部分地出于反对这种确实令人相当难忍的专制。一般来说，在社会

① 列维－斯特劳斯．结构人类学Ⅱ．巴黎：普隆书局，1973：333.

政治方面，他不愿意为西方知识阶层此时刮起的革命意识形态之风所动。怀疑主义态度使他免受彻底改变生活的梦想的影响。当时，他的年轻的极左崇拜者正为这种梦想感到欢欣鼓舞。事后看来，他拒绝跟风，从而避免了萌生幻灭感，这是颇值得庆贺的。

既然认可这一点，那么至少从社会学的角度来看，他对现代艺术的判断似乎有很大变化。不可否认，他在音乐方面的部分看法十分准确。诚然，序列音乐是 20 世纪音乐的伟大冒险之一，但是，看起来很清楚，与提倡者的期待相反，能够欣赏其形式结构之妙的业余爱好者从来就不多，它一直是极为私密的。探索它所揭示的音域无疑令人兴奋，但是过于冰冷，令人很难产生长期体验的欲望——尤其就 20 世纪 50 年代和 60 年代它偏重的那些音响领域而言。反之，非具象绘画的情形看起来完全不同：虽然它只是各条路径之一，如今却毫无疑问地得到接纳，甚至为一部分大众所钟爱。因此，列维－斯特劳斯说它不具备任何表意能力，可是无论就正当性还是就事实而言，这个论断看起来都难以得到赞同。很久以前，在《缺席的结构》里，公认的符号学家翁贝托·埃科便提出抗议，说我们的人类学家滥用了双重关联（double articulation）的概念，并且指出，在单一关联层面上运行的艺术，即使没有系统的编码，照样可以有十分丰富的意义。同样是很久以前，在《艺术的语言》一书 342
里，纳尔逊·古德曼分析了艺术作为象征系统的不同运行方式，例示或者表达被归于表象方式。古德曼的结论是："象征功能的分析无法为表象乃艺术不可或缺的一部分这一宣称提供任何论据。"[1]

---

[1] 古德曼．语言的艺术．纽约：盖兰出版社，1990：124.

无论如何，无法肯定，要理解非具象艺术特有的表现力，只有用符号学方法才有最大把握。适合用于思考它的哲学大概跟列维－斯特劳斯当然会摒弃的哲学相反，因为这些哲学把他想超越的生活体验当成立足点，不过此时它们却是合理合法的，例如现象学，甚至柏格森主义。它们强烈反对支撑整个列维－斯特劳斯美学的断言，即“绘画之所以有色彩，是因为存在着已经有色彩的生物和物体，而且只有通过抽象，色彩才能从这些基质中分离，按照一个独立系统的要素处理”①。它们的假设与之相反：物体的世界不是第一位的心理世界，而是一个构建起来的世界，功用性为其首要功能。它基于一种原始的经验，其中色彩和形状看起来跟一切客观的载体分离。现代绘画的目的，在很大程度上是恢复这个原初的、前智力的经验世界。

无论如何，看来事实上可以肯定，在众多抽象绘画爱好者当中，没有人认为这种绘画仅具装饰性而已。面对瓦西里·康定斯基、皮埃尔·苏拉日或马克·罗斯科的画作，看到那些斩断了一切与客观世界
343 的关系，并因之更加浓烈也更直接诉诸我们的感受的色彩，观赏者的情绪当中无疑包括一种纯粹的感官愉悦。不过，这种情绪大半总是跟智力和准认知的体验相关。分析这种情绪不是本文的要点。我们只想提醒，情绪会有不同的层次，而且并不相互排斥。以抽象绘画为例，恰如其早期推动者康定斯基和皮特·孟德里安所期待的，不难清楚地看到一种针对现代物质主义的近似形而上学的反应，一种把绘画从音乐抒情诗里抽离的意向，或者说，按照克莱蒙·格林伯格于 20 世纪

① 列维－斯特劳斯．生食和熟食．巴黎：普隆书局，1964：27-28.

50 年代推广的学说，一种使绘画在具备自我意识并清除一切非本质的东西之后，展示其本质的意向——其平面性、形式和色彩。从哲学意味不那么浓厚的方面，我们还可以在例如杰克逊·波洛克和汉斯·哈顿的作品中，看到对产生它们的动作和酿成它们的情绪的反映。我们也有权把抽象绘画解释为一种尝试，它试图揭示我们所面对的世界的一些带有根本性的，然而隐含不露的属性。这些属性可能跟几何形状即其形式有关，或者相反，跟它的物质性和质地，跟光或能量发挥的作用有关。甚至有这样的时刻，画布上隐约可瞥见物体，因模棱两可而更显神秘，像赵无极这样的画家就往往属于这种情形。

于是，问题来了，抽象艺术的这种显而易见的表现力，为什么列维-斯特劳斯不愿意承认呢？答案也许是，跟一则神话一样，一幅画作能够使他感兴趣的，多半是可以辨别出具备进入重要的对立关系的资质的物体和人物，也就是说，最终能够把它们交给结构分析，昭显它们如何象征性地运转。其实，对于象征性或隐或显的作品，他的兴
趣自不待言。对此，不妨重提一下他对理查德·瓦格纳及其四部曲的 344
热爱。不出所料，他从中找出了交换的主题：只进不出，只想私留指环，不使之流失。交换的主题不正是完全围绕着这种欲望导致的灾难建构起来的吗？我们也可以看看他在《看·听·读》里如何分析尼古拉·普桑的画作。在观赏《埃里谢和丽百加》[1]时，他琢磨把什么功能赋予每个人物。例如，一个足部生根于地的石头脸孔的女人形象，被

① 此幅画作《埃里谢和丽百加》是普桑于 1648—1649 年完成的，现存巴黎卢浮宫博物馆。——译者注

他诠释为种族（女人）与大地（石头）的象征性结合。这样就克服了《圣经》里的一个矛盾：为了给儿子以撒娶妻，亚伯拉罕派遣的使者埃里谢的来历[①]。遇到符号难以破解时，他至少会指出，作品对一组初始线条或形式做出的转换有规律可循，例如卡杜维奥人（Caduveo）的面部绘画，曲线和棱角、对称和不对称的图案交替运用。假如一个作品无法归入这些范畴之一，他就认为没有意义。

那么，我们又如何看待作者对西方文化的未来的悲观预测呢？人们也许有权认为，那不过是针对进步的信念的一种逆动；20 世纪 60 年代，这个执念仍占据主导地位，一直受到列维 – 斯特劳斯的批驳。进步的信念是在美学现代主义推动下的一种极端的形式，它要求艺术家通过一连串破旧立新不断前进，越来越大胆和激进，从而引导人类发现再发现，走向最终时刻，届时人类会按黑格尔所说，达到充分的自我意识。不消说，现代主义是 20 世纪大量重要作品的源头，它有效地彻底改变了我们看待、感受和思考的方式。但是，它显然已经属
345 于过去了。如今几乎无人仍会认为，艺术家和作家有责任永远更具颠覆性；也无人还会相信，彻底改变人们的世界观，或者帮助改变社会，才是艺术和文学的目的。人们的期待更朴素，即它们能够给我们带来一些愉悦的、富于情感的或者引人思考的时刻，而且越醇厚越好。因此，没有任何东西能够否认一个无可辩驳的事实：在全球化时代，文化艺术的生产事实上十分活跃，大量涌现。个中原因，仅从来自众多文化的受过教育、有话要说的人数激增来看，就能够解释。实

① 列维 – 斯特劳斯 . 看 · 听 · 读 . 巴黎：普隆书局，1994：26.

际上，这种生产不寻求沿着一条持续的道路前行，而是多元化地散落八方。它不寻求团结一致或者进步的感觉，也不寻求创造一种同质的风格，自诩能够表达我们时代的自我意识。当今的公众是分散的：每个艺术家，每个作家，每个流派都有爱好者。可是，没有众所周知的创新者或支配性的划时代的风格出现。实际上，我们已经进入了一个文化的新时期，文化虽然仍旧保持着真实的威望，但是，相对于其他人类活动，它失去了自浪漫主义以来公认的优越地位，走下了神坛。这个新时期还包括其他一些特征：流行艺术与殿堂艺术的差距往往被弥合，殿堂艺术丧失了一度自命的优越地位，新的表现方式不断涌现；有时候，从前次要的门类要比曾经被认为是主要的门类更为活跃。也许更引人瞩目的是，人们不那么关心如何开辟未来的道路，也不那么牵挂后世如何评判，因为如今人人都只在当下自寻受众，不那么担心 30 世纪会怎么想。

这个新局面，我们全然不可责怪列维-斯特劳斯未能预料。不过，我们可以看出，他拒斥当前世界的立场是逐渐确定的，部分原因 346
是当代一步步地泯灭了他的研究对象——初民社会。虽然他把这个立场表达得很高尚，而且文笔高妙，可是，无论就文化还是就其他领域而言，它仍然严重限制了他所提倡的对我们这个时代的理解。不错，他努力使人们理解的并不是这一立场本身。

是时候改变我们的视野了，应当看到，假如列维-斯特劳斯能够把现代绘画放入他一直自认为很接近的一场运动，即超现实主义运动的轨迹里，那么他对现代绘画的整体看法很可能不那么负面。照理说，他对这场运动的好感可能令人不解，因为他的严谨的理智精神和对逻辑的兴趣跟安德烈·布列东们的慷慨激情似乎南辕北辙。这种好感单用平生际遇是难以解释的。诚然，1940—1945 年间，列维－斯特劳斯在美国跟超现实主义者过从甚密。他同伊夫·坦古伊、安德烈·梅森和马克斯·恩斯特往来频繁，与之分享对早期艺术的品位，一直是他们的忠实友人。实际上，这种意气相投有着深厚的底蕴，是心照不宣的。他说：

> 超现实主义者和我同出一辙，根基相同：我们都心系 19 世纪。布列东素喜古斯塔夫·莫罗，喜欢整个象征主义和新象征主义时期，这不是巧合……超现实主义者关注一切看起来非理性的东西，尝试从美学上加以发掘。我使用的素材和他们的相同，但不是出于审美目的，我的追求是把这种非理性化为理性。[①]

347 这种亲密感在关于马克斯·恩斯特的美文《沉思的绘画》里有清晰的表达。顺带一提，在超现实主义画家当中，可以说，这位德国画家是最不具象化的。文中大赞他运用的摩擦和拼贴技法跟勒内·马格里特或保罗·德尔沃这样的准学院派绘画完全相反，因为他有“对大自然的强烈感触”“对植物界的深刻理解”，以及一套“极简练地表现似乎已经失落的符号”的本领，使人隐约可见周围世界里的一种隐含

① 迪迪叶·埃里蓬为《新观察家》杂志所做的关于《人类学演讲集》的访谈（巴黎：普隆书局，1984）；重刊于《新观察家》[“列维－斯特劳斯专号”，2009（56）].

的、部分可及的秩序。然而，更出人意料的是，文中赞扬他能够“跨越外界和内心的疆界，使人得以迈入中间地带，即亨利·高尔班描述过的伊朗古代哲学的想象世界（mundus imaginalis），艺术家在此能够随心所欲地自由演进”[①]。列维－斯特劳斯也赞同马克斯·恩斯特的观点：真正的艺术家不应该一心想着积极地创作，反而应该把自己置于被动状态，“像观众一样观看别人称之为他的作品的诞生过程”。他说，这正是他自己打算在《神话学》里采用的方法，以便确保他分析的神话能够“按照我的思考方式的安排所要求的”自由地逐页展开。这就完全印证了，通过这部他称之为“四部曲”，断言“这套关于神话的书本身就是一个神话”的巨著，他意欲实现科学和艺术的某种形式的综合。

在这篇文章里，列维－斯特劳斯还试图从结构主义的角度论证超现实主义形象的原理，即众所周知的“把性质貌似相反的要素放在一个性质与之相反的平面上进行比对”——因为只要拉近两个哪怕是完
全异构的要素，比对二者也必然产生意义。例如，通过借用罗特里阿 *348*
蒙的一个知名的意象“缝纫机和雨伞相遇于解剖台”，列维－斯特劳斯幽默地指出，相似性和对称性随立浮现：只要认真观察就能发现，缝纫机和雨伞其实是互为颠倒的意象。二者都有一个针状部分，前一个作用于织物，使之发生变化，后一个是一幅用于防御的织物。置于解剖台上是要提醒我们，二者都会“出毛病”，停止工作，同时也鼓励分解其机制。

① 列维－斯特劳斯．遥远的目光．巴黎：普隆书局，1983：327-331.

说实话，这番宣讲虽然很诱人，却多少令读者感到有点困惑，因为，假如在任何图像或者文本里——即便是偶然产生的——都能够找出意义，那么又如何证实再三重申的断言，即在神话里，这种意义是蓄意地、故意地制造的，甚至是高度理智化的？我们知道，列维－斯特劳斯认定，神话有一项功能，即“解决一些堪称哲学的问题”，这些问题是在某些必须解决或至少必须掩盖的矛盾的困扰下，产生神话的文化提出来的。因其如此，神话“如同下棋，首先得拥有待解决矛盾的棋子：口述的故事就像博弈者依照规则布子的棋局”①。有时候，我们不禁思忖，这里头会不会有一个风险：神话制作过程会不会被添加某种含义，而后者是神话为了生产它的文化的成员之便，甚至是为了解剖和揭示神话的复杂结构的诠释者之便，事后才具备的；换句话说，神话在产生之初，真的有列维－斯特劳斯通过分析神话里的对立
349 和转换的游戏所揭示的含义吗？还是说，这些含义事后才有，或许部分地为分析者而设，存在于分析者的眼中？

这个问题很微妙，暂且放在一边。无论如何，从这篇关于马克斯·恩斯特的极富启示的文章里，我们可以提取两条结论，并以之结束本文。其一，假如列维－斯特劳斯不是一味地拿现当代艺术比照普桑、让－奥古斯特·安格尔和约瑟夫·韦尔内，而是尝试从中找出属于超现实主义遗产的东西，他也许会对现当代艺术得出一个更积极的印象。在这个意义上，他写的唯一一篇文章是关于阿妮塔·阿布斯的。这位德国画家和艺术史学者的画作很吸引他，因其结合了日耳曼

① 木索．列维－斯特劳斯访谈．心理学学刊，1971（23）．

艺术所珍视的两个传统：细致入微的静物写生与神怪或神话艺术。列维－斯特劳斯觉得，阿布斯的画法再一次证明："竭力依从真实的画家不会局限于依样画葫芦。对于那些借自大自然的形象，他会保留运用出人意料的布局加以处理的自由，这种布局会丰富我们对万物的了解，因为它使人看到事物之间的全新的联系。"[1]也许，只要认真搜寻，列维－斯特劳斯本来还可以找出我们这个时代的其他艺术家，尤其是立意堪比神怪艺术的素描画家。此外，应当指出，他在同沙博涅的访谈里说过，对于马塞尔·杜尚的现成艺术（ready-made）（例如瓶子沥水架），他原则上毫无异议。此君把瓶瓶罐罐从日常用途挪离，用出人意料的方式重新组合。当代艺术很多出自现成艺术的实践，我们于是可以再度怀疑：至少就某些情形而言，列维－斯特劳斯会不会收回他的异议？

其二，也是最后一条：无论如何，列维－斯特劳斯本人对结构主义和超现实主义做出的比对提示我们，后者有知识的一面，前者有诗意浓郁的一面。当今的评论家似乎日益关注这一点。五十年前，人们 350
感兴趣的是结构主义的学术方面，如今则更关注其倡导者的作品的独特性，尤其是这些作品如何千方百计地突破体裁的分野，兼顾科学人类学、逻辑学、神话诠释、哲学和文学的领域，也更关注它们具备的客观的和主观的双重维度——这就使之依其初衷，展现出对于人类精神的某些象征形式的准确理解，以及一种极为独特、极具个性的世界观。对于其中展现的灵动的智力想象，如今许多读者尤其印象深刻，

① 列维－斯特劳斯．遥远的目光．巴黎：普隆书局，1983：336-344.

因为较之他不断做出的比对的准确程度，它们的原创性和丰富性更为突出。仅以与音乐的关系为例。对于列维 – 斯特劳斯的有关文章，音乐学者让 – 雅克 · 纳梯叶仔细分析过，他注意到，他的大学同事们对其中多篇文章既有所保留，又不无钦佩。例如，莫里斯 · 拉维尔的《波莱罗舞曲》是否真有“扁平的赋格曲”[1]的结构，他们表示怀疑；音乐和小说是否从古典时期起便分享神话遗产，他们也有疑问；还有人甚至怀疑，虽然神话和音乐均为列维 – 斯特劳斯所喜（奇怪的是，他对初民音乐却毫无研究兴趣），但是否据此就真有必要将二者相提并论。然而，列维 – 斯特劳斯每次都有原创的和启发性的思想，佐之以无可比拟的睿智的论证，一种明确的挑战的癖好使之兴味盎然。在这本书的结论部分，纳梯叶赞同埃德蒙 · 罗纳德 · 利奇的观点：列维 – 斯特劳
351 斯与其说是严谨的教授，毋宁是“拿出意外类比的大师”。他的结论是，列维 – 斯特劳斯在他分析的所有现象里，近乎痴迷地不断搜寻同源性。即便时有斧凿之嫌，而且往往“由于拔高普遍性而不真实”，其著述仍然“因其深邃的诗意和浩瀚的时空”而触及“我们的内心深处”[2]。的确，如果不是确信列维 – 斯特劳斯绝非一位普通的人类学家而已，他还有别的东西，那么我们今天还会对他抱有这么大的兴趣吗？

① 列维 – 斯特劳斯 . 裸人 . 巴黎：普隆书局，1971：590.

② 纳梯叶 . 音乐家列维 - 斯特劳斯 // 南方论集 . 阿尔勒书局，2008：220.

重要概念译名表

actant 行动位

acteur social 社会行为者

activité pratico-inerte 实践－惰性活动

altérité 相异性

amor fati 拥抱命运

anthropométries 人体度量

artificialisme 人为主义

autocompréhension 自我理解力

axe Sibérie-Assam 西伯利亚－阿萨姆轴心

Caduveo 卡杜维奥人

collectif 集合体（萨特）

comprehension synthétique 综合性理解

conjoncture 局势

cannibales 食人族

contraintes mentales 精神制约

cousin croisé 交表亲

cousin parallèle 平表亲

démythologisation 去神话

devenir（le）迁变过程

don gracieux unilatéral 单方无偿赠予

don solidaire 互助赠予

dravidien 德拉威型

durée 时段

échange généralisé 普遍交换

échanges restreints 有限交换

ego 自我（精神分析）；本我（亲属关系）

enceintes mentales 精神界域

endo-praxis 内实践

entendement fini 有限悟性

événement 事件

exis 存在

exo-praxis 外实践

filiation 子嗣（关系）

Gestalt psychology 格式塔心理学

gouro（les）古罗人

happenings（les）偶发艺术

herméneutique de soi 自身解释学

herméneutique du soupçon 存疑解释学

重要概念译名表

histoiretotale 总体史学

idéalités 意念

imaginaire（l'）想象域

imaginal（l'）想象界

inintelligible 不可知的

intellectif 智能的

intellection 智能活动

intellectualisme 智识主义

intellect 知性

intelligibilité 可知性

intelligible（l'）知性（柏拉图）

isogamie 同配繁殖

kopara 科帕拉人

kula 库拉（交换制度）

lignées 世系

mariage/union préférentiel（le）优先婚配

matière ouvrée 加工材料

mens extensa 外延心智

musique savante 殿堂音乐

néosérialisme 新序列主义

noétique 抽象的

praxis 实践

perçu（le）感知事实

permanence 恒常性

phénoménalité 现象性

philosop'art 哲术（周昌忠译）

physicalité 外在性

préconscient 前意识

préréflexif 预思考

prestation totale 完整献奉

ready-made 现成艺术

réciprocité médiée 媒介对等性

réciprocité 对等性

réductionnisme 还原论

sciences de l'homme 人学

sciences humaines 人文科学

Selknams 塞尔克南人

sémiotique 指号学

sens du jeu 游戏感

sensible（le）感性

senti 被感知物

sentant 感知 / 感知体

sous-caste 亚种姓

totalisante 总体化的

totalisatrice 总括的

totalité 整体性（布罗代尔）/ 总体性（萨特）

transformation 转换

Tupinamba 图皮南巴人

Una Caro 专情

xwódas 赫沃达斯（婚姻）

人名地名对照表

Albérès, René-Marill 勒内－马里尔·阿贝莱斯

Albus, Anita 阿妮塔·阿布斯

Althusser, Louis 路易·阿尔杜塞

Ameisen, Jean-Claude 让－克洛德·阿梅森

Anderson， Warwick 华威克·安德松

Aperghis, Georges 乔治·阿佩尔吉斯

Arens, William 威廉·阿朗斯

Arman 阿尔曼

Asari, Makoto 浅利诚

Balibar, Étienne 艾蒂安·巴利巴尔

Bally, Charles 查理·巴利

Barry, Laurent S. 罗兰·S. 巴里

Barthes,Roland 罗兰·巴尔特

Bastide, Roger 罗杰·巴斯蒂德

Bataille, Georges 乔治·巴塔耶

Bateson, Gregory 格雷戈里·巴特森

Bellour, Raymond 雷蒙・贝鲁尔

Bergson, Henri 亨利・柏格森

Berio, Luciano 卢西亚诺・贝里奥

Berndt, Catherine 凯瑟琳・伯恩特

Berndt, Ronald 罗纳德・伯恩特

Bernstein, Basil 巴兹尔・伯恩斯坦

Bettelheim, Charles 查理・贝岱海姆

Bloch, Marc 马克・布洛克

Bouquet, Simon 西蒙・布恺

Braudel, Fernand 费尔南・布罗代尔

Bretons, Andre 安德烈・布列东

Brion, Marcel 马塞尔・布里翁

Buffon, Georges-Louis 乔治－路易・布封

Bultmann, Rudolf 鲁道夫・布尔特曼

Burkert, Walter 沃尔特・伯凯特

Cage, John 约翰・凯奇

Caillois, Roger 罗歇・盖洛瓦

Cassirer, Ernst 恩斯特・卡西尔

Castro, Eduardo V. de 艾德华多・V. 德・卡斯特罗

Champeaux, Guillaume de 纪尧姆・德・尚博

Changeux, Jean-Pierre 让－皮埃尔・尚茹

Charbonnier, Georges 乔治・沙博涅

Chateaubriand, François-René de 弗朗索瓦－勒内・德・夏多布里昂

Chauvin, Danièle 丹尼拉・绍万

Chevalier, Sophie 索菲・舍瓦利埃

Clément, Catherine 凯瑟琳・克莱芒

Clifford, James 詹姆斯・克利福德

Cloître, Gaël 加艾尔・夸特

Compagnon, Antoine 安托万・孔帕尼翁

Comte, August 奥古斯特・孔德

Condorcet, Marie Jean Antoine de 玛丽・让・安东尼・德・孔多塞

Corbin, Henry 亨利・高尔班

Creutzfeldt-Jakob 克兹菲德－雅各布

Crick, Francis 弗朗西斯・奎克

Damasio, Antonio R. 安东尼奥・R. 达马西奥

Debaene, Vincent 万桑・德贝尼

Deliège, Robert 罗伯尔・德列日

Delrieu, Alain 阿兰・戴利约

Delvaux, Paul 保罗・德尔沃

Derrida, Jacques 雅克・德里达

Descola, Philippe 菲利普・戴考拉

Descombes, Vincent 万桑・戴贡博

Desveaux, Emmanuel 艾玛纽埃尔・戴沃

Diderot, Denis 德尼・狄德罗

Dosse, François 弗朗索瓦・道斯

Dumont, Louis 路易・杜蒙

Dupuy, Jean-Pierre 让 - 皮埃尔・杜布伊

Durand, Gilbert 吉尔拜・杜朗

Durand, Yves 伊夫・杜朗

Durkheim, Émile 埃米尔・涂尔干

Eco, Umberto 翁贝托・埃科

Edelman, Gerald 钱拉・埃德曼

Eliade, Mircea 米尔恰・伊利亚德

Elkin, Adolphus P. 阿道夫・P. 艾尔金

Engler, Rudolf 鲁道夫・恩格勒

Ernst, Max 马克斯・恩斯特

Eribon, Didier 迪迪叶・埃里蓬

Erny, Pierre 皮埃尔・艾尼

Evans-Pritchard, Edward 爱德华・埃文斯 - 普里查德

Febvre, Lucien 吕西安・费弗尔

Fillion, Emmanuelle 埃玛纽拉・费里恩

Fortes, Meyer 迈耶・福特斯

Frankfurt, Harry Gordon 哈里・高登・法朗克福

Fry, Rosine 罗兹妮・弗莱

Gabel, Joseph 约瑟夫・加贝尔

Garcin, Jéréme 热莱米・卡辛

Geertz, Clifford 克利福德・吉尔茨

Girard, René 勒内・吉拉德

Glasse, Robert 罗伯尔・格拉塞

Gobineau, Joseph-Arthur de 约瑟夫－阿瑟・德・戈比诺

Godelier, Maurice 莫里斯・高德烈

Goethe, Johann Wolfgang von 约翰・沃尔夫冈・冯・歌德

Goodman, Nelson 纳尔逊・古德曼

Goody, Jack 杰克・古迪

Grataloup, Christian 克里斯蒂安・格拉塔鲁

Green, André 安德烈・格林

Greenburg, Clement 克莱蒙・格林伯格

Greisch, Jean 让・格列士

Guenancia, Pierre 皮埃尔・葛南夏

Guénon, René 勒内・格农

Guiart, Jean 让・吉亚

Guille-Escuret, Georges 乔治・基勒－艾斯居莱

Gurvitch, Georges 乔治・古尔维奇

Hart, Keith 凯斯・哈特

Hartung, Hans 汉斯・哈顿

Hauser，H. H. 豪泽

Heidegger, Martin 马丁・海德格尔

Heinich, Nathalie 娜塔莉・海因里希

Hénaff, Marcel 马塞尔・埃纳夫

Héritier, Françoise 弗朗索瓦兹・艾利梯叶

Heusch, Luc de 吕克・德・赫施

Hexter, Jack 杰克・海克斯特

Hirsch, Martin 马丁・希施

Homans, George 乔治・霍曼斯

Huntington, Samuel 塞缪尔・亨廷顿

Husserl 胡塞尔

Ingres, Jean-Auguste 让－奥古斯特・安格尔

Isherwood, Baron 巴隆・伊舍伍德

Izard, Michel 米歇尔・伊扎德

Jakobson, Roman 罗曼・雅各布逊

Jamard, Jean-Luc 让－吕克・贾玛尔

Jambet, Christian 克里斯蒂安・詹贝

Jonas, Hans 汉斯・尤纳斯

Kandinsky, Wassily 瓦西里・康定斯基

Kariera 卡瑞拉型亲属关系

Karsenti, Bruno 布鲁诺・卡尔桑蒂

Keck, Frédéric 费里德里克・凯克

Kerenyi, C. C. 克瑞伊

Kilani, Mondher 蒙代尔・吉拉尼

Kott, Jan 扬・考特

La Margelle 拉马尔热勒镇

Labiche, Eugène 欧仁·拉比什

Labrousse, Ernest 艾奈斯特·拉布鲁斯

Lacan, Jacques 雅克·拉康

Langres 朗格勒市

Lautréamont 罗特里阿蒙

Leach, Edmund Ronald 埃德蒙·罗纳德·利奇

LeDoux, Joseph 约瑟夫·勒度

Leiris, Michel 米歇尔·莱里斯

Léry, Jean de 让·德·莱利

Lestringant, Franck 弗朗克·雷坦冈

Lévi-Strauss, Claude 克洛德·列维－斯特劳斯

Lignerolles 利涅罗勒镇

Linné, Carl 卡尔·林奈

Lorenz, Konrad 康拉德·洛伦兹

Lot-Falck, Évelyne 埃维琳·洛特－富克

Lupasco, Stéphane 斯特凡·卢帕斯科

Macé, Gérard 钱拉·马萨

Maffesoli, Michel 米歇尔·马费索利

Magritte, René 勒内·马格里特

Malinowski, Bronislaw 布罗尼斯拉夫·马林诺夫斯基

Malraux, André 安德烈·马尔罗

Marcel, Gabriel 加布里埃尔・马塞尔

Marcus, George 乔治・马库斯

Marx, Karl 卡尔・马克思

Masson, André 安德烈・梅森

Maugue, Jean 让・莫居

Mauss, Marcel 马塞尔・毛斯

Mayor, Grégoire 格雷古尔・马尧

Mead, George H. 乔治・H. 米德

Mead, Margaret 玛格丽特・米德

Meillassoux, Claude 克洛德・梅亚苏

Menger, Pierre-Michel 皮埃尔－米歇尔・芒热

Merleau-Ponty, Maurice 莫里斯・梅罗－庞蒂

Michel-Ange 米开朗基罗

Michel, Marc 马克・米歇尔

Minkowski, Eugène 欧仁・明科夫斯基

Mondrian, Piet 皮特・孟德里安

Montbard 蒙巴尔镇

Moreau, Gustave 古斯塔夫・莫罗

Morgan, Lewis 刘易斯・摩根

Morgenstern, Oskar 奥斯卡・摩根斯坦

Moro, Aldo 阿尔多・莫罗

Nabert, Jean 让・纳柏尔

Nambikwara 南比亚克瓦拉人

Nattiez, Jean-Jacques 让－雅克·纳梯叶

Needham, Rodney 罗德尼·尼德汉姆

Neuberg, Marc 马克·纽伯格

Neumann, John von 约翰·冯·诺依曼

Novalis, Friedrich 弗里德里希·诺瓦利斯

Offenbach, Jacques 雅克·奥芬巴赫

Panksepp, Jaak 雅克·潘克塞普

Panoff, Michel 米歇尔·帕诺夫

Paques, Viviana 维薇亚娜·帕克

Paraiyar 帕莱雅人

Parsons, Talcott 塔尔科特·帕森斯

Passeron, Jean-Claude 让－克洛德·帕斯隆

Paulhan, Jean 让·波朗

Peirce, Charles 查尔斯·皮尔斯

Petitot, Jean 让·波迪杜

Pierron, Jean-Philippe 让－菲利普·毕宏

Poirier, Jacques 雅克·布瓦利埃

Polanyi, Karl 卡尔·波朗伊

Pollock, Jackson 杰克逊·波洛克

Poussin, Nicolas 尼古拉·普桑

Pramalai Kallars 普哈马莱·卡拉尔人

Prusiner, Stanley 斯坦利・普鲁斯纳

Quignard, Pascal 帕斯卡・基尼亚尔

Quilliot, Roland 罗兰・基里奥

Radcliffe-Brown, Alfred 阿尔弗雷德・拉德克利夫－布朗

Radcliffe-Brown, Reginald 雷金纳德・拉德克利夫－布朗

Rancière, Jacques 雅克・杭斯埃

Rastier, François 弗朗索瓦・哈斯梯叶

Ravel, Maurice 莫里斯・拉维尔

Raymond, Henri 亨利・雷蒙

Read, Herbert 赫伯特・里德

Rey, Pierre-Philippe 皮埃尔－菲利普・雷伊

Ricoeur, Paul 保罗・利科

Rodinson, Maxime 马克西姆・罗丹松

Roscelin 罗斯兰

Rothko, Mark 马克・罗斯科

Rouch, Jean 让・鲁什

Rousseau, Jean-Jacques 让－雅克・卢梭

Roux, Ronan Le 洛南・勒・胡

Russell, Bertrand 勃特朗・罗素

Sahlins, Marshall 马歇尔・萨林斯

Sartre, Jean-Paul 让－保罗・萨特

Schneider, David 大卫・施耐德

Schwartz, Maxime 马克西姆·施瓦兹

Sechehaye, Albert 阿尔贝·薛施霭

Seghers, Anna 安娜·瑟盖斯

Serge, Victor 维克多·塞尔日

Shankman, Paul 保罗·山克曼

Shanon, Claude 克洛德·沙农

Simiand, François 弗朗索瓦·西米昂

Sironneau, Jean-Pierre 让－皮埃尔·斯浩诺

Smadja, Henri 亨利·司玛扎

Smith, Pierre 皮埃尔·史密斯

Sorokin, Pitirim 皮特林·索罗金

Soulages, Pierre 皮埃尔·苏拉日

Sperber, Dan 丹·斯柏伯

Stravinsky, Igor 伊戈尔·斯特拉文斯基

Sylvestre, Jean-Pierre 让－皮埃尔·西维斯特

Tanguy, Yves 伊夫·坦古伊

Terray, Emmanuel 伊曼纽尔·泰瑞

Thierry, Yves 伊夫·梯叶利

Thomass, Alain 阿兰·托马塞

Thompson, D'Arcy Wentworth 达尔西·温特沃斯·汤普森

Tournier, Michel 米歇尔·图尼耶

Traïni, Christophe 克里斯托夫·塔伊尼

Troubetzkoï, Nikolaï 尼古拉·特鲁别茨科伊

Vernet, Joseph 约瑟夫·韦尔内

Verrocchio, Andrea del 安德烈·德尔·韦罗基奥

Vico, Giambattista 詹巴蒂斯塔·维科

Vincent, Jean-Didier 让－迪迪叶·万桑

Waal, Frans de 弗朗斯·德·瓦尔

Wacquant, Loïc 洛伊克·瓦冈

Wagner, Richard 理查德·瓦格纳

Weaver, Warren 瓦伦·韦弗

Wiener, Norbert 诺伯特·维纳

Wildavsky, Aaron 阿隆·维尔达夫斯基

Wittgenstein, Ludwig 路德维希·维特根斯坦

Wunenburger, Jean-Jacques 让－雅克·乌南伯格

Xanthakou, Margarita 玛格丽塔·汉萨库

Zao Wou ki 赵无极

Claude Lévi-Strauss et ses contemporains by Pierre Guenancia and Jean-Pierre Sylvestre

图书在版编目（CIP）数据

列维－斯特劳斯和他的同代人 /（法）皮埃尔 · 葛南夏，让－皮埃尔 · 西维斯特主编；张祖建译 . -- 北京：中国人民大学出版社，2022.7

ISBN 978-7-300-30610-0

Ⅰ . ①列… Ⅱ . ①皮… ②让… ③张… Ⅲ . ①莱维－斯特劳斯（Levi－Strauss，Claude 1908–?）－人类学－研究 Ⅳ . ① Q98

中国版本图书馆 CIP 数据核字（2022）第 079662 号

人文书托邦

列维－斯特劳斯和他的同代人

［法］皮埃尔 · 葛南夏（Pierre Guenancia）
让－皮埃尔 · 西维斯特（Jean-Pierre Sylvestre） 主编

张祖建 译

Liewei–Sitelaosi he Ta de Tongdairen

出版发行	中国人民大学出版社		
社　　址	北京中关村大街 31 号	**邮政编码**	100080
电　　话	010–62511242（总编室）		010–62511770（质管部）
	010–82501766（邮购部）		010–62514148（门市部）
	010–62515195（发行公司）		010–62515275（盗版举报）
网　　址	http://www.crup.com.cn		
经　　销	新华书店		
印　　刷	涿州市星河印刷有限公司		
规　　格	145 mm × 210 mm　32 开本	**版　　次**	2022 年 7 月第 1 版
印　　张	11.875 插页 3	**印　　次**	2022 年 7 月第 1 次印刷
字　　数	236 000	**定　　价**	69. 80 元